Numerik partieller Differentialgleichungen für Ingenieure

Von ir. J.J.I.M. van Kan und ir. A. Segal
Technische Universität Delft

Aus dem Niederländischen übersetzt von
Burkhard Lau, Technische Universität Delft

B. G. Teubner Stuttgart 1995

Die Deutsche Bibliothek – CIP-Einheitsaufnahme

Kan, J. J. I. M. van:
Numerik partieller Differentialgleichungen für Ingenieure / von
J. J. I. M. van Kan und A. Segal. Aus dem Niederländ. übers.
von Burkhard Lau. – Stuttgart: Teubner, 1995
 Einheitssacht.: Numerieke methoden voor partiele differentiaal
 vergelijkingen <dt.>

ISBN-13:978-3-519-02968-7   e-ISBN-13:978-3-322-87184-8
DOI: 10.1007/978-3-322-87184-8

NE: Segal, A.:

© VSSD
Titel der Originalausgabe: Numerieke methoden voor partiële differentiaal vergelijkingen
Erster Druck 1993
Das Werk einschließlich seiner Teile ist urheberrechtlich geschützt. Jede Verwertung außerhalb der engen Grenzen des Urheberrechtsgesetzes ist ohne Zustimmung des Verlages unzulässig und strafbar. Das gilt besonders für Vervielfältigungen, Übersetzungen, Mikroverfilmungen und die Einspeicherung und Verarbeitung in elektronischen Systemen.
© 1995 der deutschen Übersetzung B. G. Teubner Stuttgart

Gesamtherstellung: Druckerei Hubert u. Co., Göttingen
Einband: Peter Pfitz, Stuttgart

Vorwort

Das Anliegen dieses Buches ist die Präsentation numerischer Methoden für partielle DG in einem Kontext, der für Ingenieure interessant ist. Dies bedeutet einerseits, daß versucht wird, physikalisch sinnvolle Probleme zu behandeln und gegebenenfalls auf physikalisch und technisch relevante Probleme aus der Praxis Bezug zu nehmen.
Andererseits sind Probleme, wie sie in der Praxis vorkommen, zu komplex, um umfassend gelöst werden zu können. Wir haben sie daher (sehr) vereinfacht betrachtet.

Die Anwendung numerischer Methoden hat immer mit einer realistischen Schätzung des gemachten Fehlers einherzugehen. Darum haben wir versucht, sowohl dem Entwurfsaspekt (Wie komme ich zu einer FEM-Näherung?) als auch dem Bewertungsaspekt (Wie genau ist sie?) die Aufmerksamkeit zu schenken, die für praktische Anwendungen notwendig ist.
Es ist selbstredend unmöglich, alle Methoden in einem Buch dieses Umfangs erschöpfend zu behandeln. Wo dem wißbegierigen Leser Informationen absichtlich vorenthalten werden, sind Literaturverweise für weitergehende Studien zu finden.
Es wurde danach gestrebt, die Einteilung des Stoffs so zu gestalten, daß der praktische Teil unabhängig von der mathematischen Theorie studiert werden kann.
Der Leserkreis dieses Buches sollte Vorkenntnisse in (numerischer) Analysis, linearer Algebra und gewöhnlichen DG haben. Für die Kapitel, die die mathematischen Grundlagen beschreiben, ist außerdem Basiswissen in Funktionalanalysis und Integrationstheorie wünschenswert.
Die Autoren sprechen ihren Dank an Dr. C. Vuik aus, der den Teil über die Gradientenmethoden schrieb.

Delft, im März 1995

J. van Kan
A. Segal

Inhalt

1	**Einleitung**	1
	1.1 Modellbildung	1
	1.1.1 Physische Modelle	1
	1.1.2 Mathematische Modelle	1
	1.2 Benutzung eines mathematischen Modells	2
	1.2.1 Zuverlässige Software	2
	1.2.2 Graphische Ausgabe	3
	1.3 Anliegen dieses Buches	3
2	**Übersicht**	5
	2.1 Eine Übersicht technischer Probleme	5
	2.1.1 Zeitunabhängige Probleme	5
	2.1.2 Zeitabhängige Probleme	11
	2.1.3 Eigenwertprobleme	12
	2.1.4 Korrekt gestellte Probleme	13
	2.2 Klassifizierung von PDG zweiter Ordnung	14
3	**Differenzenverfahren**	19
	3.1 Differenzenverfahren in einer Dimension	19
	3.1.1 Die Kabelgleichung	19
	3.1.2 Der biegende Balken	28
	3.1.3 Die Konvektions-Diffusionsgleichung	31
	3.1.4 Nicht-äquidistante Gitter	35
	3.2 Differenzenverfahren in mehreren Dimensionen	39
	3.2.1 Poisson-Gleichung auf einem Rechteck	39
	3.2.2 Konsistenz und Konvergenz	40
	3.2.3 Differenzenmoleküle	41
	3.2.4 Krumme Ränder	43
	3.2.5 Globaler Fehler	45
	3.3 Finite Volumenmethode (FVM)	46
	3.3.1 Beispiele von Gleichungen in konservativer Form	46
	3.3.2 Formulierung der FVM	48
	3.3.3 Allgemeine Formulierung der FVM in den Problemvariablen	52

Inhalt V

		3.3.4 Ein ausgearbeitetes Beispiel: die Plattengleichung	54
		3.3.5 Übungen	57
4	**Minimierungsprobleme in der Physik**		**59**
	4.1	Eindimensionale Minimierungsprobleme	59
		4.1.1 Die Euler-Lagrange-Gleichungen	59
		4.1.2 Natürliche Randbedingungen	61
	4.2	Zweidimensionale Minimierungsprobleme	63
		4.2.1 Die Euler-Lagrange-Gleichungen	63
	4.3	Von der PDG zum Minimierungsproblem	66
		4.3.1 Differentialoperatoren zweiter Ordnung	66
5	**Die Finite-Elemente-Methode**		**72**
	5.1	Die numerische Lösung von Minimierungsproblemen	72
		5.1.1 Die Ritzsche Methode	73
	5.2	Die Finite-Elemente-Methode (FEM)	76
		5.2.1 Funktionsweise der Methode	76
		5.2.2 Praktische Ausführung	80
		5.2.3 Bildung der großen Matrix und des Vektors mit Hilfe von FEM-Paketen	82
		5.2.4 Numerische Integration	83
		5.2.5 Randbedingungen	86
		5.2.6 Eigenschaften der Steifigkeitsmatrix	87
	5.3	Praktische Berechnung von Elementmatrizen und -vektoren anhand einiger Beispiele	89
		5.3.1 Die Poisson-Gleichung	89
		5.3.2 Neumann- und Robbins-Problem (Linienelemente	93
		5.3.3 Quadratisches Element	94
		5.3.4 Kreissymmetrie	96
		5.3.5 Eine auf ihrer Fläche belastete flache Platte	97
	5.4	Globaler Fehler	99
	5.5	Ordnungsreduktion mit partieller Integration	101
		5.5.1 Einige Beispiele von Problemen vierter Ordnung	102
		5.5.2 Biegende Stäbe, verbunden durch ein Scharnier	103
	5.6	Isoparametrische Transformationen	104
		5.6.1 Bilineares viereckiges Element	105
		5.6.2 Dreieck mit krummem Rand	108
6	**Eine Fehlerabschätzung für das Poisson-Problem**		**111**
	6.1	Die Energienorm	111
	6.2	Fehler bei linearer Interpolation	114

VI Numerik partieller Differentialgleichungen für Ingenieure

		6.2.1	Schätzung in der Energienorm	117
	6.3		Interpolation höherer Ordnungen	122
	6.4		Fehler als Folge der Randnäherung	123
	6.5		Fehler als Folge der numerischen Integration	125
	6.6		Konvergenz der numerischen Lösung	127
		6.6.1	Eigenwerte und Konditionszahl der Steifigkeitsmatrix	127
		6.6.2	Inzidenz- (Lokations-) Matrix	128
7	**Mathematischer Hintergrund der FEM**			**134**
	7.1		Konvergenz der Ritzschen Methode	136
	7.2		Das abstrakte Minimierungsproblem	139
		7.2.1	Existenz und Eindeutigkeit der Lösung	140
	7.3		Konvergenz der Ritzschen Methode	141
	7.4		Konkretisierung von V1; Sobolew-Räume	143
		7.4.1	Verallgemeinerte Ableitungen	144
	7.5		Sobolew-Räume	146
	7.6		Der Energieraum	149
	7.7		Konvergenz der FEM für Minimierungsprobleme	152
	7.8		Approximationstheorie	153
		7.8.1	Fehlerabschätzung bei Interpolation	155
		7.8.2	Variationsformulierung	157
		7.8.3	Fehlerabschätzung in der Energienorm	158
		7.8.4	Fehlerabschätzung in der L^2-Norm	158
8	**Die Galerkin-Methode**			**161**
	8.1		Eine schwache Formulierung	161
	8.2		Andere schwache Formulierungen; Testfunktionen	162
	8.3		Inhomogene Randbedingungen	163
	8.4		Probleme höherer Ordnung	164
	8.5		Galerkin-Methode	166
			Die FEM und Galerkin	169
	8.6		Einige Beispiele des Gebrauchs der Galerkin-Methode	170
		8.6.1	Eine in ihrer Fläche belastete Platte	170
		8.6.2	Die Membrangleichung	171
		8.6.3	Die Konvektions-Diffusionsgleichung	173
	8.7		Die gemischte Methode für Probleme höherer Ordnung	173
	8.8		Nichtkonforme Elemente	176
		8.8.1	Der Patchtest	178
		8.8.2	Praktische Ausführung des Patchtests	178
9	**Mathematischer Hintergrund der Galerkin-Methode**			**181**

9.1	Die Konvektions-Diffusionsgleichung	185

10 Einige in der Literatur oft vorkommende Elemente 188
    10.1 Elemente auf Simplizes 188
        10.1.1 Elemente im $\mathbb{R}^1$ 188
        10.1.2 Elemente im $\mathbb{R}^2$ und $\mathbb{R}^3$ 191
    10.2 Elemente auf Vierecken im $\mathbb{R}^2$ 200
        10.2.1 Bilinear isoparametrisches Element 200
        10.2.2 Elemente höherer Ordnung 201
    10.3 Dreiecke mit krummem Rand im $\mathbb{R}^2$ 201

11 Lösungsmethoden für diskretisierte Systeme 202
    11.1 Direkte Methoden 202
        11.1.1 Bandmethoden 202
        11.1.2 Profilmethoden 204
    11.2 Iterative Methoden 206
        11.2.1 Die Methode von Gauß-Seidel 206
        11.2.2 Konvergenzaspekte 207
        11.2.3 Konvergenz der Gauß-Seidel-Methode 209
        11.2.4 Sukzessive Überrelaxation (SOR) 211
        11.2.5 Einige Sätze über optimale Überrelaxationswahl 213
        11.2.6 Bestimmung des optimalen Überrelaxationsfaktors in der Praxis 214
        11.2.7 Schlußbemerkungen zur Überrelaxation 217
    11.3 Gradientenmethoden 218
        11.3.1 Der CG-Algorithmus 218
        11.3.2 Praktischer Gebrauch der CG-Methode 221
        11.3.3 Konvergenz 222
        11.3.4 Vorkonditionierung 222
        11.3.5 Vektor- und parallele Computer 225
        11.3.6 Krylow-Methoden für allgemeine Matrizen 225
    11.4 Nichtlineare Systeme 229
        11.4.1 Die Methode von Newton in mehreren Dimensionen 229
        11.4.2 SOR-Newton 230

12 Konvergenz nichtlinearer Iterationsprozesse 232
    12.1 Ein allgemeines Konvergenzergebnis 232
    12.2 Anwendung des Satzes von Ostrowski auf den SOR-Newton-Prozeß 238

13 Zeitabhängige Probleme 241
    13.1 Parabolische Gleichungen 242

VIII Numerik partieller Differentialgleichungen für Ingenieure

    13.2 Hyperbolische Gleichungen 244
    13.3 Die Transportgleichung 245

14 Die Wärmeleitungs- oder Diffusionsgleichung 249
    14.1 Eine fundamentale Ungleichung 249
    14.2 Die Linienmethode.. 252
        14.2.1 Eindimensionale Beispiele... 253
        14.2.2 Zweidimensionale Beispiele.. 258
    14.3 Konsistenz der Ortsdiskretisierung... 260
    14.4 Zeitintegration 262
    14.5 Stabilität der numerischen Integration 263
        14.5.1 Schätzung der Eigenwerte mit Gerschgorin 265
        14.5.2 Stabilitätsanalyse von J. von Neumann............................. 267
    14.6 Genauigkeit der Zeitintegration 268
    14.7 Schlußfolgerung für die Linienmethode.. 271
    14.8 Spezielle Differenzenmethoden für die
        Wärmeleitungsgleichung.. 271
        14.8.1 Die ADI-Methode 271
        14.8.2 Formelle Beschreibung der ADI-Methode 273
        14.8.3 Die LOD-Methode 275

15 Die Wellengleichung.. 277
    15.1 Eine grundlegende Gleichheit 277
    15.2 Die Linienmethode.. 279
        15.2.1 Fehler in der Lösung des Systems 279
    15.3 Numerische Zeitintegration 281
    15.4 Stabilität der numerischen Integration 282
    15.5 Totale Dissipation und Dispersion 283
    15.6 Direkte Integration des Systems zweiter Ordnung.......................... 288
    15.7 Das CFL-Kriterium 288

16 Die Transportgleichung 291
    16.1 Charakteristiken 292
        16.1.1 Eine numerische Integrationsmethode.............................. 294
    16.2 Flache Wellen.. 297
    16.3 Numerische Methoden mit festen Gittern 297
        16.3.1 Die CFL-Bedingung.. 297
        16.3.2 Linien-Methode 298
        16.3.3 Das upwind-Schema erster Ordnung 300
        16.3.4 Das Lax-Schema 301
        16.3.5 Das Lax-Wendroff-Schema.. 302

16.3.6 Das Box-Schema 303
16.3.7 Schemata für die Erhaltungsform 303

Anhang 1: Sätze von Gauß, Green und 'partiellen Integrationen' 305

Anhang 2: Einige Sätze aus der linearen Algebra 306

Literatur 312

Stichwortverzeichnis 315

1 Einleitung

1.1 Modellbildung

Modelle werden benötigt, um einen besseren Einblick in Probleme mathematischer, technischer oder physikalischer Art zu bekommen.

1.1.1 Physische Modelle

Der erste Schritt bei einem komplizierten technischen Problem ist die Konstruktion eines physischen Modells, wobei eine Anzahl von Vereinfachungen gemacht werden. Hierdurch wird das technische Problem übersichtlicher. Die wesentlichen Eigenschaften müssen jedoch in dem vereinfachten Modell verbleiben.
Um Untersuchungen und Experimente am physischen Modell durchführen zu können, wird oft maßstabsgetreu gebaut. Der Bau von maßstabsgetreuen Modellen und die Durchführung von Messungen ist meistens teuer, auch deswegen, weil die Messungen das Modell nicht essentiell beeinflussen dürfen.

1.1.2 Mathematische Modelle

Eine Alternative für den Bau eines maßstabsgetreuen Modells ist die Entwicklung eines mathematischen Modells, auf dessen Grundlage Computerberechnungen ausgeführt werden können. Dieses Modell gibt eine mathematische Beschreibung des physischen Modells. Oft werden auch hier Vereinfachungen angewendet: Das Modell muß eine "geeignete" Form haben, also lösbar sein mit vorhandenen Techniken.
Eine große Anzahl mathematischer Modelle kann in Form von partiellen Differentialgleichungen (PDG) geschrieben werden. Darum ist die Kenntnis von Lösungsansätzen von PDG für einen Ingenieur erforderlich.
Die Lösung des mathematischen Modells ist oft bedeutend billiger als der Bau eines physischen Modells und Messungen an ihm. Unumgänglich ist allerdings, daß die Lösung des mathematischen Problems anhand von bekannten

physischen Modellen kontrolliert - und eventuell geeicht - wird. Vor allem das Eichen (auch kalibrieren genannt) ist wesentlich. In vielen mathematischen Modellen kommen Parameter vor, die a priori aus physikalischen Gründen nicht genau abzuschätzen sind. Diese Parameter werden bestimmt, indem anhand eines einfachen aber maßstabsgetreuen Modells das Problem solange gelöst wird, bis eine gute Näherung erreicht wurde. Dies kann aber nie ausreichend sein. Auch eine abweichende Situation muß mit diesen Parametern berechnet werden um zu sehen, inwieweit das mathematische Modell dafür eine gute Beschreibung liefert. Wenn das mathematische Modell keinen vorhersagenden Wert hat, dann hat das mathematische Durchexerzieren für die Lösung des physischen Modells keinen Sinn. Die Erfahrung mit so einem mathematischen Modell kann maximal zu einer Verbesserung des Modells führen.

1.2 Benutzung eines mathematischen Modells

Nur für die einfachsten PDG sind handhabbare Lösungen in geschlossener Form bekannt. Oft jedoch nehmen diese die Form von unendlichen Reihen an, z.B. von Fourier-Reihen. Daher entscheidet man sich beim Erlangen quantitativer Ergebnisse oft dafür, auf numerische Methoden zurückzugreifen, selbst wenn eine analytische Lösung bekannt ist. Die Betrachtung von ausreichend vielen Termen in einer Reihe kann viel mehr Arbeit bedeuten, als die Lösung von PDG mit numerischen Methoden.
Analytische Methoden sind jedoch für die Bestimmung qualitativer Größen und für die Analyse der Lösung anhand von einfachen PDG notwendig.

1.2.1 Zuverlässige Software

Daß Berechnungen mit einem Computer ausgeführt werden, ist kein Grund, diesen Resultaten zu vertrauen. Es ist schon ein überzeugender externer Beweis notwendig, um die Resultate als das zu akzeptieren, was man auch wirklich ausrechnen wollte.
Eine Methode, um externes Beweismaterial zu sammeln, ist ein umfangreicher Test der benötigten Programme. Hierzu paßt eine philosophische Bemerkung: Kein Test kann jemals beweisen, daß ein Programm gut ist, nur Fehler kommen ans Licht.

1.2.2 Graphische Ausgabe

Die sinnvolle Verarbeitung der Zahlenlawine, die die numerische Lösung von PDG mit sich bringt, ist ein Problem für sich. Wenn die Ausgabe nicht mehr auf ein Blatt paßt, ist es sinnvoll, nach graphischen Hilfsmitteln wie Plottern oder Bildschirmen Ausschau zu halten. Durch Gebrauch vorhandener Standardsoftware für Gitter-, Höhenlinien- und Geschwindigkeitsfeld-Plots kann man seine Resultate einfach interpretieren. Ohne diese Hilfsmittel ist dies beinahe unmöglich.

1.3 Anliegen dieses Buches

Dieses Buch bietet eine Übersicht verfügbarer numerischer Methoden für die Lösung von PDG. Es werden finite Differenz-, Volumen- und Elemente-Methoden nebeneinander dargestellt. Die letzten werden allerdings in einem anderen Rahmen behandelt, als es in der Technik (vor allem in der Statik) üblich ist. Hierdurch wird deutlich, daß das Anwendungsgebiet der finiten-Elemente-Methode mehr oder weniger universal ist. Sowohl praktische als theoretische Betrachtungen werden angestellt. Hierzu merken wir jedoch an, daß wir stets von den einfachsten Gleichungen in ihrer Familie ausgehen. In diesem Buch stehen die Poissongleichung, die Diffusionsgleichung, die Schwingungsgleichung und die Transportgleichung stellvertretend für die allgemeineren Gleichungen. Beweise werden ausschließlich für einfache lineare Fälle gegeben. In der Praxis hofft man, daß in komplizierteren (nichtlinearen) Fällen die Methoden auf die gleichen Weise anwendbar sind wie auf die Modellgleichungen. Oft zeigt sich auch, daß die einfache lineare Analyse Einblick in kompliziertere Probleme schafft. Soweit schon eine Theorie existiert, erschweren vor allem beweistechnische Details die Angelegenheit, ohne wesentliche Erkenntnisse beizutragen. Die Theorie in diesem Buch soll keine genauen Fehlerabschätzungen für praktische Situationen liefern, sondern anhand einfacher Modellprobleme einen Einblick in die Vorteile verschiedener Methoden liefern. Eine "wirkliche" Fehlerabschätzung kann nur durchgeführt werden, falls man mit einer anderen Schrittweite das Problem erneut durchrechnet.

Es darf nicht aus den Augen verloren werden, daß es sinnlos ist, einen viel kleineren numerischen Fehler zu fordern als den Fehler, der bereits durch die Modellierung entsteht.

In einigen Kapiteln werden Aussagen über den Fehler bestimmter Methoden in Form von Faustregeln gemacht. Diese Faustregeln können für sehr einfache

Fälle bewiesen werden; für Praxisprobleme darf man sie nur als Leitfaden bei der Lösung sehen. Tatsächlich sind diese Faustregeln unbewiesene Sätze mit weggelassenen Voraussetzungen: Alles muß "schön glatt" sein. Erwartet man aus physikalischen Gründen Stöße oder Sprünge gelten diese Faustregeln nicht.

2 Übersicht

2.1 Eine Übersicht technischer Probleme

Das Problemfeld, von dem in diesem Buch die Rede sein wird, ist das der partiellen Diffentialgleichungen, kurz PDG. Wir werden uns auf jene Gleichungen konzentrieren, die in der Physik oder der Technik eine Rolle spielen. Ein wichtiger Aspekt ist die Abhängigkeit der Probleme von der *Zeit*. Spielt die Zeit in den Problemen eine Rolle, nennen wir sie *zeitabhängig*, ansonsten *zeitunabhängig*. Letztere Probleme sind nur von Ortsvariablen abhängig, und die Nebenbedingungen werden *Randbedingungen* genannt.

Bei zeitabhängigen Problemen gibt es verschiedene Nebenbedingungen. Zum Startzeitpunkt gibt es die Anfangsbedingungen und später Randbedingungen. Weil der Charakter der Randbedingungen an den Raum gekoppelt ist, betrachten wir erst eine Anzahl zeitunabhängiger Probleme. Danach wenden wir uns den zeitabhängigen Problemen zu.

2.1.1 Zeitunabhängige Probleme

Zeitunabhängige Probleme geben oft einen Gleichgewichtszustand an. Bekannte Probleme sind Potentialprobleme in der Strömungs- und Elektrizitätslehre, Gleichgewichtszustände in der Mechanik und stationäre Zustände in Diffusions- und/oder Konvektionsprozessen. Wir geben vier Beispiele.

2.1.1.1 Die Laplace- (Poisson-)Gleichung

Diese Gleichung beschreibt einen elektrischen oder thermischen Gleichgewichtszustand. Sie lautet:

$$\Delta u = 0 \text{ in } \Omega \qquad (2.1)$$

mit

$$\Delta = \frac{\partial^2}{\partial x_1^2} + \frac{\partial^2}{\partial x_2^2} + \ldots + \frac{\partial^2}{\partial x_n^2},$$

dem Laplace-Operator; $\mathbf{x} = (x_1,\ldots,x_n)$, $\mathbf{x} \in \Omega \subset \mathbb{R}^n$.
Die inhomogene Version von (2.1) lautet:

$$-\Delta u = f,$$

$$u = u(\mathbf{x}),$$

$$f = f(\mathbf{x}),$$

und wird die Poisson-Gleichung genannt.

Damit die Poisson-Gleichung eindeutig lösbar wird, müssen Randbedingungen festgelegt sein. Es ist üblich, die folgenden drei Typen zu betrachten. ($\partial\Omega$ ist der Rand des Gebietes Ω.)

Das Dirichlet-Problem:

$$u = g \tag{2.2}$$

für $\mathbf{x} \in \partial\Omega$, $g = g(\mathbf{x})$ ist gegeben.

Das Neumann-Problem:

$$\frac{\partial u}{\partial n} = h \tag{2.3}$$

für $\mathbf{x} \in \partial\Omega$; $\mathbf{n}$ ist der nach außen gerichte Normalenvektor auf $\partial\Omega$, $h = h(\mathbf{x})$ ist gegeben.

Das gemischte oder Robbins-Problem:

$$\sigma u + \frac{\partial u}{\partial n} = k \tag{2.4}$$

für $\mathbf{x} \in \partial\Omega$; $\sigma > 0$, $k = k(\mathbf{x})$ ist gegeben.

Die Probleme (2.2) und (2.4) sind eindeutig lösbar (siehe [cour]), an (2.3) müssen spezielle Bedingungen gestellt werden.
Die Lösung von (2.3) ist bis auf eine Konstante bestimmt (man überprüfe!). Eine notwendige Bedingung für die Existenz einer Lösung von (2.3) ist, daß sie der Bedingung

$$-\int_{\partial\Omega} h\, \mathrm{d}s = \int_\Omega f\, \mathrm{d}\Omega, \tag{2.5}$$

der sogenannten Kompatibilitätsbedingung, genügt.

Die physikalische Interpretation dieser Bedingung ist, daß der Ausstrom den Stromquellen im Inneren entspricht.

Übung 2.1
Man beweise (2.3) mit Hilfe des Gaußschen Satzes (siehe Anhang 1). △

2.1.1.2 Gebogene Stäbe, verbunden durch ein Scharnier

Man betrachte die zwei gebogenen Stäbe in der Abbildung 2.1. Diese sind durch ein Scharnier in $x = l_1$ verbunden. Die Stäbe sind mit einer Federkonstante k federnd gelagert. Die konstante Beugesteifheit wird gegeben durch EI. Falls auf die Stäbe ein Druck $q(x)$ ausgeübt wird, wird der Abstand w von der neutralen Linie (Mittellinie der Stäbe) zum Gleichgewichtszustand, gegeben durch die DG:

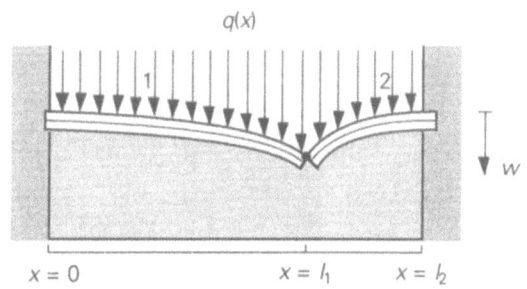

Abbildung 2.1. Zwei gebogene Stäbe, verbunden durch ein Scharnier.

$$EI \frac{d^4w}{dx^4} + kw = q.$$

Für eine Ableitung dieser DG siehe [tim], S. 133-134.

Randbedingungen
Die Stäbe sind in $x = 0$ und $x = l_2$ eingespannt; sowohl die Durchbiegung als auch die normalen Ableitungen stehen fest:

$$w(0) = w(l_2) = 0,$$

$$\frac{dw}{dn}(0) = \frac{dw}{dn}(l_2) = 0.$$

Beim Scharnier gilt:
(i) Stetigkeit

$$\lim_{x \uparrow l_1} w(x) = \lim_{x \downarrow l_1} w(x)$$

bzw.

$$w_1(l_1) = w_2(l_1)$$

(ii) Das biegende Moment ist gleich null:

$$\frac{d^2w_1}{dx^2}(l_1) = \frac{d^2w_2}{dx^2}(l_1) = 0.$$

(iii) Die Querkräfte an beiden Seiten des Scharniers sind gleich:

$$\frac{d^3w_1}{dx^3}(l_1) = \frac{d^3w_2}{dx^3}(l_1).$$

2.1.1.3 Die biharmonische Gleichung

Der Prototyp einer elliptischen Differentialgleichung vierter Ordnung ist die biharmonische Gleichung:

$$\Delta^2 w = f \quad \text{in } \Omega \qquad (2.6)$$

mit $\Delta^2 = \Delta\Delta$, $\Omega \subset \mathbb{R}^2$; $w = w(x,y)$, $f = f(x,y)$

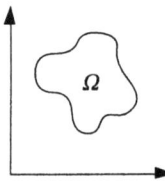

Diese DG beschreibt zum Beispiel das Verhalten einer senkrecht belasteten Platte, wobei w der Abstand zur normalen Lage ist, senkrecht zur xy-Fläche.

Zu diesem Problem gehören drei Typen von physisch vorkommenden Randbedingungen.

(i) Das *Dirichlet-Problem bei eingespanntem Rand*:

Abbildung 2.2.

$$w|_{\partial\Omega} = 0, \quad \frac{\partial w}{\partial n}\bigg|_{\partial\Omega} = 0. \qquad (2.7)$$

(ii) *Frei aufliegender-Rand*:
In diesem Fall sind die Abweichung und die Momente auf dem Rand null, also:

$$w|_{\partial\Omega} = 0, \quad \frac{\partial^2 w}{\partial x^2} + v\frac{\partial^2 w}{\partial y^2}\bigg|_{\partial\Omega} = 0. \qquad (2.8)$$

(iii) *Freier Rand*:
Die Momente und die Querkräfte längs des Randes sind null, also:

$$\frac{\partial^2 w}{\partial x^2} + v\frac{\partial^2 w}{\partial y^2}\bigg|_{\partial\Omega} = 0, \quad \frac{\partial^3 w}{\partial x^3} + (2-v)\frac{\partial^3 w}{\partial x\,\partial y^2}\bigg|_{\partial\Omega} = 0; \qquad (2.9)$$

v ist die Poisson-Konstante.

Übung 2.2
Bei welcher der drei Randbedingungen ist die Lösung von (2.6) nicht eindeutig bestimmt? Man leite für diesen Fall eine Kompatibilitätsbedingung für die rechte Seite f ab. △

2.1.1.4 Eine in ihrer Fläche belastete flache (dünne) Platte

Dieses Beispiel zeigt, daß bei praktischen Problemen die Gleichungen und auch die Randbedingungen komplizierte Formen annehmen können. Für eine numerische Lösungsmethode führt das zu keinem Problem.

Man betrachte die flache Platte in Abbildung 2.3. Angenomen wird, daß die Dicke der Platte im Verhältnis zu ihrem Durchmesser klein ist. Die äußere Belastung wird gleichmäßig längst die Dicke ausgeübt. Die Größe in der Plattenfläche ist wie in der Abbildung (2.3) angegeben. Die Platte liegt längst der Seite ACB fest. Die Unbekannten sind die Spannungen $[\sigma_x \sigma_y \tau_{xy}]$ und die Verschiebungen $[u,v]$ in x- beziehungsweise y-Richtung.
Die Differentialgleichungen, die dieses Problem beschreiben, folgen aus den physikalischen Beziehungen (2.10), (2.11) und (2.12) (siehe [mase], Kapitel 6, S. 143–144).

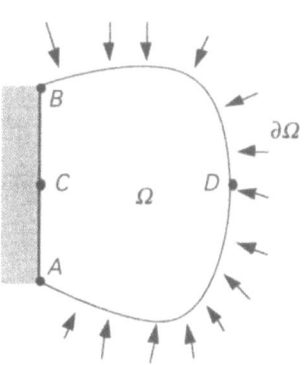

Abbildung 2.3.

Gleichgewichtsgleichungen:

$$\frac{\partial \sigma_x}{\partial x} + \frac{\partial \tau_{xy}}{\partial y} + \rho b_1 = 0,$$

$$\frac{\partial \tau_{xy}}{\partial x} + \frac{\partial \sigma_y}{\partial y} + \rho b_2 = 0;$$

(2.10)

ρ ist die Dichte und $\mathbf{b} = [b_1,b_2]$ der Kräftevektor pro Volumeneinheit. In diesem Beispiel gilt $\mathbf{b} = 0$.

Verschiebungs-Deformations-Beziehungen:

$$\varepsilon_x = \frac{\partial u}{\partial x}, \quad \varepsilon_y = \frac{\partial v}{\partial y}, \quad \gamma_{xy} = \frac{1}{2}\left[\frac{\partial u}{\partial x} + \frac{\partial v}{\partial y}\right];$$

(2.11)

$\varepsilon = [\varepsilon_x \varepsilon_y \gamma_{xy}]$ ist der Deformationstensor.

Das Gesetz von Hooke für ein isotropes Medium

10 Numerik partieller Differentialgleichungen für Ingenieure

Wenn die Verschiebungen der Abstände im Verhältnis zu den Abmessungen klein sind, besteht ein linearer Zusammenhang zwischen der Verschiebung und der Spannung nach den folgenden Formeln:

$$\varepsilon_x = \frac{1}{E}\sigma_x - \frac{v}{E}\sigma_y,$$

$$\varepsilon_y = -\frac{v}{E}\sigma_x + \frac{1}{E}\sigma_y, \qquad (2.12)$$

$$\gamma_{xy} = \frac{(1+v)}{E}\tau_{xy};$$

E ist der Elastizitätsmodul und v die Poisson-Konstante.
Das ergibt das folgende Differentialgleichungssystem:

$$\frac{E}{1-v^2}\frac{\partial}{\partial x}\left(\frac{\partial u}{\partial x} + v\frac{\partial v}{\partial y}\right) + \frac{E}{2(1+v)}\frac{\partial}{\partial y}\left(\frac{\partial u}{\partial y} + \frac{\partial v}{\partial x}\right) = -\rho b_1,$$

$$\frac{E}{1-v^2}\frac{\partial}{\partial y}\left(v\frac{\partial u}{\partial x} + \frac{\partial v}{\partial y}\right) + \frac{E}{2(1+v)}\frac{\partial}{\partial x}\left(\frac{\partial u}{\partial y} + \frac{\partial v}{\partial x}\right) = -\rho b_2.$$

Randbedingungen
Entlang der Seite ACB gibt es keine Verschiebung $\rightarrow u = v = 0$.
Entlang der Seite BDA ist die Belastung pro Oberflächeneinheit $[t_1, t_2]$ gegeben.
Das ergibt für die Spannungen die Beziehungen:

$$\sigma_x n_1 + \tau_{xy} n_2 = t_1,$$

$$\tau_{xy} n_1 + \sigma_y n_2 = t_2;$$

$\mathbf{n} = [n_1, n_2]$ ist der äußere Normalenvektor auf $\partial\Omega$ und $\mathbf{t} = [t_1, t_2]$ der Belastungsvektor pro Oberflächeneinheit.

Übung 2.3
Man leite ab, daß die Randbedingungen entlang BDA geschrieben werden können als:

$$\frac{n_1 E}{1-v^2}\left[\frac{\partial u}{\partial x} + v\frac{\partial v}{\partial y}\right] + \frac{E n_2}{2(1+v)}\left[\frac{\partial u}{\partial y} + \frac{\partial v}{\partial x}\right] = t_1,$$

$$\frac{n_2 E}{1-v^2}\left[v\frac{\partial u}{\partial x} + \frac{\partial v}{\partial y}\right] + \frac{E n_1}{2(1+v)}\left[\frac{\partial u}{\partial y} + \frac{\partial v}{\partial x}\right] = t_2. \qquad \triangle$$

2.1.2 Zeitabhängige Probleme

Zeitabhängige Probleme beschreiben das Entwicklungsverhalten (auch Übergangsverhalten genannt) eines Prozesses. Wir geben hierfür einige Beispiele.

2.1.2.1 Die Wärmeleitungsgleichung
Diese wird gegeben durch:

$$\frac{\partial u}{\partial t} = \Delta u,$$

$x \in \Omega \subset \mathbb{R}^n, t \in (t_0, T]$.
Wie man sehen kann, ist diese Gleichung eng mit der Gleichung (2.1) verwandt. Tatsächlich geht diese Gleichung in die Gleichung (2.1) über, wenn $\partial u/\partial t = 0$ gilt, mit anderen Worten, wenn Gleichgewicht auftritt. Weil dies eine Gleichung erster Ordnung bezüglich der Zeit ist, ist nur eine Anfangsbedingung notwendig. Bei $t = t_0$ muß u für jeden Punkt in Ω gegeben sein. In Formelform stellt man das wie folgt dar:

$$u(x, t_0) = u_0(x) \quad \forall \, x \in \Omega.$$

Die Randbedingungen sind vom selben Typ wie die der Gleichung (2.1). Natürlich müssen sie für jeden Zeitpunkt gegeben sein, und sie *können* also auch zeitabhängig sein. Das Dirichlet-Problem sieht wie folgt aus:

$$u(x,t) = g(x,t), \quad x \in \partial\Omega, \quad t \in (t_0, T].$$

Übung 2.4
Wenn man die Wärmeleitungsgleichung mit den Neumannschen Randbedingungen löst, müssen dann auch die Kompatibilitätsforderungen wie in der Gleichung (2.1) erfüllt sein? Was bedeutet das physikalisch? △

2.1.2.2 Die Konvektions-Diffusionsgleichung
Diese wird gegeben durch:

$$\frac{\partial c}{\partial t} + \mathbf{u} \cdot \nabla c = \varepsilon \Delta c,$$

$x \in \Omega \subset \mathbb{R}^n, \; t \in (t_0, T]$.

Diese Gleichung beschreibt das Verhalten einer Verunreinigung mit einer Konzentration c, die durch ein strömendes Medium mit der Geschwindigkeit $\mathbf{u}$ transportiert wird. Es tritt auch Diffusion mit einem Diffusionskoeffizient ε auf.

Die Anfangsbedingungen sind die gleichen wie bei der Wärmeleitungsgleichung. Weil die Randbedingungen durch den Term der höchsten Ordnung des Raumanteils der PDG bestimmt werden, sind auch die Randbedingungen vom selben Typ wie bei der Wärmeleitungsgleichung. Wenn ε klein ist, wird das Verhalten der Lösung stark durch das Glied der ersten Ordnung (die Konvektion) bestimmt. Dies führt zu Problemen, die sehr spezifisch sind für diesen Typ von PDG.

2.1.2.3 Die Wellengleichung

Diese Gleichung beschreibt Wellen und Schwingungen. Sie sieht wie folgt aus:

$$\frac{\partial^2 u}{\partial t^2} = \Delta u,$$

$$x \in \Omega \subset \mathbb{R}^n, \quad t \in (t_0, T].$$

Diese Gleichung ist von zweiter Ordnung in der Zeit und fordert also auch zwei Anfangsbedingungen. Gebräuchlich ist es, sowohl u als auch u_t für jeden Punkt im Gebiet Ω bei $t = t_0$ zu geben. Die Randbedingungen sind wieder die gleichen wie für die Wärmeleitungsgleichung.

2.1.2.4 Die Transportgleichung

Diese Gleichung beschreibt den Strom eines Stoffes in einem Medium. Sie wird gegeben durch:

$$\frac{\partial c}{\partial t} + \mathbf{u} \cdot \nabla c = 0.$$

Anfangs- und Randbedingungen sind in dieser Gleichung erster Ordnung mehr oder weniger gekoppelt. Details hiervon folgen im Kapitel 16, aber wir sagen schon, daß die Nebenbedingungen "stromabwärts" gegeben sein müssen.

2.1.3 Eigenwertprobleme

Eine Kategorie von Randwertproblemen, die eine extra Behandlung benötigt, sind die Eigenwertprobleme. Diese entstehen, wenn wir eine Wellengleichung mit homogenen Randbedingungen (das bedeutet $u = 0$ auf dem Rand oder $\partial u / \partial n = 0$ auf dem Rand) nicht als Anfangswertproblem lösen, sondern die freien Schwingungen (Eigenschwingungen) durch Substitution einer harmonischen Schwingung untersuchen.

2.1.3.1 Die elastische Membran

Ω sei offenes und zusammenhängendes Gebiet in $\mathbb{R}^2$ mit dem Rand $\partial\Omega$. Über Ω ist eine elastische Membran gespannt, eingespannt in $\partial\Omega$. Wir betrachten transversale Schwingungen der Membran, d.h. daß die Schwingungen senkrecht auf der Fläche der Abbildung 2.4 stehen. Es sei ζ die Verschiebung in der z-Richtung. Dann gilt für kleine Verschiebungen ζ (bezüglich der Ruhelage):

$$\frac{\partial^2 \zeta}{\partial t^2} = c^2 \left(\frac{\partial^2 \zeta}{\partial x^2} + \frac{\partial^2 \zeta}{\partial y^2}\right) \text{ in } \Omega,$$

$\zeta = 0$ auf $\partial\Omega$ (man vergleiche auch mit 2.1.2.3).

Wir wählen jetzt $\zeta = Z(x,y)\, e^{i\omega t}$.
Einsetzen in (2.3) ergibt:

$$-\omega^2 Z = c^2 \Delta Z, \quad Z = 0 \text{ auf } \partial\Omega.$$

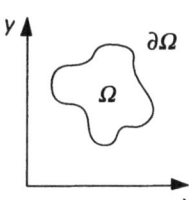

Abbildung 2.4.

Mit $\dfrac{\omega^2}{c^2} = \lambda$ ergibt das:

$$\Delta Z + \lambda Z = 0, \quad Z = 0 \text{ auf } \partial\Omega. \tag{2.13}$$

Das ist ein Eigenwertproblem; wir suchen Skalare λ so, daß (2.13) nicht-triviale Lösungen hat. Solch ein Skalar λ heißt Eigenwert, die dazugehörende Lösung Eigenfunktion. Die Gleichung (2.13) hat unendlich viele Eigenwerte.

2.1.4 Korrekt gestellte Probleme

Die PDG bildet zusammen mit ihren Rand- und/oder Anfangsbedingungen das mathematische Modell. Soll dies eine verwendbare Beschreibung von physikalischen Ereignissen sein, müssen die folgenden drei Bedingungen erfüllt sein.
1. Es existiert zumindestens eine Lösung des Problems (Existenz).
2. Es gibt höchstens eine Lösung des Problems (Eindeutigkeit).
3. Die Lösung hängt stetig von den gegebenen Daten ab (den gegebenen Rand- und Anfangsbedingungen, den Koeffizienten in der Gleichung etc.). Weil diese in der Praxis oft gemessen werden, sollen kleine Abweichungen bei diesen Daten nur kleine Abweichungen in der Lösung bewirken.

Probleme, die diese Forderungen erfüllen, heißen korrekt gestellte Probleme (well-posed). In den folgenden Kapiteln gehen wir davon aus, daß die durch

14 Numerik partieller Differentialgleichungen für Ingenieure

uns behandelten Probleme korrekt gestellt sind. In der Praxis muß das zur Kontrolle des mathematischen Modells erst bewiesen werden.
Für eine erfolgreiche numerische Lösung eines Problems ist es essentiell, daß das zu lösende Problem korrekt gestellt ist.

2.2   Klassifizierung von PDG zweiter Ordnung

Man kann sich fragen, inwieweit die Übersicht im Abschnitt 2.1 eine gute Widerspiegelung von dem ist, was wir an technischen Problemen erwarten können. Zu Problemen höherer Ordnung wie den Plattengleichungen (1.1.3 und 1.1.4) können wir wenig sagen, aber für die Gleichungen zweiter Ordnung (Laplace, Wärme, Schwingungen) können wir eine aufsehenerregende Aussage machen: *Die Übersicht ist vollständig.* Dies muß sofort ein bißchen nuanciert werden: Es geht nur um das Glied zweiter Ordnung. Die Konvektions-Diffusions-Gleichung wird also mit der Wärmeleitungsgleichung gleichgesetzt. Mathematisch gesehen gilt die Vollständigkeit übrigens allein für Probleme mit zwei unabhängigen Variablen, aber physikalisch für alle Anzahlen unabhängiger Variablen. Der Grund ist, daß es mehrdimensionale Räume gibt, aber (noch?) keine mehrdimensionale Zeit. Die Vollständigkeit beweisen wir erst für Gleichungen mit zwei unabhängigen Variablen. Eine Erweiterung auf mehr Dimensionen ist dann mehr oder weniger direkt möglich. Wir haben also:

a) die Schwingungsgleichung:

$$\frac{\partial^2 u}{\partial t^2} - \frac{\partial^2 u}{\partial x^2} = f(x,t,u,u_x,u_t); \qquad (2.14)$$

b) die Diffusionsgleichung:

$$\frac{\partial^2 u}{\partial x^2} = g(x,t,u,u_x,u_t); \qquad (2.15)$$

c) die Poisson-Gleichung:

$$\frac{\partial^2 u}{\partial x^2} + \frac{\partial^2 u}{\partial y^2} = h(x,y,u,u_x,u_y). \qquad (2.16)$$

Anmerkung
So wie wir in 2.1.2.1 und 2.1.2.2 gesehen haben, sieht (2.15) in einem physikalischen Kontext wie folgt aus

$$\frac{\partial u}{\partial t} = \frac{\partial^2 u}{\partial x^2} + f(x,t,u,u_x)$$

Satz 2.1
Jede lineare PDG zweiter Ordnung mit konstanten Koeffizienten in zwei Dimensionen kann durch eine Koordinatentransformation der Form

$$\begin{pmatrix}\xi\\\eta\end{pmatrix} = Q \begin{pmatrix}x\\y\end{pmatrix} \quad \text{beziehungsweise} \quad \begin{pmatrix}\tau\\\zeta\end{pmatrix} = Q \begin{pmatrix}t\\x\end{pmatrix}$$

zu einer der Gleichungen (2.14), (2.15) oder (2.16) umgeformt werden. Wenn das Glied zweiter Ordnung gegeben wird durch

$$Lu = au_{xx} + 2bu_{xy} + cu_{yy}$$

bzw.
$$Lu = au_{tt} + 2bu_{tx} + cu_{xx},$$

dann gilt:

wenn $b^2 - ac > 0$, kann die PDG umgeformt werden zu (2.14),
wenn $b^2 - ac = 0$, zu (2.15),
wenn $b^2 - ac < 0$, zu (2.16).

Beweis

Man betrachte die Matrix $A = \begin{pmatrix}a & b\\b & c\end{pmatrix}$. Die Eigenwerte von A sind wegen der Symmetrie von A reell. Das Produkt der Eigenwerte von A wird gegeben durch $\det(A) = ac - b^2$. (Warum?)

Hieraus folgt:
1. wenn $b^2 - ac > 0$, haben die Eigenwerte von A verschiedene Vorzeichen, z.B. $\lambda_1 > 0, \lambda_2 < 0$;
2. wenn $b^2 - ac = 0$, ist einer der Eigenwerten von A gleich 0, z.B. $\lambda_1 = 0, \lambda_2 \neq 0$ (wenn λ_2 auch gleich 0 ist, ist A die Nullmatrix);
3. wenn $b^2 - ac < 0$, haben die Eigenwerte von A gleiche Vorzeichen, $\lambda_1, \lambda_2 > 0$ oder $\lambda_1, \lambda_2 < 0$.

Man wähle Q so, daß

$$Q A Q^T = \begin{pmatrix}\lambda_1 & 0\\0 & \lambda_2\end{pmatrix}. \tag{2.17}$$

16 Numerik partieller Differentialgleichungen für Ingenieure

Hierbei sind die Spalten von Q^T die auf Länge 1 genormten Eigenvektoren von A. Weiterhin ist $Q^T = Q^{-1}$ (folgt aus der Symmetrie von A).

Es sei
$$\mathbf{v}_1 = \begin{pmatrix} v_{11} \\ v_{12} \end{pmatrix}$$

der zu λ_1 gehörende Eigenvektor und
$$\mathbf{v}_2 = \begin{pmatrix} v_{21} \\ v_{22} \end{pmatrix}$$

der zu λ_2 gehörende Eigenvektor.
Es gilt:
$$\xi = v_{11}x + v_{12}y,$$
$$\eta = v_{21}x + v_{22}y,$$

$$\left. \begin{aligned} \frac{\partial \bullet}{\partial x} &= \frac{\partial \bullet}{\partial \xi}\frac{\partial \xi}{\partial x} + \frac{\partial \bullet}{\partial \eta}\frac{\partial \eta}{\partial x} = v_{11}\frac{\partial \bullet}{\partial \xi} + v_{21}\frac{\partial \bullet}{\partial \eta} \\ \frac{\partial \bullet}{\partial y} &= \frac{\partial \bullet}{\partial \xi}\frac{\partial \xi}{\partial y} + \frac{\partial \bullet}{\partial \eta}\frac{\partial \eta}{\partial y} = v_{12}\frac{\partial \bullet}{\partial \xi} + v_{22}\frac{\partial \bullet}{\partial \eta} \end{aligned} \right\} = Q^T \begin{pmatrix} \frac{\partial \bullet}{\partial \xi} \\ \frac{\partial \bullet}{\partial \eta} \end{pmatrix}$$

und folglich:
$$a\frac{\partial^2 u}{\partial x^2} + 2b\frac{\partial^2 u}{\partial x \partial y} + c\frac{\partial^2 u}{\partial y^2} = \left(\frac{\partial}{\partial x}, \frac{\partial}{\partial y}\right) A \begin{pmatrix} \frac{\partial u}{\partial x} \\ \frac{\partial u}{\partial y} \end{pmatrix}$$

$$= \left(\frac{\partial}{\partial \xi}, \frac{\partial}{\partial \eta}\right) Q A Q^T \begin{pmatrix} \frac{\partial u}{\partial \xi} \\ \frac{\partial u}{\partial \eta} \end{pmatrix}$$

$$= \left(\frac{\partial}{\partial \xi}, \frac{\partial}{\partial \eta}\right) \begin{pmatrix} \lambda_1 & 0 \\ 0 & \lambda_2 \end{pmatrix} \begin{pmatrix} \frac{\partial u}{\partial \xi} \\ \frac{\partial u}{\partial \eta} \end{pmatrix} \quad \text{wegen (2.17)}$$

$$= \lambda_1 \frac{\partial^2 u}{\partial \xi^2} + \lambda_2 \frac{\partial^2 u}{\partial \eta^2}. \tag{2.18}$$

Dieser Ausdruck kann noch dadurch normiert werden, daß wir annehmen

$$\overline{\xi} = \xi \sqrt{|\lambda_1|},$$

$$\overline{\eta} = \eta \sqrt{|\lambda_2|}.$$

Der Ausdruck (2.18) geht in den einzelnen Fällen 1, 2 und 3 in die Prototypen (2.14), (2.15) und (2.16) über. Hiermit ist der Satz bewiesen. □

Anmerkung
1. Die Koeffizienten a, b und c können noch von x, y, u, $\partial u/\partial x$ und $\partial u/\partial y$ abhängen. Theoretisch ist es also möglich, daß die PDG 'unterwegs' ihren Charakter verändert. Solche Fälle sind tatsächlich bekannt.
2. In Analogie zu gekrümmten Linien zweiten Grades der Form

$$ax^2 + 2bxy + cy^2 + \text{linearer Anteil} = 0$$

spricht man von
- hyperbolischen Gleichungen, wenn $b^2 - ac > 0$,
- parabolischen Gleichungen, wenn $b^2 - ac = 0$,
- elliptischen Gleichungen, wenn $b^2 - ac < 0$.

Wir sehen hieraus, daß die drei Beispiele von Problemen zweiter Ordnung aus Abschnitt 2.1, nämlich Laplace-, Wärme- und Schwingungsgleichung genau mit diesen drei Fällen übereinstimmen: elliptisch, parabolisch und hyperbolisch.
3. Diese Klassifikation ist nur für Probleme zweiter Ordnung gültig. In Analogie gebraucht man diese Terminologie aber auch für Probleme anderer Ordnungen, die bezüglich der Eigenschaften große Übereinstimmungen haben. So nennt man die Transportgleichung auch hyperbolisch und die Plattengleichung auch elliptisch. Streng genommen ist das falsch, aber es hat sich nun einmal so eingebürgert.
4. Die obenstehende Klassifikation gilt für zwei Raum-Dimensionen (bzw. eine Zeit- und eine Raum-Dimension).
Für mehr Dimensionen gilt das Folgende:
Man betrachte das Glied zweiter Ordnung der PDG; dieses sei gegeben durch:

18 Numerik partieller Differentialgleichungen für Ingenieure

$$Lu \equiv \sum_{i=1}^{n} \sum_{j=1}^{n} a_{ij} \frac{\partial^2 u}{\partial x_i \partial x_j} \quad (n \text{ Dimensionen})$$

mit $a_{ij} = a_{ji}$.

Man betrachte nun die Eigenwerte der Matrix

$$A = \begin{pmatrix} a_{11} & \cdots & a_{1n} \\ \vdots & & \vdots \\ a_{n1} & \cdots & a_{nn} \end{pmatrix}$$

Wegen der Symmetrie sind diese alle reell.
Die folgenden Fälle sind nun die wichtigsten:

a) Alle Eigenwerte haben das gleiche Vorzeichen: *elliptisch*
   Das Glied zweiter Ordnung kann transformiert werden zu

$$\frac{\partial^2 u}{\partial \xi_1^2} + \frac{\partial^2 u}{\partial \xi_2^2} + \ldots + \frac{\partial^2 u}{\partial \xi_n^2} \quad (= \Delta u, \text{ der Laplace-Operator}).$$

b) Ein Eigenwert ist gleich null, der Rest vom gleichen Vorzeichen: *parabolisch*.
   Das Glied zweiter Ordnung kann transformiert werden zu:

$$\left(\frac{\partial u}{\partial \tau}\right) - \frac{\partial^2 u}{\partial \xi_1^2} - \frac{\partial^2 u}{\partial \xi_2^2} - \ldots - \frac{\partial^2 u}{\partial \xi_{n-1}^2}.$$

c) Ein Eigenwert hat ein anderes Vorzeichen als der Rest: *hyperbolisch*.
   Das Glied zweiter Ordnung kann nun transformiert werden zu:

$$\frac{\partial^2 u}{\partial \tau^2} - \frac{\partial^2 u}{\partial \xi_1^2} - \frac{\partial^2 u}{\partial \xi_2^2} - \ldots - \frac{\partial^2 u}{\partial \xi_{n-1}^2}.$$

Andere Möglichkeiten, die in der Praxis weniger häufig vorkommen, werden in diesem Buch nicht weiter behandelt.

3 Differenzenverfahren

Differenzenverfahren sind wichtige Hilfsmittel für die numerische Lösung von Randbedingungsproblemen. Wir wollen sie zunächst für Gleichungen in einer Dimension und danach für Gleichungen in mehreren Dimensionen anwenden, weil letzteres sehr spezifische Probleme mit sich bringt.
Am Schluß werden wir unsere Aufmerksamkeit einer anderen Methode für die Diskretisierung von Differentialgleichungen schenken, die eng mit Differenzenverfahren verwandt ist: die Finite Volumenmethode (FVM).

3.1 Differenzenverfahren in einer Dimension

3.1.1 Die Kabelgleichung

Im Intervall $[0,L]$ wird ein (gewichtslos gedachtes) Kabel gespannt, das belastet wird, wie in Abbildung 3.1 gezeigt ist.
Die Belastung $\psi(x)$ wird kontinuierlich angenommen. Die Durchhängung $w(x)$ des Kabels wird dann gegeben durch die DG

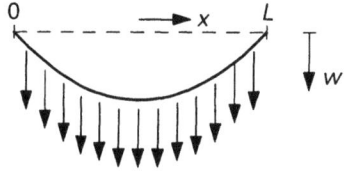

Abbildung 3.1.

$$-T_0 \frac{d^2 w}{dx^2} = \psi(x), \quad w(0) = w(L) = 0. \tag{3.1}$$

Die Größe T_0 ist die horizontale Komponente der Ziehkraft Wir können nun (3.1) so dimensionieren (man wähle $y = T_0 w/L^2$, $\xi = x/L$, $f(\xi) = \psi(L\xi)$), daß (3.1) äquivalent zum Modellproblem ist:

$$-\frac{d^2 y}{dx^2} = f(x), \quad y(0) = y(1) = 0. \tag{3.2}$$

Außer als Kabelgleichung kann (3.2) auch als die Wärmeverteilung in einem homogenen Stab interpretiert werden, wo die Enden auf einer Temperatur von

20 Numerik partieller Differentialgleichungen für Ingenieure

$y = 0$ gehalten werden. Die Funktion f gibt dann die Wärmeerzeugung in dem Stab wieder. Wenn f eine einfach zu integrierende Funktion ist, kann (3.2) analytisch gelöst werden. Das ist aber oft nicht der Fall. Dann werden numerische Lösungsmethoden angewendet.

3.1.1.1 Diskretisierung

```
0                                               1
|   |   |   ... |    |   |   ...  |
0   1   2      i-1   i  i+1       N
<--->
  h
```

Wir teilen das Intervall $[0,1]$ in N Teilintervalle der Länge $h = 1/N$ und schreiben wieder $y_i = y(ih)$ und $f_i = f(ih)$.
Im Stützpunkt x_i gilt

$$-\frac{d^2y}{dx^2}|_{x_i} = f_i.$$

Wir möchten nun y_i mit Hilfe von (3.2) in y_{i-1} und y_{i+1} ausdrücken. Dazu der folgende Satz.

Satz 3.1
Es sei u viermal stetig differenzierbar. Dann gilt:

$$\frac{y_{i+1} - 2y_i + y_{i-1}}{h^2} = \frac{d^2y}{dx^2}|_{x_i} + O(h^2).$$

Beweis
Nach der Taylor-Formel gilt:

$$y_{i+1} = y_i + h\frac{dy}{dx}|_{x_i} + \frac{h^2}{2!}\frac{d^2y}{dx^2}|_{x_i} + \frac{h^3}{3!}\frac{d^3y}{dx^3}|_{x_i} + O(h^4) \qquad (3.3)$$

und

$$y_{i-1} = y_i - h\frac{dy}{dx}|_{x_i} + \frac{h^2}{2!}\frac{d^2y}{dx^2}|_{x_i} - \frac{h^3}{3!}\frac{d^3y}{dx^3}|_{x_i} + O(h^4). \qquad (3.4)$$

Eine Addition der Gleichungen (3.3) und (3.4) ergibt:

$$y_{i+1} - 2y_i + y_{i-1} = h^2\frac{d^2y}{dx^2}|_{x_i} + O(h^4) \qquad (3.5)$$

Differenzenverfahren   21

Wenn man links und rechts durch h^2 teilt, folgt die Behauptung.   □

Die Größe $(y_{i+1} - 2y_i + y_{i-1})/h^2$ wird zweiter Differentialquotient oder auch zweite dividierte Differenz genannt. (Die erste dividierte Differenz ist $(y_{i+1} - y_i)/h$, die zweite ist $[(y_{i+1} - y_i)/h - (y_i - y_{i-1})/h]/h$. Bei nicht dividierten Differenzen wird nicht durch h geteilt.)

Übung 3.1
Man weise nach, daß, wenn y oft genug differenzierbar ist, gilt:

$$\frac{y_{i+1}-y_i}{h} = \frac{dy}{dx}\Big|_{x_i} + O(h)$$

und

$$\frac{y_{i+1}-y_{i-1}}{2h} = \frac{dy}{dx}\Big|_{x_i} + O(h^2).$$ △

Wenn man nun in jedem Stützpunkt die zweite Ableitung durch die zweite dividierte Differenz unter Vernachlässigung des Terms $O(h^2)$ (d.h. des lokalen Verfahrensfehlers) ersetzt, entsteht das folgende Gleichungssystem (wir geben die numerische Lösung mit u_i an):

$$\begin{aligned}
h^{-2}(-u_0 + 2u_1 - u_2) &= f_1 \\
h^{-2}(-u_1 + 2u_2 - u_3) &= f_2 \\
&\vdots \\
h^{-2}(-u_{N-2} + 2u_{N-1} - u_N) &= f_{N-1}.
\end{aligned} \qquad (3.6)$$

Unter Berücksichtigung der Randbedingungen $y(0) = y(1) = 0$, was $u_0 = u_N = 0$ bedeutet, geht (3.6) über in

$$\begin{aligned}
h^{-2}(2u_1 - u_2) &= f_1 \\
h^{-2}(-u_1 + 2u_2 - u_3) &= f_2 \\
&\vdots \\
h^{-2}(-u_{N-3} + 2u_{N-2} - u_{N-1}) &= f_{N-2} \\
h^{-2}(-u_{N-2} + 2u_{N-1}) &= f_{N-1}
\end{aligned}$$

oder in Matrixschreibweise

$$A\mathbf{u} = \mathbf{f}$$

mit

22   Numerik partieller Differentialgleichungen für Ingenieure

$$A = h^{-2} \begin{pmatrix} 2 & -1 & & & 0 \\ -1 & 2 & -1 & & \\ & \ddots & \ddots & \ddots & \\ & & & & -1 \\ 0 & & & -1 & 2 \end{pmatrix} (N-1) \times (N-1). \tag{3.7}$$

Die Lösung kann nun mit Hilfe der LU-Zerlegung oder, um Speicher zu sparen, mit der Choleski-Zerlegung gefunden werden (A ist positiv definit, siehe [**schwarz**], Seite 39).

3.1.1.2 Globaler Fehler

Aus (3.5) wissen wir, daß es in jeder der Gleichungen von (3.6) einen Fehler $O(h^2)$ gibt. Man setze nun den Fehler in der i-ten Gleichung gleich $h^2 p_i$ und setze $\Delta y_i = y_i - u_i$, wobei y_i die exakte Lösung und u_i die numerische Lösung ist.
Dann gilt:

$$A\mathbf{y} = \mathbf{f} + h^2 \mathbf{p}$$

und

$$A\mathbf{u} = \mathbf{f}$$

mit A wie in (3.7).
Subtraktion liefert:

$$A\Delta\mathbf{y} = h^2 \mathbf{p}$$

Es seien $\lambda_1, \lambda_2, \ldots, \lambda_{N-1}$ die Eigenwerte von A, geordnet nach der absoluten Größe. Dann gibt Formel (1.80) in [**schwarz**] eine Schätzung für den globalen Fehler $\|\Delta\mathbf{y}\|$:

$$\|\Delta\mathbf{y}\| \leq \frac{1}{|\lambda_{N-1}|} h^2 \|\mathbf{p}\|. \tag{3.8}$$

In diesem einfachen Fall können die Eigenwerte von A exakt bestimmt werden.

Satz 3.2
Es sei A eine $(N-1) \times (N-1)$-Matrix mit der Struktur wie in (3.7). Die Eigenwerte von A werden gegeben durch

$$\lambda_j = h^{-2}\left(2 - 2\cos\left(\frac{N-j}{N}\pi\right)\right), \quad j = 1, 2, \ldots, (N-1).$$

Differenzenverfahren 23

Wir werden diesen Satz nicht beweisen. Man bemerke, daß die Eigenwerte symmetrisch bezüglich $2h^{-2}$ liegen und daß sie alle größer als 0 sind (letztes ist damit äquivalent, daß A positiv definit ist). Es gilt nämlich

$$\lambda_j = 4h^{-2} \sin^2\left(\frac{N-j}{2N} \pi\right).$$

Die kleinsten Eigenwerte sind $\lambda_{N-1} = 4h^{-2} \sin^2(\frac{1}{N} \frac{\pi}{2})$, und das ist für große N ungefähr $\lambda_{N-1} \approx \pi^2/h^2 N^2 = \pi^2$.
Dies in (3.8) substituiert ergibt den globalen Fehler:

$$\|\Delta y\| \leq \frac{h^2}{\pi^2} \|p\|.$$

Der globale Fehler ist folglich $O(h^2)$.

3.1.1.3 Konditionen

Berechnen wir die Konditionszahl von A, finden wir für große N:

$$\text{kond}(A) = \frac{|\lambda_1|}{|\lambda_{N-1}|} \approx \frac{4}{h^2 \pi^2}.$$

Das sieht nicht so gut aus, denn je kleiner h wird, desto schlechter wird die Kondition des Systems. Die Situation ist aber nicht so schlimm wie es aussieht. Nehmen wir an, daß es einen Fehler in dem Belastungsvektor f gibt, sagen wir Δf. Hierdurch entsteht ein Fehler Δu in der numerischen Lösung, und wir lösen

$$A(\mathbf{u} + \Delta \mathbf{u}) = \mathbf{f} + \Delta \mathbf{f},$$

$$A\mathbf{u} = \mathbf{f}.$$

Subtraktion ergibt

$$A\Delta \mathbf{u} = \Delta \mathbf{f},$$

und mit einer gleichen Schlußfolgerung wie in 3.1.1.2 finden wir für $\|\Delta \mathbf{u}\|$

$$\|\Delta \mathbf{u}\| \leq \frac{1}{\pi^2} \|\Delta \mathbf{f}\| \qquad (3.9)$$

unabhängig von h. Das bedeutet, daß eine kleine Störung in dem Belastungsvektor eine kleine Störung in der Verschiebung verursacht. Das System ist nun in jedem Fall gut konditioniert bezüglich des absoluten Fehlers. Ob es auch bezüglich des relativen Fehlers $\|\Delta \mathbf{u}\| / \|\mathbf{u}\|$ gut konditioniert ist, hängt von dem

Belastungsvektor **f** ab. Vor allem in den Fällen, wo große Belastungen kleine Verschiebungen verursachen (nicht echt realistisch, aber es ist möglich, solche Belastungfälle zu konstruieren), ist das System bezüglich des relativen Fehlers schlecht konditioniert. Man kann das allerdings an der Lösung selbst sehen, denn aus (3.9) folgt:

$$\frac{\|\Delta \mathbf{u}\|}{\|\mathbf{u}\|} \leq \frac{1}{\pi^2} \frac{\|\mathbf{f}\|}{\|\mathbf{u}\|} \frac{\|\Delta \mathbf{f}\|}{\|\mathbf{f}\|}.$$

Das ist eine weniger pessimistische Schätzung als mit Hilfe der Konditionszahl. Die Situation: eine gute Kondition in Beziehung zum absoluten Fehler und eine mögliche schlechte Kondition in Beziehung zum relativen Fehler tritt recht allgemein bei Randbedingungsproblemen auf. Es ist besser, obenstehender Analyse zu folgen, als mit der Konditionszahl selbst zu arbeiten.

3.1.1.4 Randbedingungen des Typs: Fluß gegeben

Gleichung (3.2) kann auch als Modell für eine Wärmeverteilung interpretiert werden. Dann kann auch eine andere Randbedingung auftreten, nämlich Isolation an einem der Enden. Nehmen wir an, daß der Stab bei $x = 1$ isoliert ist. Das ergibt das folgende Modell:

$$-\frac{d^2 y}{dx^2} = f(x), \quad y(0) = 0, \quad y'(1) = 0. \tag{3.10}$$

Um diese zweite Randbedingung gut in das System von Differenzengleichungen einordnen zu können, verfahren wir etwas anders als in 3.1.1.1. Wir teilen das Intervall [0,1] wieder auf, aber nun so, daß der Endpunkt 1 genau in der Intervallmitte liegt, also:

```
0                                           1
|    |    |    |    ...    |    |    |
0    1    2         N-1    N    N+1
```

Die Schrittgröße h ist folglich $h = 1/(N + \frac{1}{2})$.

Substitution der Differenzenformel ergibt das System (u ist wieder die numerische Lösung)

$$
\begin{aligned}
h^{-2}(-u_0 + 2u_1 - u_2) &= f_1 \\
h^{-2}(-u_1 + 2u_2 - u_3) &= f_2 \\
&\vdots \\
h^{-2}(-u_{N-1} + 2u_N - u_{N+1}) &= f_N.
\end{aligned}
\tag{3.11}
$$

Alle Gleichungen haben einen lokalen Verfahrensfehler von $O(h^2)$, denn die k-te Gleichung für die exakte Lösung von y lautet

$$h^{-2}(-y_{k-1} + 2y_k - y_{k+1}) = f_k + O(h^2).$$

Das System (3.11) hat N Gleichungen mit $N+2$ Unbekannten. Die fehlenden Gleichungen folgen aus den Randbedingungen. Die Randbedingung $y(0) = 0$ ergibt $u_0 = 0$.
Weiter gilt

$$y'(1) = (y_{N+1} - y_N)/h + O(h^2).$$

(Man überprüfe das selbst mit der Taylor-Formel!). Wir ersetzen darum die Randbedingung $y'(1) = 0$ durch $h^{-1}(u_{N+1} - u_N) = 0$. (Das ergibt einen lokalen Verfahrensfehler von $O(h^2)$.)
Die letzte Gleichung von (3.11) wird hierdurch

$$h^{-1}(-u_{N-1} + u_N) = f_N$$

mit einem lokalen Verfahrensfehler von $O(h)$ (warum?), und das resultierende System lautet in Matrixform:

$$A\mathbf{u} = \mathbf{f}; \qquad (3.12)$$

A ist eine $(N \times N)$-Matrix der Form

$$A = h^{-2} \begin{pmatrix} 2 & -1 & & & \\ -1 & 2 & -1 & & \\ & \ddots & \ddots & \ddots & \\ & & & & -1 \\ & & & -1 & 1 \end{pmatrix}.$$

Die Eigenwerte dieser Matrix sind zwar etwas anders als die von (3.7), aber der kleinste ist auch wieder $O(1)$ für kleine h.
Die letzte Gleichung vom System (3.12) hat einen lokalen Verfahrensfehler von $O(h)$, alle anderen Gleichungen haben einen lokalen Verfahrensfehler von $O(h^2)$. Auf Basis der Analyse in 3.1.1.2 sollten wir einen globalen Fehler von $O(h)$ erwarten. Diese Erwartung ist jedoch falsch. Wir betrachten wieder die exakte Lösung $\mathbf{y}$. Hierfür gilt:

$$A\mathbf{y} = \mathbf{f} + h^2\mathbf{p} + h\mathbf{q}$$

mit $\mathbf{p}$ wie in 3.1.1.2 und

26 Numerik partieller Differentialgleichungen für Ingenieure

$$\mathbf{q} = \begin{pmatrix} 0 \\ 0 \\ \vdots \\ 0 \\ q_N \end{pmatrix}.$$

Man definiere nun

$$A(\Delta_1 \mathbf{y}) = h^2 \mathbf{p} \quad \text{und} \quad A(\Delta_2 \mathbf{y}) = h\mathbf{q}.$$

Augenscheinlich gilt $\Delta \mathbf{y} = \mathbf{y} - \mathbf{u} = \Delta_1 \mathbf{y} + \Delta_2 \mathbf{y}$.
Für $\Delta_1 \mathbf{y}$ gilt, wie in 3.1.1.2

$$\|\Delta_1 \mathbf{y}\| \leq \frac{1}{\lambda_N} h^2 \|\mathbf{p}\|$$

und, weil $\lambda_N = K$ gilt,

$$\|\Delta_1 \mathbf{y}\| \leq \frac{h^2}{K} \|\mathbf{p}\|.$$

Nun wird die Lösung von

$$A\mathbf{x} = \begin{pmatrix} 0 \\ 0 \\ \vdots \\ 0 \\ 1 \end{pmatrix}$$

gegeben durch: $x_i = ih^2$, $i = 1, 2, ..., N$, was man durch Substitution leicht verifiziert.
Die Lösung von $A(\Delta_2 \mathbf{y}) = h\mathbf{q}$ wird folglich gegeben durch $\Delta_2 y_i = ih^3 q_N$.
Nun ist $ih = x_i$, folglich sind alle $\Delta_2 y_i$ gleich $O(h^2)$. Wenn man zum Beispiel $x_i q_N = s_i$ annimmt, ist $\Delta_2 y_i = h^2 s_i$ und $\|\Delta_2 \mathbf{y}\| = h^2 \|\mathbf{s}\|$.
Für den totalen Fehler $\|\Delta \mathbf{y}\|$ gilt wieder:

$$\|\Delta \mathbf{y}\| = \|\Delta_1 \mathbf{y} + \Delta_2 \mathbf{y}\| \leq \|\Delta_1 \mathbf{y}\| + \|\Delta_2 \mathbf{y}\| = h^2(K\|\mathbf{p}\| + \|\mathbf{s}\|) = O(h^2).$$

3.1.1.5 Kondition bezüglich den Randbedingungen

Das obenstehende Resultat, das für diesen einfachen Fall vollständig analysiert werden kann, ist allgemein gültig für Probleme, die bezüglich der Randbedingungen gut konditioniert sind. Das bedeutet, daß eine kleine Störung in den

Randbedingungen auch eine kleine Störung in der Lösung verursacht.
Im vorliegenden Fall machten wir einen Fehler von $O(h^2)$ in den Randbedingungen und bekamen dadurch einen Fehler von $O(h^2)$ in der Lösung. Es hat keinen Sinn, die Randbedingungen genauer zu nähern, weil die Lösung doch schon einen Fehler $O(h^2)$ hat, da die zweite Ableitung durch die zweite dividierte Differenz, auch mit einem Fehler $O(h^2)$ (Satz 3.1), ersetzt wurde. Randbedingungsprobleme, die aus der Technik kommen, sind bezüglich den Randbedingungen beinahe immer gut konditioniert.
Wir formulieren darum eine Faustregel bezüglich der Näherung von Randbedingungen, die erste oder höhere Ableitungen betreffen.

Faustregel 3.1
Werden in einem Randbedingungsproblem die Differentialquotienten durch dividierte Differenzen mit einem Fehler $O(h^p)$ ersetzt, müssen auch die Differentialquotienten in den Randwerten durch dividierte Differenzen mit einem Fehler $O(h^p)$ ersetzt werden. Die Lösung hat dann auch einen globalen Fehler $O(h^p)$.

Man bemerke, daß es um den Verfahrensfehler der dividierten Differenzen und nicht um den Verfahrensfehler in Systemen mit nicht dividierten Differenzen geht, die entstehen, wenn man beide Seiten von (3.6) mit h^2 multipliziert.

Übung 3.2
Man löst das Problem (3.10) mit Hilfe einer Diskretisierung wie in 3.1.1.1 und berücksichtigt die Randbedingung $y'(1) = 0$, indem man $u_N - u_{N-1} = 0$ setzt.
a) Man überprüfe, daß der lokale Verfahrensfehler in der letzten Gleichung des Systems $O(1)$ ist (dividierte Differenzen).
b) Man zeige, daß die Faustregel nicht angewendet werden kann und beweise, daß in 3.1.1.4 der globale Verfahrensfehler $O(h)$ ist. △

Übung 3.3
Gegeben ist die DG

$$\frac{d}{dx}\left(p(x)\frac{dy}{dx}\right) = f(x), \quad y(0) = 0, \quad y(1) = 1.$$

a) Man zeige mit Hilfe der Taylor-Formel, daß gilt:

$$\frac{p_{i-1}y_{i-1} - [p_{i-1/2} + p_{i+1/2}]y_i + p_{i+1/2}y_{i+1}}{h^2} = \frac{d}{dx}\left(p(x)\frac{dy}{dx}\right)\Big|_{x_i} + O(h^2).$$

Hinweis: Man entwickle $p_{i-1/2}, p_{i+1/2}, y_{i-1}$ und y_{i+1} in der Umgebung des Punktes x_i in eine Taylor-Reihe.

28 Numerik partieller Differentialgleichungen für Ingenieure

b) Man formuliere ein Differenzengleichungssystem mit einer Diskretisierung wie in 3.1.1.1 in Matrizenschreibweise $A\mathbf{u} = \mathbf{f}$ und konzentriere sich dabei besonders auf f_{N-1}. Man zeige, daß A positiv semidefinit ist, wenn $p \leq 0$ für $x \in [0,1]$.

c) Das Problem

$$\frac{d}{dx}\left(p(x)\frac{dy}{dx}\right) = f(x)$$

mit $y'(0) = y'(1) = 0$ hat keine eindeutige Lösung. Wenn y eine Lösung ist, ist $y + C$, C willkürlich $\in \mathbb{R}$, auch eine Lösung. Man verifiziere, daß das auch bei dem Differenzen-Analogon wie in 3.1.1.4 der Fall ist (sowohl der Punkt $x = 0$ als auch $x = 1$ müssen hier in der Mitte eines Intervalls liegen). △

3.1.2 Der biegende Balken

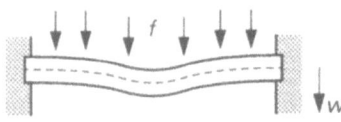

Abbildung 3.2.

Die Durchbiegung des Balkens mit der Länge L durch eine Belastung f wird beschrieben durch die DG

$$EI\frac{d^4w}{dx^4} = f(x); \qquad (3.13)$$

w ist die Verbiegung der sogenannten neutralen Linie (gestrichelt in Abbildung 3.2). Die Größe EI ist abhängig vom Material und von der Form des Balkenquerschnitts und wird Biegesteifigkeit genannt.
An den Enden des Balkens ist die Abweichung 0. Das ergeben die Randbedingungen $w(0) = w(L) = 0$. Die anderen zwei Randbedingungen sind davon abhängig, wie der Balken an seinen Enden befestigt ist. Einspannung an den Enden ergibt $w' = 0$, freie Auflage ergibt $w'' = 0$.
Wir betrachten einen an beiden Seiten eingespannten Balken.
Durch eine geschickte Dimensionierung ist (3.13) dann zurückzuführen auf das Modellproblem:

$$y^{iv} = f(x), \quad y(0) = y(1) = 0, \quad y'(0) = y'(1) = 0. \qquad (3.14)$$

Wir verteilen das Intervall [0,1] wieder in N Intervalle der Breite h, aber um die Randbedingungen gut anzupassen, erzeugen wir an beiden Enden einen extra Stützpunkt auf die folgende Weise:

```
                    0                           1
     |     |     |     |           |     |     |
    -1     0     1     2    ...   N-1    N    N+1
```

Mit der bekannten Notation $x_i = ih$, $y_i = y(ih)$ und $f_i = f(ih)$ erhalten wir den folgenden Satz.

Satz 3.3
Es sei y sechsmal stetig differentierbar. Dann gilt

$$\frac{y_{i-2} - 4y_{i-1} + 6y_i - 4y_{i+1} + y_{i+2}}{h^4} = \frac{d^4 y}{dx^4}\bigg|_{x=x_i} + O(h^2).$$

Beweis
Der Beweis ist völlig analog zu dem von Satz 3.1. □

Auf dieselbe Weise wie für die Kabelgleichung erhalten wir ein System von Differenzengleichungen (u_i ist wieder die numerische Lösung)

$$\begin{aligned} h^{-4}(u_{-1} - 4u_0 + 6u_1 - 4u_2 + u_3) &= f_1 \\ h^{-4}(u_0 - 4u_1 + 6u_2 - 4u_3 + u_4) &= f_2 \\ &\vdots \\ h^{-4}(u_{N-3} - 4u_{N-2} + 6u_{N-1} - 4u_N + u_{N+1}) &= f_{N-1}. \end{aligned} \quad (3.15)$$

Man beachte, daß alle Gleichungen einen lokalen Verfahrensfehler von $O(h^2)$ haben.

Wir haben nun ein System von $N-1$ Gleichungen mit $N+3$ Unbekannten. Aus den Randbedingungen $y(0) = 0$ und $y(1) = 0$ folgt $u_0 = u_N = 0$. Für die Näherung von $y'(0) = 0$ und $y'(1) = 0$ folgen wir Faustregel 3.1. Die vierte Ableitung in der DG haben wir mit der vierten dividierten Differenz mit einem Fehler von $O(h^2)$ (Satz 3.3) genähert. Wir müssen folglich auch $y'(0)$ und $y'(1)$ mit einer dividierten Differenz mit einem Fehler von $O(h^2)$ nähern.
Es gilt:

$$\frac{y_1 - y_{-1}}{2h} = y'\big|_{x=0} + O(h^2) \quad \text{en} \quad \frac{y_{N+1} - y_{N-1}}{2h} = y'\big|_{x=1} + O(h^2).$$

(Man überprüfe dies!)
Wir wählen darum $u_1 - u_{-1} = 0$ und $u_{N+1} - u_{N-1} = 0$.
Dadurch wird (3.15) zu

$$A\mathbf{u} = \mathbf{f} \quad (3.16)$$

mit der $(N-1) \times (N-1)$-Matrix A der Form:

30 Numerik partieller Differentialgleichungen für Ingenieure

$$A = h^{-4} \begin{pmatrix} 7 & -4 & 1 & & & 0 \\ -4 & 6 & -4 & 1 & & \\ & \ddots & \ddots & \ddots & & 1 \\ & & 1 & -4 & 6 & -4 \\ 0 & & & 1 & -4 & 7 \end{pmatrix}.$$

(3.16) kann wieder gelöst werden mit einer *LU*-Zerlegung oder mit Choleski (*A* ist positiv definit, siehe Übung 3.4).

Übung 3.4
Man beweise, daß *A* positiv definit ist.
Hinweis: Man setze $A = B + C$, mit

$$B = h^{-4} \begin{pmatrix} 2 & & & 0 \\ & 0 & & \\ & & 0 & \\ & & & \ddots \\ 0 & & & 2 \end{pmatrix}$$

und beachte, daß *C* das Quadrat der Matrix aus (3.7) ist. △

Übung 3.5
Man formuliere das Differenzengleichungssystem für einen biegenden Balken mit den Randbedingungen $y(0) = y(1) = 0$ und $y''(0) = y''(1) = 0$, und beweise, daß die entstanden Matrix *A* positiv definit ist. △

Übung 3.6
Man formuliere das Differenzengleichungssystem für den inhomogenen biegenden Balken:

$$\frac{d^2}{dx^2}\left(p(x)\frac{d^2y}{dx^2}\right) = f(x),$$

$y(0) = y(1) = 0$ und $y'(0) = y'(1) = 0$, und verwende eine $O(h^2)$-Näherung für

$$\frac{d^2}{dx^2}\left(p(x)\frac{d^2y}{dx^2}\right),$$ △

Übung 3.7
Für den kleinsten Eigenwert λ_N der Matrix *A* in (3.16) gilt: Für $N \to \infty$ geht λ_N gegen einem positiven Grenzwert *K*.

3.1.3 Die Konvektions-Diffusionsgleichung

Man betrachte die stationäre Konvektions-Diffusionsgleichung (siehe Abschnitt 2.1.2.2) in einer Dimension:

$$\frac{d^2y}{dx^2} - v\frac{dy}{dx} = 0 \quad (3.17)$$

mit den Randbedingungen $y(0) = 0$, $y(1) = 1$. v ist eine Konstante.

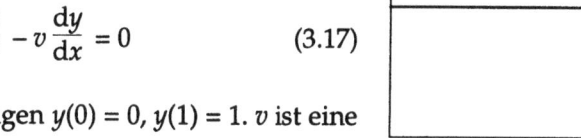

Abbildung 3.3.

Die Lösung von (3.17) ist in der Abbildung 3.3 für den Fall $v = 40$ gezeichnet. Man beachte, daß die Lösung einen typischen Grenzschichtcharakter hat.

3.1.3.1 Oszillationen

Falls wir für dy/dx zentrale Differenzen wählen, entsteht ein $O(h^2)$-konsistentes Differenzen-Schema mit der Matrix:

$$A = \frac{1}{h^2}\begin{bmatrix} -2 & 1-\frac{vh}{2} & & & 0 \\ 1+\frac{vh}{2} & -2 & 1-\frac{vh}{2} & & \\ & \ddots & \ddots & & \\ & & & & 1-\frac{vh}{2} \\ 0 & & & 1+\frac{vh}{2} & -2 \end{bmatrix}. \quad (3.18)$$

In der numerische Lösung ergeben sich für $h = \frac{1}{10}$ und $v = 40$ Schwankungen, die für $h = \frac{1}{40}$ verschwunden sind (siehe Abbildungen 3.4 und 3.5). Diese Schwankungen (negative Konzentrationen) sind physikalisch nicht begründbar.

3.1.3.2 Erkärung: exakte Lösung des diskreten Systems

Um diese Erscheinung zu erklären, betrachten wir das folgende Differenzengleichungssystem:

32   Numerik partieller Differentialgleichungen für Ingenieure

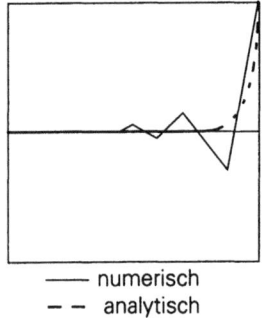
— numerisch
-- analytisch

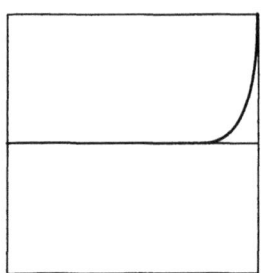

Abbildung 3.4.   Abbildung 3.5.

$$cu_{i-1} + bu_i + au_{i+1} = 0,$$
$$u_0 = 0, \quad u_{n+1} = 1, \quad (3.19)$$
$$i = 1, 2, ..., n,$$

mit $b < 0$; $a + b + c = 0$, also $a + c = -b > 0$ und $c > 0$.
Das System (3.19) kann durch Substitution exakt gelöst werden:

$$u_i = r^i.$$

Aus (3.19) folgt

$$c + br + ar^2 = 0,$$

also

$$(r-1)(ar-c) = 0.$$

Die allgemeine Lösung von (3.19) läßt sich nun schreiben als:

$$u_i = A + B\left(\frac{c}{a}\right)^i.$$

Berücksichtigung der Randbedingungen ergibt:

$$u_i = \frac{1 - \left(\frac{a}{c}\right)^i}{1 - \left(\frac{a}{c}\right)^{n+1}}.$$

Wir unterscheiden nun drei Fälle:

(i) $a > 0$, also $\frac{c}{a} > 0$.
   Daraus folgt sofort $u_i \geq 0$, $i = 1, 2, \ldots, n$.
(ii) $a < 0$, also $\frac{c}{a} < 0$.
   Wegen $a + c = -b$ gilt $a > -c$.
   Daraus folgt: wenn $u_i > 0$, dann $u_{i+1} < 0$, $i = 1, 2, \ldots, n$.
(iii) $a = 0$, in diesen Fall reduzieren sich die Differenzengleichungen zu

$$cu_{i-1} + bu_i = 0.$$

Mit anderen Worten: u_i hängt ausschließlich von u_{i-1} und nicht von u_{i+1} ab. Hierdurch wird die Lösung überall identisch null außer im letzten Punkt, in dem gilt: $u_{i+1} = 1$.

Schlußfolgerung: Wenn $a > 0$ ist, gilt $u_i > 0$; es treten keine Schwingungen auf. Wenn $a < 0$ ist, ist u_i abwechselnd positiv und negativ; hier treten Schwingungen auf. Wenn $a = 0$ ist, treten keine Schwingungen auf, aber die Lösung ist nicht genau.

Mit diesem Resultat können wir auch feststellen, ob die Matrix A diagonal dominant ist.
Wenn $a \geq 0$, dann gilt $|b| = |a| + |c|$, und dann ist die Matrix diagonal dominant, wenn $a < 0$, dann gilt $|b| < |a| + |c|$ (denn $b = a + c$), und dann ist die Matrix nicht mehr diagonal dominant.

3.1.3.3 Aufwärtsdifferenzen

Angewendet auf (3.18) bedeutet die Diagonaldominanz

$$\frac{vh}{2} \leq 1. \tag{3.20}$$

Solange (3.20) erfüllt wird, treten keine Schwingungen auf, ansonsten schon. Für große Werte von v bedeutet (3.20) eine ernste Begrenzung der Schrittgröße h. Darum wird in der Literatur oft von speziellen Differenzen Gebrauch gemacht, die dafür sorgen, daß A diagonal dominant wird.
Das einfachste ist, dy/dx anstelle einer zentralen Differenz durch eine rückwärtsgenommene Differenz zu ersetzen. Man spricht oft über *upstream* oder *Aufwärtsdifferenzen*
Die Differenzformel wird dann:

$$\frac{1}{h^2}\{(1 + vh)u_{i-1} - (2 + vh)u_i + u_{i+1}\} = 0, \quad i = 1, 2, \ldots, N-1. \tag{3.21}$$

34 Numerik partieller Differentialgleichungen für Ingenieure

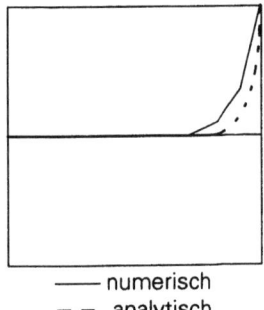

— numerisch
– – analytisch

Die zu (3.21) gehörende Matrix A ist immer diagonal dominant, unabhängig von der Schrittgröße. Die numerische Lösung ist für $h = \frac{1}{10}$ in Abbildung 3.6 dargestellt.
Es zeigt sich, daß keine Schwingungen auftreten, daß aber die numerische Lösung dafür weniger steil verläuft als die exakte Lösung.
Um den Effekt der Methode zu zeigen, betrachten wir den lokalen Verfahrensfehler.

Abbildung 3.6.

Übung 3.8
Man überprüfe, daß gilt:

$$\frac{1+vh}{h^2} y_{i-1} - \frac{2+vh}{h^2} y_i + \frac{1}{h^2} y_{i+1} = \frac{d^2y}{dx^2} - v\frac{dy}{dx} + \frac{vh}{2}\frac{d^2y}{dx^2} + O(h^2). \quad \triangle$$

Aus der Übung ergibt sich, daß wir an Stelle von (3.17) lösen:

$$\left(1 + \frac{vh}{2}\right)\frac{d^2y}{dx^2} - v\frac{dy}{dx} = 0. \qquad (3.22)$$

Wenn v groß genug ist, gibt das eine deutlich andere Lösung.
Der Term $(vh/2)(d^2y/dx^2)$ wird meistens mit 'numerischer Viskosität' bezeichnet.

Die vorangehende Betrachtung suggeriert, daß wir immer Schwingungen bekommen, wenn die Matrix nicht diagonal dominant ist. Aus den folgenden Beispielen sollte ersichtlich sein, daß das nicht immer der Fall ist, sondern mit dem Beispiel zusammenhängt, das wir gelöst haben.

3.1.3.4 Quellterme
Die DG

$$\frac{d^2y}{dx^2} - v\frac{dy}{dx} = -v \, , \, y(0) = 0, \, y(1) = 1,$$

hat als exakte Lössung $y = x$.

Diskretisierung mit Hilfe von zentralen Differenzen liefert die exakte Lösung unabhängig von der Schrittweite (Warum?). Hier treten also keine Schwingungen auf.

Ein weniger triviales Beispiel ist das folgende:

Die DG

$$\frac{d^2y}{dx^2} - v\frac{dy}{dx} = -\pi^2 \sin \pi x - v\pi \cos \pi x, \quad y(0) = y(1) = 0,$$

hat als Lösung $y(x) = \sin \pi x$.

Wenn diese DG mit einer zentralen Differenz und einer Schrittweite von $h = \frac{1}{10}$ für $v = 40$ gelöst wird, ergeben sich keine Schwingungen; die Lösung wird gut angenähert.

In den beiden letzten Fällen wird die (nicht glatte) Lösung des homogenen Problems durch die partikuläre Lösung des inhomogenen Problems unterdrückt. Offenbar spielt die Glattheit der Lösung eine entscheidende Rolle bei dem Auftreten von Schwankungen.

Dies zeigt sich auch, wenn wir (3.17) mit einer zentralen Differenz und mit variabler Schrittweite lösen.

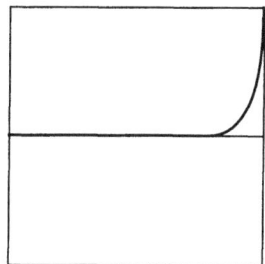

Abbildung 3.7.

Hiervon ist in Abbildung 3.7 das Resultat gezeichnet, wobei als Stützpunkte genommen wurden:
0,0; 0,5; 0,8; 0,85; 0,88; 0,91; 0,93; 0,95; 0,97; 0,99; 1.
Man beachte, daß die Matrix, zumindestens was die Reihen betrifft, die Beziehungen zu den Punkten in der Grenzschicht haben, diagonal dominant ist. Außerhalb der Grenzschicht gilt dies nicht, trotzdem treten keine sichtbaren Schwingungen auf.

3.1.3.5 Schlußfolgerung

Aus dem Vorausgegangenen können wir die Schlußfolgerung ziehen, daß für partielle Differentialgleichungen, wo eine erste Ableitung im Fall einer Grenzschicht vorherrscht, i.allg. bei Diskretisierung mit zentralen Differenzen Schwingungen entstehen. Diese können durch 'upwind differencing' unterdrückt werden. Hierdurch wird aber ein Fehler eingeführt. Eine bessere Methode scheint die richtige Anpassung des Gitters zu sein.

3.1.4 Nicht-äquidistante Gitter

An dem Beispiel der Konvektion-Diffusionsgleichung haben wir gesehen, daß es manchmal notwendig ist, örtlich die Schrittweite zu verfeinern. Das führt aber auch zu Problemen.

36 Numerik partieller Differentialgleichungen für Ingenieure

Man betrachte die DG

$$y'' = f, \quad y(0) = y_0, \quad y(1) = y_1. \tag{3.23}$$

Nimmt man eine nicht-äquidistante Gitterverteilung, was manchmal im Zusammenhang mit örtlich sehr steilen Ableitungen erwünscht sein kann, ist es mit den bisher behandelten Methoden nicht möglich, eine $O(h^2)$-Näherung von y'' mit nur drei Punkten zu bekommen.

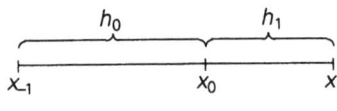

Abbildung 3.8.

Dies kann man wie folgt sehen: In Abbildung 3.8 sind x_{-1}, x_0, x_1 drei Punkte mit den Abständen h_0 beziehungsweise h_1 ($h_1 \neq h_0$). Wir betrachten die Taylorentwicklung in x_0:

$$y_1 = y(x_0 + h_1) = y(x_0) + h_1 y'(x_0) + \frac{h_1^2}{2!} y''(x_0) + \frac{h_1^3}{3!} y'''(x_0) + O(h_1^4),$$

$$y_0 = y(x_0) \quad\quad = y(x_0), \tag{3.24}$$

$$y_{-1} = y(x_0 - h_0) = y(x_0) - h_0 y'(x_0) + \frac{h_0^2}{2!} y''(x_0) - \frac{h_0^3}{3!} y'''(x_0) + O(h_0^4).$$

Es ist nicht möglich, α, β und γ so zu finden, daß $\alpha y_1 + \beta y_0 + \gamma y_{-1} = y_0'' + O(h^2)$ ist, denn schließlich müßte dann gelten

$$\alpha + \beta + \gamma = 0 \quad (y(x_0) \text{ verschwindet}),$$

$$\alpha h_1 - \gamma h_0 = 0 \quad (y'(x_0) \text{ verschwindet}),$$

$$\alpha h_1^2 + \gamma h_0^2 = 2,$$

$$\alpha h_1^3 - \gamma h_0^3 = 0 \quad (y'''(x_0) \text{ verschwindet}).$$

Dies sind vier Gleichungen mit drei Unbekannten und sie sind nur lösbar wenn $h_1 = h_0$ (y' und y''' verschwinden dann gleichzeitig). Es ist allerdings auch mühsam, mehr als drei Punkte für die Näherung von y'' zu nehmen, weil man dann am Rand Schwierigkeiten bekommt.

3.1.4.1 Mehrstellenverfahren von Collatz

Eine Lösung ist, daß man mit Hilfe der Differentialgleichung $y'''(x_0)$ aus (3.24) eliminiert, eventuell mit Einführung eines zusätzlichen $O(h^4)$-Fehlerterms. (Das sogenannte Mehrstellenverfahren von L. Collatz.) Dazu differenzieren wir (3.23), das ergibt

Differenzenverfahren 37

$$y''' = f'$$

und wir nehmen eine für uns geeignete $O(h)$-Näherung von $f'(x_0)$, zum Beispiel

$$f'(x_0) = \frac{f_1 - f_0}{h_1} + O(h_1),$$

$$f'(x_0) = \frac{f_0 - f_{-1}}{h_0} + O(h_0).$$

Das ergibt:

$$y_1 = y_0 + h_1 y_0' + \frac{h_1^2}{2!} y_0'' + \frac{h_1^2}{3!}(f_1 - f_0) + O(h_1^4),$$

$$y_0 = y_0,$$

$$y_{-1} = y_0 - h_0 y_0' + \frac{h_0^2}{2!} y_0'' - \frac{h_0^2}{3!}(f_0 - f_{-1}) + O(h_0^4).$$

Man setze nun $\alpha = h_0$, $\beta = -h_0 - h_1$, $\gamma = h_1$.
Es folgt:

$$h_0 y_1 - (h_0 + h_1) y_0 + h_1 y_{-1} =$$
$$= h_0 h_1 \left(\frac{h_0 + h_1}{2}\right) y_0'' + \frac{h_0 h_1}{3!}(h_1 f_1 - [h_0 + h_1] f_0 + h_0 f_{-1}) + O(h^5).$$

Division durch $h_0 h_1$ und Substitution von $y_0'' = f_0$ ergibt:

$$\frac{1}{h_1} y_1 - \left(\frac{1}{h_1} + \frac{1}{h_0}\right) y_0 + \frac{1}{h_0} y_{-1} = \frac{1}{6}(h_1 f_1 + 2[h_0 + h_1] f_0 + h_0 f_{-1}) + O(h^3).$$

Division durch $(h_0 + h_1)$ zeigt, daß die zweite dividierte Differenz $O(h^2)$ ist. Obwohl diese Ableitung gut ist, sieht sie etwas gekünstelt aus. Später werden wir sehen, daß wir die Differenzen-Schemata von $O(h^2)$ mit nicht-äquidistanten Einteilungen auf eine viel elegantere Weise erhalten können.

Übung 3.9
Man gebe eine Drei-Punkte-Diskretisierung für eine nicht-äquidistante Einteilung für die Gleichung

$$y'' + vy' = 0$$

an, die $O(h^2)$ ist. △

3.1.4.2 Koordinatentransformation
Eine andere Art, um eine $O(h^2)$-Näherung mit nicht-äquidistanten Schritt-

weiten zu erhalten, ist, eine glatte Koordinatentransformation so anzuwenden, daß, wenn man in dem transformierten System äquidistante Schritte nimmt, in dem ursprünglichen System die Schritte verfeinert werden, wo dies nötig ist. Angenommen, wir integrieren eine Gleichung über dem Interval (0,1) und wollen in der Umgebung von 0 die Schritte verfeinern. Man kann dann zum Beispiel die Transformation $\xi = \sqrt{x}$ nehmen: eine Menge von Einteilungspunkten $\xi_i = ih$ stimmt dann mit $x_i = (ih)^2$ überein, so daß der Schritt zwischen x_i und x_{i+1} zu $h_{x_i} = (2i+1)h^2$ wird. Die Gleichung ist dann natürlich mitzutransformieren:

$$\frac{d\bullet}{dx} = \frac{d\xi}{dx}\frac{d\bullet}{d\xi} = \frac{1}{2\xi}\frac{d\bullet}{d\xi}.$$

Im allgemeinen gilt: durch die Koordinatentransformation $\xi = g(x)$ wird die Gleichung von dem *physischen* Gebiet auf das *Rechengebiet* transformiert. Für eine reguläre Transformation muß g streng monoton sein.

Beispiel 3.1
Man gebe die Differenzenformel in dem Rechengebiet für

$$-y'' = f$$

nach der Transformation $\xi = g(x)$ an.

Lösung
Die transformierte DG lautet

$$-\frac{1}{\Gamma'(\xi)}\frac{d}{d\xi}\left\{\frac{1}{\Gamma'(\xi)}\frac{dy}{d\xi}\right\} = f.$$

Hierin ist Γ die Inverse von g: $x = \Gamma(\xi)$. Bezeichnen wir $1/\Gamma'(\xi) = \alpha(\xi)$, ergibt sich:

$$-\alpha(\xi)\frac{d}{d\xi}\left\{\alpha(\xi)\frac{dy}{d\xi}\right\} = f.$$

Die Differenzenformel lautet nun direkt:

$$\alpha_i\frac{-\alpha_{i-1/2}y_{i-1} + [\alpha_{i-1/2} + \alpha_{i+1/2}]y_i - \alpha_{i+1/2}y_{i+1}}{h^2} = f_i + O(h^2) \qquad \square$$

In der Praxis sieht man oft, daß in dem physischen Gebiet die Stützpunkte ohne eine explizite Angabe der Transformationsfunktion g festgelegt werden. In einer Dimension kann man dann eine glatte Interpolationsfunktion erzeugen (eine Splinefunktion zum Beispiel). In mehreren Dimensionen geht das nicht. Man muß dann die (implizit) auftretende Transformationsfunktion aus den gegebenen Stützpunkten annähern, und dies führt sicher bei plötzlichen Übergängen zu Ungenauigkeiten. Diese Materie ist sehr komplex und sprengt den Rahmen dieses Buches.

3.2 Differenzenverfahren in mehreren Dimensionen

Auch bei mehrdimensionalen Randwertproblemen können Differenzenverfahren angewendet werden. Hier können jedoch Probleme auftreten, die für mehrere Dimensionen spezifisch sind. Allerdings besteht für rechtwinklige Gebiete eine vollständige Analogie zu den eindimensionalen Differenzenverfahren.

3.2.1 Poisson-Gleichung auf einem Rechteck

Auf dem Gebiet Ω: $(0,1) \times (0,1)$ wollen wir die PDG $\Delta w = f$ mit $w = g$ auf Γ lösen.
Wir teilen dazu das Gebiet Ω in N^2 Quadrate mit einer Seitenlänge h ($= 1/N$) auf. Mit der Notation $x_i = ih$, $y_j = jh$, $f_{i,j} = f(ih, jh)$ und analog für $w_{i,j}$ gilt:

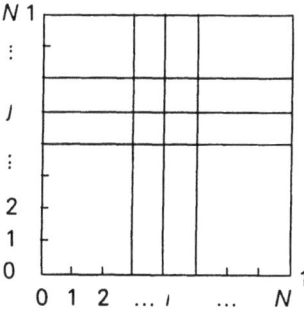

$$\frac{\partial^2 w}{\partial x^2}\bigg|_{x_i, y_j} = \frac{w_{i-1,j} - 2w_{i,j} + w_{i+1,j}}{h^2} + O(h^2),$$

$$\frac{\partial^2 w}{\partial y^2}\bigg|_{x_i, y_j} = \frac{w_{i,j-1} - 2w_{i,j} + w_{i,j+1}}{h^2} + O(h^2),$$

Abbildung 3.9.

siehe Satz 3.1.

Wenn wir nun $u_{i,j}$ die numerische Lösung in x_i, y_j nennen, entsteht das folgende Gleichungssystem:

$$h^{-2}(u_{i-1,j} + u_{i,j-1} - 4u_{i,j} + u_{i+1,j} + u_{i,j+1}) = f_{i,j}, \quad (3.25)$$

$$i = 1, 2, \ldots, N-1, \quad j = 1, 2, \ldots, N-1.$$

Man beachte, daß die

40 Numerik partieller Differentialgleichungen für Ingenieure

und die
$$\left.\begin{array}{c}u_{0,j}\\u_{N,j}\end{array}\right\}\ j=0,\ldots,N$$

$$\left.\begin{array}{c}u_{i,0}\\u_{i,N}\end{array}\right\}\ i=0,\ldots,N$$

keine Unbekannten sind, sondern durch die Randbedingung $u = g$ auf Γ bestimmt werden.
Es sind also genau $(N-1)^2$ Gleichungen mit $(N-1)^2$ Unbekannten.

Auf die Lösung eines Systems mit einer solchen (schwach besetzten) Struktur wird in Kapitel 11 näher eingegangen.

Übung 3.10
Es sei $\mathbf{v}, \mathbf{b} \in \mathbb{R}^{(N-1)^2}$, und man wähle

$$v_{(j-1)(N-1)+i} = u_{i,j}, \quad i = 1, 2, \ldots, N-1, \quad j = 1, 2, \ldots, N-1.$$

Mit Hilfe dieser Notation kann das System (3.25) in der Form $A\mathbf{v} = \mathbf{b}$ geschrieben werden.
Wie sieht die Matrix A aus?
Und wie der Vektor $\mathbf{b}$? (Unterscheide zwischen den Punkten $2 \le i \le N-2$, $2 \le j \le N-2$ und dem Rest.)
Man beweise, daß A negativ semidefinit ist. △

Übung 3.11
Man beschreibe ein Differenzenverfahren für das folgende Problem:
Man löse $\Delta w = 1$ in $(0,1) \times (0,1)$,
$w = 0$ an den Stellen $x = 0$ und $x = 1$,
$\partial w / \partial y = 0$ an den Stellen $y = 0$ und $y = 1$.
Man diskretisiere so, daß der Diskretisierungsfehler in $\partial w / \partial y$ gleich $O(h^2)$ ist. △

Übung 3.12
Man beschreibe ein Differenzenverfahren für die schwingende Membran auf dem Quadrat $(0,1) \times (0,1)$. △

3.2.2 Konsistenz und Konvergenz

Die Differenzengleichungen müssen in die Differentialgleichungen übergehen, wenn die Schrittweite h gegen 0 geht. Diese Eigenschaft heißt Konsistenz der Differentialgleichung. Genauer gesagt:

Es sei $Lw = 0$ eine gewöhnliche oder partielle DG, wobei L ein beliebiger Differentialoperator sei. L_h sei eine Differenz-Näherung von L so, daß

$$L_h w = Lw + O(h^p).$$

Dann heißt das Differenzenschema *konsistent der Ordnung p*.

Anmerkung
Auch Systeme des Types $Lw = f$ fallen unter diese Definition durch eine Neudefinition des Operators L: Es sei $\overline{L}w = Lw - f$, und man betrachte die Konsistenz von $\overline{L}$. Es erscheint ein bißchen zweifelhaft, aber es hat auf die Konsistenz-Ordnung auch Einfluß, wie die rechte Seite f diskretisiert wird, so wie zum Beispiel in dem Mehrstellen-Verfahren (3.1.4.1).

Definition 3.1
Die Differenz $Lw - L_h w$ wird *lokaler Verfahrensfehler* genannt. Die Aussage "ein Differenzenschema ist konsistent der Ordnung p" ist also äquivalent mit "der Verfahrensfehler ist von der Ordnung p".

Man beachte, daß Konsistenz nicht beinhaltet, daß auch die *Lösungen* der Differenzengleichungen für $h \to 0$ gegen die *Lösung* der Differentialgleichung streben. Das letztere heißt *Konvergenz*. Konsistenz ist jedoch eine notwendige Bedingung für Konvergenz.

3.2.3 Differenzenmoleküle

Für die Wiedergabe von Differenzenschemata wird manchmal die Differenzen-molekül-Notation gebraucht. Hierin sind nur die Gewichte angegeben. Der Ort der Gewichte in dem Molekül gibt an, mit welchen Unbekannten diese Gewichte in Beziehung stehen.

Beispiel 3.2

$$L \equiv \Delta$$

Differenzenmolekül $\leftrightarrow$ Differenzenformel

42 Numerik partieller Differentialgleichungen für Ingenieure

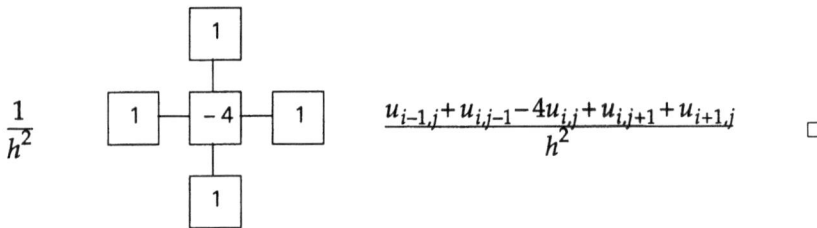

3.2.3.1 Einige oft gebrauchte Differenzenmoleküle

	L	L_h	
1.	$\dfrac{d}{dx}\left(p(x)\dfrac{du}{dx}\right)$	$\boxed{p_{i-1/2}} - \boxed{p_{i-1/2} - p_{i+1/2}} - \boxed{p_{i+1/2}}$	$+ O(h^2)$

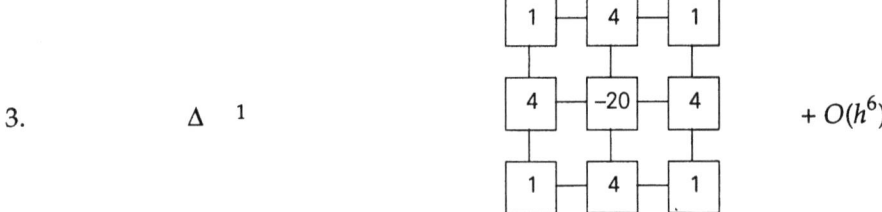

---

[1] Differenzenmolekül 3 hat diese Genauigkeitsordnung nur für die Laplace-Gleichung ($\Delta u = 0$). Für die Poisson-Gleichung ist es $O(h^2)$.

4. $\Delta\Delta$ $\left(=\dfrac{\partial^4}{\partial x^4}+2\dfrac{\partial^4}{\partial x^2\partial y^2}+\dfrac{\partial^4}{\partial y^4}\right)$ 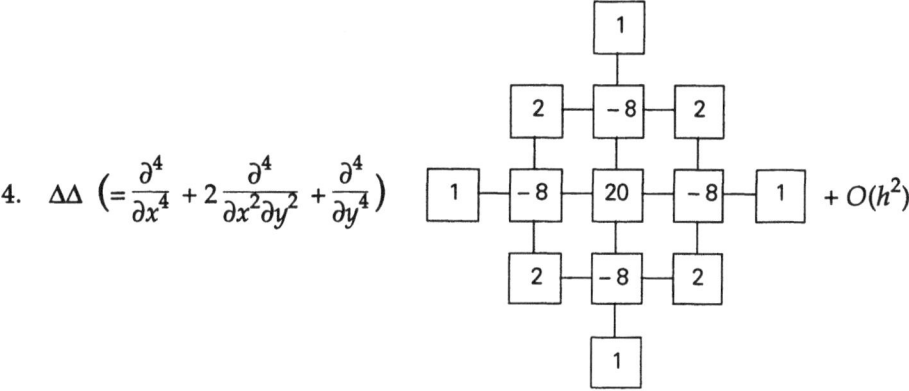 $+O(h^2)$

3.2.4 Krumme Ränder

Wenn das Gebiet Ω nicht rechteckig ist, sondern gebogene oder schiefe Ränder hat, wird die Benutzung der Randbedingungen deutlich schwieriger. Wir können uns dann mit Interpolation retten oder eine Koordinatentransformation ausführen, die das Gebiet auf ein Rechteck transformiert. Für beide Fälle geben wir ein Beispiel.

3.2.4.1 Interpolation der Randbedingungen

Man betrachte das Dirichlet-Problem

$$\Delta u = 0,$$

$$u = f \text{ auf } \partial\Omega.$$

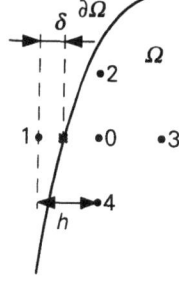

Wenn der Rand wie in Abbildung 3.10 angegeben verläuft, ist die Randbedingung auf der mit * markierten Stelle gegeben. In dem Differenzenmolekül fällt ein Einteilungspunkt außerhalb des Gebietes. Wir können nun die dazugehörende Unbekannte u_1 mit Hilfe linearer Interpolation eliminieren. Wenn f^* der Wert von f in * ist, gilt mit Hilfe linearer Extrapolation:

Abbildung 3.10.

$$u_1 \dfrac{h-\delta}{h} + u_0 \dfrac{\delta}{h} = f^*. \tag{3.26}$$

mit Vernachlässigung eines $O(h^2)$-Terms. Wir substituieren (3.26) in dem Differenzmolekül und bekommen die Gleichung:

44 Numerik partieller Differentialgleichungen für Ingenieure

$$\frac{hf^* - \delta u_0}{h-\delta} + u_2 + u_3 + u_4 - 4u_0 = 0$$

oder

$$u_2 + u_3 + u_4 - \left(4 + \frac{\delta}{h-\delta}\right)u_0 = -\frac{h}{h-\delta}f^*.$$

Anmerkung
(3.26) kann so interpretiert werden, daß an Stelle von exakten Randbedingungen solche genommen werden, die einen Fehler von $O(h^2)$ haben. Das bedeutet, daß das totale System konsistent der Ordnung 2 bleibt.
Für Moleküle mit einer höheren Konsistenzordnung (zum Beispiel 3.2.3.1.3) werden dann auch Interpolationsformeln höheren Grads benötigt, da ansonsten die Genauigkeit verloren geht.

3.2.4.2 Koordinatentransformation

Vor allem, wenn die Randbedingungen vom Neumann- oder Robbinstyp sind, ist die Interpolation des Randes ein ungünstiges und äußerst ungenaues Verfahren. In Anbetracht dessen, daß dieser Typ von Randbedingungen in physikalischen Problemstellungen sehr oft vorkommt, versucht man etwas anderes, nämlich eine Koordinatentransformation, wobei die Koordinatenlinien genau mit den Rändern des Gebietes (boundary fitted coordinates) zusammenfallen. Obwohl hiermit die Randbedingungen besser angenähert werden können, werden die zu diskretisierenden Gleichungen auch komplizierter. Eine einfache Gleichung wie

$$\Delta u = f \qquad (3.27)$$

geht bereits nach der allgemeinen Koordinatentransformation $\xi_1 = \xi_1(x,y)$, $\xi_2 = \xi_2(x,y)$ in etwas fürchterlich Kompliziertes über, nämlich in

$$\sum_{i=1}^{2}\sum_{j=1}^{2} \frac{\partial \xi_i}{\partial x}\frac{\partial}{\partial \xi_i}\left\{\frac{\partial \xi_j}{\partial x}\frac{\partial u}{\partial \xi_j}\right\} + \frac{\partial \xi_i}{\partial y}\frac{\partial}{\partial \xi_i}\left\{\frac{\partial \xi_j}{\partial y}\frac{\partial u}{\partial \xi_j}\right\}.$$

Hieraus ersehen wir unter anderem, daß ein einfaches Fünfpunktemolekül aus der Gleichung (3.21) wegen des Auftretens von gemischten Ableitungen durch ein Neunpunktemolekül ersetzt wird. Wir sehen auch, daß die Transformationen der Grund für sehr komplizierte Gleichungen sind, in die sich schnell Fehler einschleichen können. Aus diesem Grund gibt man oft den *koordinatenunabhängigen* Gleichungsformulierungen den Vorzug. Für die Laplace-Gleichung ist zum Beispiel eine koordinatenunabhängige Formulierung:

$$\text{div grad } u = f,$$

weil Divergenz und Gradient physikalische Größen sind. Zwar liefert dies in rechtwinkligen kartesischen Koordinaten wieder die bekannte Gleichung (3.27), aber in anderen Koordinatensystemen sieht das ganz anders aus. Wie man physikalische Gesetze *invariant* formuliert, ist ein Problem aus der *Tensoranalysis*. Für komplizierte Probleme mit krummlinigen Koordinaten ist man hier sicher darauf angewiesen. Dies ist jedoch nicht Anliegen dieses Buches. Um trotzdem einen Eindruck zu geben, führen wir noch an, daß die Gleichung (3.27) in allgemeinen Koordinaten lautet:

$$\frac{1}{\sqrt{g}} \sum_{i=1}^{2} \sum_{j=1}^{2} \frac{\partial}{\partial \xi_i} \sqrt{g}\, G_{ij} \frac{\partial u}{\partial \xi_j} = f.$$

Hierin sind g und G metrische Größen, die von der Transformation abhängen. Etwas genauer:

$$G = \frac{1}{g} \begin{pmatrix} (\frac{\partial x}{\partial \xi_2})^2 + (\frac{\partial y}{\partial \xi_2})^2 & -(\frac{\partial x}{\partial \xi_1}\frac{\partial x}{\partial \xi_2} + \frac{\partial y}{\partial \xi_1}\frac{\partial y}{\partial \xi_2}) \\ -(\frac{\partial x}{\partial \xi_1}\frac{\partial x}{\partial \xi_2} + \frac{\partial y}{\partial \xi_1}\frac{\partial y}{\partial \xi_2}) & (\frac{\partial x}{\partial \xi_1})^2 + (\frac{\partial y}{\partial \xi_1})^2 \end{pmatrix},$$

$$g = (\frac{\partial x}{\partial \xi_1}\frac{\partial y}{\partial \xi_2})^2 - 2\frac{\partial x}{\partial \xi_1}\frac{\partial x}{\partial \xi_2}\frac{\partial y}{\partial \xi_1}\frac{\partial y}{\partial \xi_2} + (\frac{\partial x}{\partial \xi_2}\frac{\partial y}{\partial \xi_1})^2.$$

G nennt man den *metrischen Tensor* und $\sqrt{g}$ ist die Jacobische Determinante der Transformation.

3.2.5 Globaler Fehler

In 3.2.4.1 ist dafür gesorgt, daß bei einem lokalen Verfahrensfehler im Differenzenmolekül von $O(h^p)$ ein Fehler in der Diskretisierung der Randbedingungen von $O(h^p)$ gemacht wird.
Schematisch wird dies wie folgt wiedergegeben:

$Lu = 0$ auf Ω wird diskretisiert: $L_h u = Lu + O(h^p)$.
Die Randbedingungen $Ru = 0$ auf $\partial\Omega$ werden diskretisiert: $R_h u = Ru + O(h^p)$.

Unter bestimmten Bedingungen führen Differenzenschemata, die diese Eigenschaften erfüllen, zu numerischen Lösungen, die auch einen Fehler von $O(h^p)$ haben. Eine vollständige Analyse eines solchen Falls in einer Dimension sahen wir bereits in 3.1.1.2. Wir formulieren eine Faustregel, die ein Analogon von Faustregel 3.1 ist und die in einigen Fällen sogar bewiesen werden kann.

Faustregel 3.2
Gegeben sei, daß das elliptische Problem $Lu = 0$ auf Ω mit Randbedingungen $Ru = 0$ auf $\partial\Omega$ korrekt gestellt ist (siehe 2.1.4). Man betrachte nun die Lösung $\bar{u}$ der Diskretisierung $L_h\bar{u} = 0$ (mit $L_h w = Lw + O(h^p)$) und $R_h\bar{u} = 0$ (mit $R_h w = Lw + O(h^p)$).
Für diese Lösung gilt:

$$|\bar{u}_{i,j} - u(x_i, y_j)| = O(h^p).$$

Anmerkung
Nochmals sei darauf hingewiesen, daß eine 'harte' Schätzung des Fehlers nur dadurch zu erhalten ist, daß das Problem mit verschiedenen Gittern durchgerechnet und die Extrapolation angewandt wird, die in [**schwarz**], 9.1.3 (Richardson-Extrapolation), beschrieben ist.

3.3 Finite Volumenmethode (FVM)

Die finite Volumenmethode ist eine Diskretisierungsmethode, die in letzter Zeit immer mehr an Gewicht gewinnt. Diese Methode kann auf Gleichungen in *konservativer* Form angewendet werden, das bedeutet Gleichungen der Form

$$\text{div } \mathbf{w} = f.$$

Hierin nennt man den Vektor $\mathbf{w}$ den *Flußvektor*. Dieser Gleichungstyp kommt oft vor; immer ist eine Gleichung dieses Typs die mathematische Formulierung eines Erhaltungsgesetzes.

3.3.1 Beispiele von Gleichungen in konservativer Form

Wir werden anhand einer Übersicht zeigen, daß viele Gleichungen in konservativer Form geschrieben werden können.

3.3.1.1 Die Laplace-Gleichung

So wie wir auch schon in Kapitel 3.2.4.2 gesehen haben, kann die Laplace-Gleichung geschrieben werden als

$$\text{div } \mathbf{grad}\, u = f.$$

Der Flußvektor ist dann $\mathbf{grad}\, u$.

3.3.1.2 Die biharmonische Gleichung

Diese kann geschrieben werden als

$$\text{div }\mathbf{grad}\text{ div }\mathbf{grad}\, u = f.$$

Der Flußvektor ist $\mathbf{grad}$ div $\mathbf{grad}\, u$.

3.3.1.3 Die Platten-Gleichung

Dies sind zwei gekoppelte Gleichungen

$$\text{div }\mathbf{s}_x + \rho b_1 = 0,$$

$$\text{div }\mathbf{s}_y + \rho b_2 = 0$$

mit den Flußvektoren $\mathbf{s}_x = (\sigma_x, \tau_{xy})^T$ und $\mathbf{s}_y = (\tau_{xy}, \sigma_y)^T$. Diese Gleichungen kann man auch in Tensorform schreiben (Gibbs' Notation):

$$\text{div }\Sigma + \rho\mathbf{b} = 0.$$

Hierin ist Σ der (2×2)-*Spannungstensor*.

3.3.1.4 Die stationäre Konvektions-Diffusionsgleichung

Die stationäre Konvektions-Diffusionsgleichung kann nur in konservativer Form geschrieben werden, wenn das konvektierende Medium *unkomprimierbar* ist. Dann gilt nämlich für das Geschwindigkeitsfeld $\mathbf{u}$

$$\text{div }\mathbf{u} = 0,$$

und man kann die Gleichung schreiben als

$$\text{div }(\mathbf{u}c - \varepsilon\, \mathbf{grad}\, c) = 0.$$

Der Flußvektor ist also $\mathbf{u}c - \varepsilon\, \mathbf{grad}\, c$.

48 Numerik partieller Differentialgleichungen für Ingenieure

3.3.2 Formulierung der FVM

Man teilt das Gebiet Ω, auf dem die Gleichung betrachtet werden soll, in kleine Volumina V_i, $i = 1...N$, die *Kontrollvolumina*, auf. Meistens verwendet man eine regelmäßige Aufteilung, wie Rechtecke, Quadrate oder Dreiecke, aber das ist an sich nicht nötig. Es sei Γ_i der Rand des Volumens V_i (siehe Abbildung 3.11). Auf diesem Kontrollvolumen integriert man die PDG, um genau eine diskretisierte Gleichung zu bekommen. Gemäß dem Satz von Gauß (Anhang 1) gilt:

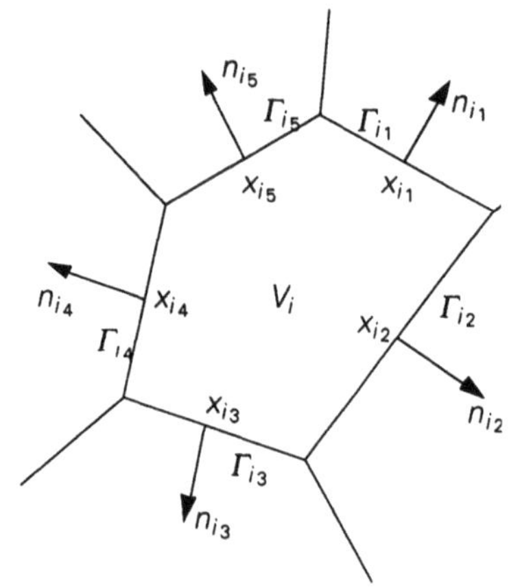

$$\int_{V_i} \text{div } \mathbf{w} \, d\Omega = \int_{\Gamma_i} \mathbf{w} \cdot \mathbf{n} \, d\Gamma.$$

Abbildung 3.11. Das Kontrollvolumen V_i und seine Nachbarn.

Hierbei ist $\mathbf{n}$ die äußere Normale zu Γ. Besteht der Rand Γ_i aus den geraden Stücken $\Gamma_{i1}, \Gamma_{i2} \ldots \Gamma_{in}$ mit den Längen h_{i1}, $h_{i2} \ldots h_{in}$, nähert man das Randintegral auf der rechten Seite mit der Mittelpunktregel:

$$\sum_{k=1}^{n} \mathbf{w} \cdot \mathbf{n}(\mathbf{x}_{ik}) h_{ik}.$$

Hierbei ist $\mathbf{x}_{ik}$ genau die Mitte des Stücks Γ_{ik}. Auch das Integral über der linken Seite kann genähert werden:

$$\int_{V_i} f \, d\Omega = f(\mathbf{x}_i) A(V_i).$$

Hierbei ist $\mathbf{x}_i$ ein Stützpunkt in dem Volumen V_i und $A(V_i)$ die Oberfläche von V_i. Andere (genauere!) Integrationsregeln sind auch möglich, aber diese ist die einfachste (Ein-Punktintegration). Wo man den Stützpunkt $\mathbf{x}_i$ wählt, ist enscheidend für die Genauigkeit der Integration. Man kann beweisen (siehe Übung 3.13), daß eine optimale Wahl eine Genauigkeit von $O(A(V_i)(\text{diam}(V_i))^2)$ ergibt. Diam(V_i) ist der Durchmesser von V_i. Man muß $\mathbf{x}_i$ dann genau im Schwerpunkt von V_i wählen. Bei einer anderen Wahl von $\mathbf{x}_i$ ist die Genauigkeit der Integration nicht besser als $O(A(V_i)\text{diam}(V_i))$.

Die FVM-Gleichung für V_i sieht also wie folgt aus:

$$\sum_{k=1}^{n} \mathbf{w} \cdot \mathbf{n}(x_i) h_k = f(x_i) A(V_i). \tag{3.28}$$

Für jedes Kontrollvolumen stellt man so eine Gleichung auf. Jede Linie in dem Innengebiet kommt zweimal in den Gleichungen vor, weil jede Linie die Grenze zwischen zwei nebeneinander liegenden Volumina bildet. Die äußere Normale auf der Linie zeigt für die zwei Volumina genau in entgegengesetzte Richtungen, also der Beitrag der Linie an den zwei Gleichungen ist gleich, aber vom entgegengesetzten Vorzeichen. Die absolute Größe des Beitrags ist die Normalenkomponente des Flußvektors mal Länge der Linie, mit anderen Worten, der *totale Fluß* durch die Linie. Aus diesem Grund nennt man die Schemata, die man mit der FVM erhält, *konservative* Schemata. Der totale Fluß bleibt, auch in diskretisierter Form, erhalten.

Übung 3.13

Der *Schwerpunkt* x_C eines Volumens V wird definiert durch:

$$x_C = \frac{\int_V x \, d\Omega}{A(V)},$$

$$y_C = \frac{\int_V y \, d\Omega}{A(V)}$$

oder auch

$$\int_V (\mathbf{x} - \mathbf{x}_C) \, d\Omega = 0.$$

Man beweise hieraus mit Hilfe der Taylorschen Formel in zwei Dimensionen, daß gilt:

$$\int_V f \, d\Omega = f(x_C) A(V) + O(A(V) \operatorname{diam}(A(V))^2). \qquad \triangle$$

3.3.2.1 Die Laplacegleichung auf einem Rechteck

Um einen Eindruck zu bekommen, wie das praktisch aussieht, betrachten wir ein Beispiel, das wir auch schon mit der FDM (finite Differenzen-Methode) diskretisiert haben, nämlich die Laplacegleichung auf dem Quadrat $(0,1) \times (0,1)$ mit den Dirichlet-Randbedingungen, also in konservativer Form:

$$\operatorname{div} \operatorname{\mathbf{grad}} u = f \quad \forall x \in \Omega; \quad u = g, \quad \forall x \in \Gamma.$$

Wir teilen das Gebiet auf dieselbe Weise in Quadrate mit der Seitenlänge h auf wie in der FDM (das sind *nicht* die Kontrollvolumina) und wählen die Unbekannten in den Eckpunkten dieser Quadrate. Man setze $u_{ij} = u(ih, jh)$ und $f_{ij} = f(ih, jh)$. Weil wir genau so viele Gleichungen wie Unbekannte erhalten wollen und die Anzahl der Gleichungen in der FVM gleich der Anzahl der Kontrollvolumina ist, liegt es auf der Hand, mit jedem Kontrollvolumen genau eine Unbe-

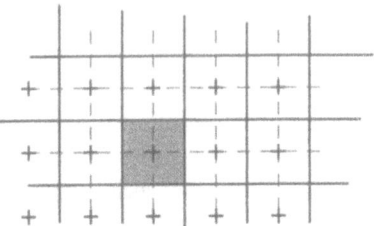

Abbildung 3.12.

kannte zu assoziieren. Mit anderen Worten, wir wählen als Kontrollvolumen ein Quadrat mit der Seitenlänge h, *wobei im Zentrum ein Punkt u_{ij} liegt* (siehe Abbildung 3.12). In dieser und anderen Ableitungen der FVM werden die Indizes in den Gleichungen *relativ* bezüglich des Zentrums des Kontrollvolumens genommen. Der Punkt (0,0) ist das Zentrum, $(0, \frac{1}{2})$ die Mitte der Oberseite, (1,0) das Zentrum der rechts angrenzenden Zelle usw. Die echte Gleichung bekommt man dann, wenn man alle Indizes (i,j) addiert. Integration der DG über den Kontrollvolumina ergibt:

$$\int_V \text{div grad } u \, d\Omega = \int_V f \, d\Omega,$$

$$\int_\Gamma (\text{grad } u) \cdot \mathbf{n} \, d\Gamma = \int_V f \, d\Omega.$$

Nun ist $(\text{grad } u) \cdot \mathbf{n} = \partial u / \partial n$, so daß dieses übergeht in das folgende diskretisierte System:

$$h \left[\left(\frac{\partial u}{\partial n}\right)_{0,1/2} + \left(\frac{\partial u}{\partial n}\right)_{-1/2,0} + \left(\frac{\partial u}{\partial n}\right)_{0,-1/2} + \left(\frac{\partial u}{\partial n}\right)_{1/2,0} \right] = h^2 f_{0,0}.$$

Wählen wir zentrale Differenzen für die Normalableitungen, erhalten wir

$$h \left[\frac{u_{0,1} - u_{0,0}}{h} + \frac{u_{-1,0} - u_{0,0}}{h} + \frac{u_{0,-1} - u_{0,0}}{h} + \frac{u_{1,0} - u_{0,0}}{h} \right] = h^2 f_{0,0}$$

oder auch

$$u_{0,1} + u_{-1,0} + u_{0,-1} + u_{1,0} - 4u_{0,0} = h^2 f_{0,0}.$$

Das ist genau dieselbe Formel, die wir auch mit dem Differenzenverfahren bekommen haben.

3.3.2.2 Natürliche Randbedingungen

In Anbetracht dessen, daß das ganze Problem in der Normalenkomponente des Flußvektors formuliert ist, gibt es entlang den Rändern noch Flüsse, die nicht in anderen Gleichungen vorkommen und demzufolge anderweitig bekannt sein müssen. Für die FVM-Formulierung ist die Angabe des Flußes auf dem Rand eine *natürliche* Randbedingung. Diese kann einfach in den Gleichungen verarbeitet werden.

Beispiel 3.3
Für die Laplace-Gleichung

$$\text{div grad } u = f$$

ist **grad** u der Flußvektor und (**grad** u)·**n** der Fluß auf dem Rand. Aber das ist genau $\partial u/\partial n$; also $\partial u/\partial n$ anzugeben, ist die natürliche Randbedingung für die FVM-Formulierung. Diese kann viel einfacher berücksichtigt werden als in einem Differenzenverfahren. Man muß dafür sorgen, daß der Rand der Kontrollvolumina genau mit dem Rand des Gebietes Ω zusammenfällt. Man betrachte die diskretisierte Laplacegleichung so, wie sie im vorigen Abschnitt abgeleitet wurde:

$$h\left[\left(\frac{\partial u}{\partial n}\right)_{0,1/2} + \left(\frac{\partial u}{\partial n}\right)_{-1/2,0} + \left(\frac{\partial u}{\partial n}\right)_{0,-1/2} + \left(\frac{\partial u}{\partial n}\right)_{1/2,0}\right] = h^2 f_{0,0}.$$

Man nehme an, daß der ($\frac{1}{2}$,0)-Rand des Volumens mit den Rand des Gebiets zusammenfällt und daß dort $\partial u/\partial n = 0$ gegeben ist. Diese Randbedingung kann direkt in der Gleichung substituiert werden und diese geht über in:

$$h\left[\left(\frac{\partial u}{\partial n}\right)_{0,1/2} + \left(\frac{\partial u}{\partial n}\right)_{-1/2,0} + \left(\frac{\partial u}{\partial n}\right)_{0,-1/2}\right] = h^2 f_{0,0}$$

und nach Einsetzung der dividierten Differenz für die Normalableitungen:

$$u_{0,1} + u_{-1,0} + u_{0,-1} - 3u_{0,0} = h^2 f_{0,0}.$$

3.3.2.3 Die biharmonische Gleichung

Man betrachte die biharmonische Gleichung in konservativer Form:

$$\text{div grad div grad } u = f.$$

Integrieren wir diese über ein Kontrollvolumen V, bekommen wir

$$\int_V \text{div}\,\textbf{grad}\,\text{div}\,\textbf{grad}\,u\,dV = \int_V f\,dV$$

und mit dem Gaußschen Satz:

$$\int_\Gamma (\textbf{grad}\,\text{div}\,\textbf{grad}\,u)\cdot\textbf{n}\,d\Gamma = \int_V f\,dV.$$

Nehmen wir div **grad** $u = w$ an, bekommen wir genau wie bei der Laplacegleichung

$$w_{0,1} + w_{-1,0} + w_{0,-1} + w_{1,0} - 4w_{0,0} = h^2 f_{0,0}.$$

Hiermit sind wir leider noch nicht fertig, denn wir wollen ein Gleichungssystem in u. Indem wir div **grad** $u = w$ neuerlich als DG betrachten und mit der FVM lösen, finden wir für das Kontrollvolumen mit Zentrum (0,1):

$$h^2 w_{0,1} = u_{0,2} + u_{-1,1} + u_{0,0} + u_{1,1} - 4u_{0,1}.$$

Alle y-Indizes sind, verglichen mit der vorigen Gleichung, um 1 erhöht. Analoge Ausdrücke bekommt man für $w_{0,1}$, $w_{-1,0}$ und $w_{0,-1}$. Addiert man alles, findet man:

$$u_{0,2} + u_{-2,0} + u_{0,-2} + u_{2,0} + 2(u_{-1,1} + u_{1,-1} + u_{-1,-1} + u_{1,1})$$
$$- 8(u_{0,1} + u_{-1,0} + u_{0,-1} + u_{1,0}) + 20u_{0,0} = h^4 f_{0,0}.$$

Das ist genau das Differenzenmolekül aus der FDM. Man sieht, daß die Angabe von $\partial w/\partial n$ eine natürliche Randbedingung für dieses Problem ist. Auch Randbedingungen des Typs, daß w gegeben ist, kann man erst in der Gleichung für w substituieren, bevor man die Substitution mit den u's ausführt.

3.3.3 Allgemeine Formulierung der FVM in den Problemvariablen

Mit der FVM sind die diskretisierten Gleichungen in Unbekannten formuliert worden, die Flüsse repräsentieren. Meistens ist das ungenügend, um das Problem zu lösen, weil darin nicht nach Flüssen gefragt wird, sondern nach Größen wie Abstand, Geschwindigkeit oder Konzentration. In unseren Beispielen lag die Formulierung in den Problemgrößen deutlich auf der Hand. Das ist meistens der Fall, da ein direkter Zusammenhang zwischen den Problemgrößen und den Flüssen bestehen muß. Für Laplace- und artverwandte Probleme ist dies das Gesetz von D'Arcy:

$$\mathbf{v} = \mathbf{K} \, \text{grad} \, \phi,$$

worin **v** der in der FVM auftretende Flußvektor ist und ϕ die Problemgröße: Druck (poröses Medium), Konzentration (Diffusion), Temperatur (Wärmeleitung) oder Potential (Elektrostatik). Die Größe **K** ist die (gegebene) Materialkonstante: Durchlässigkeit, Diffusionskoeffizient, Wärmeleitungskoeffizient bzw. dielektrische Konstante. In nicht-isotropen Materialen ist **K** eine Matrix oder besser gesagt ein *Tensor*. Im weiteren Verlauf betrachten wir allein isotrope Materialen. Die Größe $K \, \partial\phi/\partial n$ ist folglich die Normalenkomponente des Flußvektors in diesen Fällen, und die muß auf den Rändern aller Gebiete V_i ziemlich gut angenähert werden. Für Einteilungen mit gleichgroßen Quadraten haben wir schon gesehen, wie dies funktioniert, aber man kann die Arbeitsweise viel allgemeiner formulieren: In jedem Volumen V_i nimmt man in einem festen Punkt x_i eine Unbekannte ϕ_i an, und zwar so, daß die Verbindungslinie der Punkte x_i und x_j von zwei aneinander grenzenden Volumina auf dem Randstück Γ_{ik} rechtwinklig steht, das die zwei Volumina trennt (siehe Abbildung 3.13). Für Dreiecke ist das immer möglich, wenn alle Winkel der Dreiecke spitzwinklig sind. Man wählt dann den Schnittpunkt der Mittelsenkrechten als den zentralen Punkt in dem Volumen V_i. Für Vierecke ist das nur möglich, wenn alle Ecken rechtwinklig sind, mit anderen Worten, man ist verpflichtet, mit Rechtecken zu arbeiten (siehe Abbildung 3.14). Der Rest ist nun einfach: für $\partial\phi/\partial n$ nimmt man einfach die dividierte Differenz der zwei Punkte. Damit bekommt man für jedes Volumen eine Gleichung in den Problemgrößen. In Anbetracht dessen, daß es genau so viele Gleichungen gibt wie Problemgrößen, haben wir es nun geschafft. Wenn die Gebiete schön regelmäßig sind, sind die Gleichungen $O(h^2)$, sonst $O(h)$.

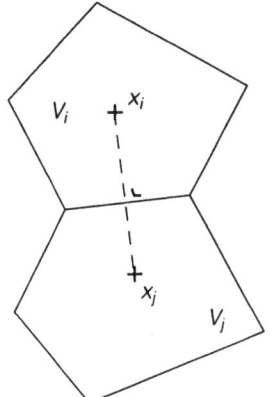

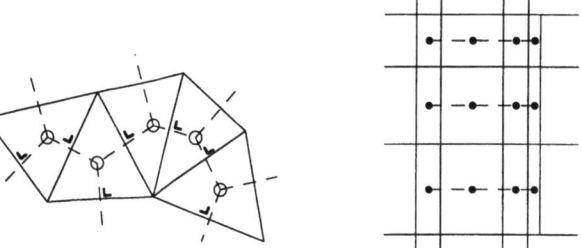

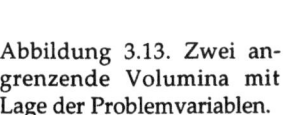

Abbildung 3.13. Zwei angrenzende Volumina mit Lage der Problemvariablen.

Abbildung 3.14. Aufteilung in Drei- und Vierecke mit Plazierung der Problemvariablen.

54 Numerik partieller Differentialgleichungen für Ingenieure

3.3.3.1 Dirichlet Randbedinungen

Da Problemgrößen nur über einen Umweg in Formulierungen auftauchen, haben Dirichlet-Randbedingungen keinen natürlichen Platz in der Formulierung. Doch ist dies nicht so problematisch. Bei Dirichlet-Rändern legt man oft 'halbe' Volumina so auf den Rand, daß der Punkt, in dem die Problemvariable liegt, genau auf den Rand fällt.

3.3.4 Ein ausgearbeitetes Beispiel: die Plattengleichung

Wenn das Problem so wie die Plattengleichung mehrere Gleichungen hat, ist es möglich, für die eine Gleichung eine andere Verteilung in Kontrollvolumina zu wählen als für die andere. In Wahrheit wird sich zeigen, daß dies eine sehr natürliche Arbeitsweise für Gleichungen in Tensorform ist. Wir nehmen als Kontrollvolumina Quadrate mit einer Seitenlänge h. Betrachten wir die erste Plattengleichung auf dem Kontrollvolumen V:

$$\int_V \operatorname{div} \mathbf{s}_x + \rho b_1 \, d\Omega = 0;$$

mit dem Divergenztheorem finden wir

$$\int_\Gamma \mathbf{s}_x \cdot \mathbf{n} \, d\Gamma + \int_V \rho b_1 \, d\Omega = 0$$

und diskretisiert

$$h(\sigma_{x(1/2,0)} - \tau_{xy(0,-1/2)} - \sigma_{x(-1/2,0)} + \tau_{xy(0,1/2)}) + h^2 \rho b_{1(0,0)} = 0,$$

wobei (0,0) der zentrale Punkt dieses Kontrollvolumens ist. So wie man sieht, werden alternierend die verschiedenen Komponenten von $\mathbf{s}_x$ mit verschiedenen Vorzeichen versehen. Das wird natürlich durch den Normalenvektor $\mathbf{n}$ verursacht: dieser ist $(1,0)$ in $(\tfrac{1}{2},0)$, $(0,-1)$ in $(0,-\tfrac{1}{2})$, $(-1,0)$ in $(-\tfrac{1}{2},0)$ und $(0,1)$ in $(0,\tfrac{1}{2})$.

Man betrachte nun die Umsetzung des Flußvektors zu den Problemvariablen. Gemäß Gleichung (2.9) haben wir

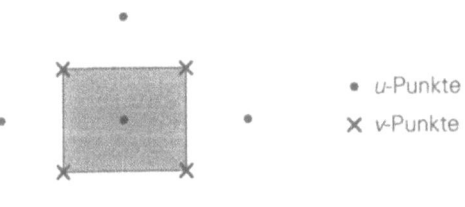

• u-Punkte
× v-Punkte

Abbildung 3.15. Gute Anordnung von Problemvariablen für das Kontrollvolumen der ersten Gleichung.

$$\sigma_x = \frac{E}{1-v^2}\left(\frac{\partial u}{\partial x} + v\frac{\partial v}{\partial y}\right)$$

und
$$\tau_{xy} = \frac{E}{2(1+v)} \left(\frac{\partial u}{\partial y} + \frac{\partial v}{\partial x}\right).$$

Da wir σ_x in den Punkten $(-\frac{1}{2},0)$ und $(\frac{1}{2},0)$ evaluieren müssen und dort die x-Ableitungen von u und y-Ableitungen von v vorkommen, wäre es günstig, wenn wir die u's in den Zentren der Kontrollvolumina haben könnten und die v's in den Eckpunkten. Wir könnten einfache zentrale Differenzen nehmen. Man bekommt dann für σ_x:

$$\sigma_{x(1/2,0)} = \frac{E}{1-v^2} \left(\frac{u_{1,0}-u_{0,0}}{h} + v\frac{v_{1/2,1/2}-v_{1/2,-1/2}}{h}\right)$$

und einen vergleichbaren Ausdruck für $\sigma_{x(-1/2,0)}$. Dasselbe gilt umgekehrt für die τ_{xy}. Diese evaluieren wir in den Punkten $(0,\frac{1}{2})$ und $(0,-\frac{1}{2})$, und wir brauchen dort die y-Ableitungen von u und die x-Ableitungen von v. Wählen wir u in den Zentren der Kontrollvolumina und v in den Eckpunkte, dann finden wir:

$$\tau_{xy(0,1/2)} = \frac{E}{2(1+v^2)} \left(\frac{u_{1,0}-u_{0,0}}{h} + \frac{v_{1/2,1/2}-v_{1/2,-1/2}}{h}\right)$$

und einen vergleichbaren Ausdruck für $\tau_{xy(0,-1/2)}$. Stets treten die u's in Punkten mit ganzen Indizes und die v's in Punkten mit gebrochenen Indizes auf. Jetzt leiten wir die FVM-Gleichung, die durch Integration der zweiten Plattengleichung entsteht, ab. Wir nehmen ein Kontrollvolumen V' und integrieren:

$$\int_{V'} \text{div } \mathbf{s}_y + pb_2 \, d\Omega = 0.$$

Mit dem Divergenztheorem finden wir

$$\int_{\Gamma} \mathbf{s}_y \cdot \mathbf{n} \, d\Gamma + \int_{V'} pb_2 \, d\Omega = 0$$

und diskretisiert

$$h(\tau_{xy(1/2,0)} - \sigma_{y(0,-1/2)} - \tau_{xy(-1/2,0)} + \sigma_{y(0,1/2)}) + h^2 pb_{2(0,0)} = 0.$$

Gemäß Gleichung (2.9) haben wir

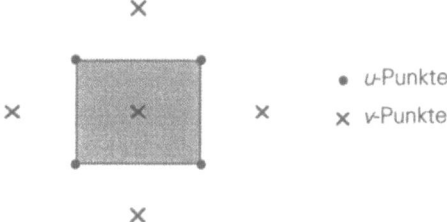

Abbildung 3.16. Gute Anordnung von Problemvariablen für das Kontrollvolumen der zweiten Gleichung.

56 Numerik partieller Differentialgleichungen für Ingenieure

$$\sigma_y = \frac{E}{1-\nu^2}\left(\nu\frac{\partial u}{\partial x} + \frac{\partial v}{\partial y}\right)$$

und τ_{xy} wie oben. Nun zeigt sich, das es gerade günstig ist, v in den zentralen Punkten zu haben und die u in den Eckpunkten der Kontrollvolumen. Wir finden dann für σ_{xy}:

$$\sigma_{x(0,1/2)} = \frac{E}{1-\nu^2}\left(\frac{u_{1/2,1/2}-u_{-1/2,1/2}}{h} + \frac{v_{0,1}-v_{0,0}}{h}\right)$$

und vergleichbare Ausdrücke für $\sigma_{y(0,-1/2)}$ und τ_{xy}. Hier treten die v's in Punkten mit ganzen Indizes und die u's in Punkten mit gebrochenen Indizes auf. Aber die Indizierung ist relativ bezüglich des Zentrums der V'-Volumina. Wenn wir V und V' eine halbe Gitterbreite in der x- bzw. in der y-Richtung verschieben, stimmt das genau. Wir müssen dann auch die Unbekannten u und v eine halbe Gitterbreite in beiden Richtungen verschieben. Das ist in Wahrheit die natürliche Plazierung der Unbekannten für diesen Gleichungstyp. Diese Variablenlage kommt in der Praxis ziemlich häufig vor. Man spricht von einem *verschobenen Gitter* oder *staggered grid* (siehe Abbildung 3.17).

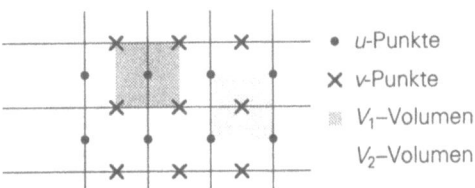

Abbildung 3.17. Ein staggered grid.

3.3.4.1 Randbedingungen in einem verschobenen Gitter

Dürfen die Gleichungen recht freizügig in einem verschobenen Gitter diskretisiert werden, so ergeben die Randbedingungen jedoch oft ein Problem, weil man entweder für das Volumen V oder für das Volumen V' mit einem halben Volumen auf dem Rand endet. Zwei Fälle können auftreten:

1. Das Randvolumen ist ein ganzes Volumen, aber die Verschiebungen sind dort gegeben (währnd die *Spannungen* die natürlichen Randbedingungen sein sollten).
2. Das Randvolumen ist ein halbes Volumen, aber die Spannungen sind dort gegeben (während die Verschiebungen am einfachsten verarbeitet werden könnten).

In Fall 1 muß man für die $\partial/\partial n$ von der gegebenen Unbekannten eine gute Näherung finden. Die zu evaluierende Spannungskomponente enthält nämlich eine lineare Kombination der Normalableitungen einer Verschiebung und der tangentialen Ableitung der anderen. Weil die Verschiebungen gegeben sind,

Differenzenverfahren

kann man die tangentiale Ableitung einfach ausrechnen, es sind einfach dividierte Differenzen von gegebenen Größen. Für die Normalableitungen nimmt man eine einseitige Differenz. Obwohl man nun erwarten sollte, daß der Fehler $O(h)$ an Stelle von $O(h^2)$ wird, ist das doch nicht der Fall. In Fall 2 hat man halbe Volumina. Es werden keine Unbekannten plaziert, es wird sofort eliminiert. Auch hier sollte man erwarten, eine Ordnung zu verlieren (das Linienintegral wird etwas weniger genau angenähert), aber auch das ist in der Praxis kein Problem.

3.3.5 Übungen

Für alle diese Aufgaben gilt, daß die Diskretisierung sowohl mit der FDM als auch der FVM erfolgen soll.

Übung 3.14
Man betrachte die Plattengleichung (Abschnitt 2.1.1.4) auf dem Quadrat $(0,1) \times (0,1)$.
Man entwerfe ein Differenzenmolekül so, daß $L_h w = Lw + O(h^2)$.
Man wähle als Schrittgröße h in x- und y-Richtung.
Als Randbedingung sind gegeben:

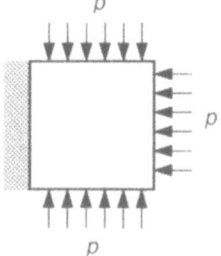

bei $x = 0$: $u = v = 0$,
bei $x = 1$: $t_1 = -p, t_2 = 0$,
bei $y = 0$: $t_1 = 0, t_2 = p$,
bei $y = 1$: $t_1 = 0, t_2 = -p$.

Man verarbeite diese zu diskretisierenden Randbedingungen, die $R_h w = Rw + O(h^2)$ erfüllen. △

Übung 3.15
Man betrachte $\Delta u = 0$ auf dem Dreieck wie in der Zeichnung angegeben. Als Randbedingungen sind gegeben:

bei $x = 0$: $u = 1$,
bei $y = 0$: $u = 1 - x$,
bei $x + y = 1$: $\partial u / \partial n = 0$.

Man entwerfe ein Differenzenschema, das konsistent der Ordnung zwei ist. Man achte besonders auf die Berücksichtigung der Randbedingungen bei $x + y = 1$. Was ist hier einfacher: FDM oder FVM? △

Übung 3.16

Man betrachte die senkrecht auf ihrer Fläche belastete Platte (Abschnitt 2.1.1.3) auf dem Quadrat $(0,1) \times (0,1)$.
An den horizontalen Rändern ist die Platte frei aufgelegt, an den vertikalen Rändern eingespannt. Man entwerfe ein Differenzenschema, das konsistent der Ordnung zwei ist. Man schenke im besonderen der Verarbeitung der Randbedingungen Aufmerksamkeit.
(Hilfe: Man nehme entlang des Randes der Platte eine extra Punktereihe für die Randbedingungen in der FDM mit.) △

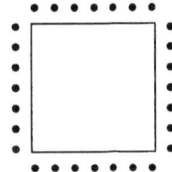

Übung 3.17

Man entwerfe ein Differenzschema für die DG (2.1.1.2). Dabei schenke man der Berücksichtigung der Randbedingungen und des Scharnierpunkts besondere Aufmerksamkeit. Ist es mit der FDM oder der FVM einfacher? △

4 Minimierungsprobleme in der Physik

Minimierungsprobleme spielen seit jeher sowohl in der Mathematik als auch in der Physik eine Rolle. Ein einfaches klassisches Beispiel ist das folgende:

Beispiel 4.1

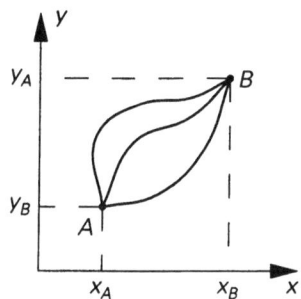

Abbildung 4.1.

Man suche die stetig differentierbare (gekrümmte) Verbindung $y = y(x)$ zwischen zwei Punkten A und B, deren Länge minimal ist.

Wir formulieren dies als Minimierungsproblem. Die Länge der Verbindung zwischen A und B wird gegeben durch:

$$l(y) = \int_{x_A}^{x_B} \sqrt{1 + (y')^2}\, dx.$$

Die mathematische Formulierung des Problems lautet dann:

Minimiere das Integral $l(y)$ über der Klasse stetig differentierbarer Funktionen, die die Randbedingungen erfüllen

$$y(x_A) = y_A, \quad y(x_B) = y_B.$$

Viele Gesetze in der Physik werden durch Minimierungsprinzipien beschrieben. Man denke zum Beispiel an
- Minimum der potentiellen Energie,
- Prinzip von Hamilton,
- Minimum der optischen Weglänge.

4.1 Eindimensionale Minimierungsprobleme

4.1.1 Die Euler-Lagrange-Gleichungen

Minimierungsprobleme können unter bestimmten Stetigkeitsbedingungen auf (partielle) Differentialgleichungen zurückgeführt werden. Dazu wurde durch

Lagrange eine allgemeine Methode entwickelt, die anhand eines eindimensionalen Beispiels demonstriert werden wird. Die Behandlung von mehrdimensionalen Fällen geschieht dann analog. Diese Methode ist als Variationsrechnung bekannt.

Satz 4.1
Es sei $f(x,y,p)$ eine stetige Funktion mit stetigen partiellen Ableitungen erster und zweiter Ordnung.
Man betrachte das Minimierungsproblem

$$\min_{y \in C^2(x_0,x_1)} l(y) = \min_{y \in C^2(x_0,x_1)} \int_{x_0}^{x_1} f(x,y,y') \, dx \qquad (4.1)$$

unter der Nebenbedingung $y(x_0) = y_0$.
Wenn dieses Problem eine Lösung $\hat{y}$ besitzt, erfüllt diese die Differentialgleichung

$$\frac{\partial f}{\partial y} - \frac{d}{dx} \frac{\partial f}{\partial y'} = 0 \qquad (4.2)$$

mit den Randbedingungen

$$\hat{y}(x_0) = y_0$$

und

$$\frac{\partial f}{\partial y'}(x_1) = 0. \qquad (4.3)$$

Anmerkung
Unter $\partial f/\partial y'$ wird in diesem Zusammenhang verstanden: man differentiere f nach p und substituiere danach p durch y'.
Folglich ergibt sich im Beispiel 4.1:

$$f(x,y,p) = \sqrt{1+p^2},$$

$$\frac{\partial f}{\partial p} = \frac{p}{\sqrt{1+p^2}} \quad \text{und} \quad \frac{\partial f}{\partial y'} = \frac{y'}{\sqrt{1+(y')^2}}.$$

Beweis
Man betrachte die folgende Kurvenschar um die Lösung $\hat{y}(x)$:

$$y(x) = \hat{y}(x) + \varepsilon \eta(x) \qquad (4.4)$$

mit einer willkürlichen Konstante ε und einer zweimal stetig differenzierbaren willkürlichen Kurve $\eta(x)$, die $\eta(x_0) = 0$ erfüllt.
$y(x)$ erfüllt also alle Forderungen, die an die Lösung $\hat{y}(x)$ gestellt sind.
Einsetzen von (4.4) in $l(y)$ ergibt:

$$l(y) = \int_{x_0}^{x_1} f(x,\hat{y}(x) + \varepsilon\eta(x),\hat{y}'(x) + \varepsilon\eta'(x))\, dx. \tag{4.5}$$

Das Integral in (4.5) ist eine Funktion von ε, die durch $I(\varepsilon)$ beschrieben wird. $l(y)$ ist minimal für $y = \hat{y}(x)$, das bedeutet $\varepsilon = 0$. Die notwendige Bedingung für die Existenz eines Minimums lautet

$$\left.\frac{dI(\varepsilon)}{d\varepsilon}\right|_{\varepsilon=0} = 0 \tag{4.6}$$

oder

$$\int_{x_0}^{x_1} \left\{\frac{\partial f}{\partial y}(x,\hat{y},\hat{y}')\eta(x) + \frac{\partial f}{\partial y'}(x,\hat{y},\hat{y}')\eta'(x)\right\} dx = 0.$$

Partielle Integration des letzten Terms gibt:

$$\int_{x_0}^{x_1} \left[\frac{\partial f}{\partial y} - \frac{d}{dx}\frac{\partial f}{\partial y'}\right]\eta(x)\, dx + \left[\eta(x)\frac{\partial f}{\partial y'}\right]_{x_0}^{x_1} = 0. \tag{4.7}$$

$\eta(x)$ ist eine beliebige Funktion mit $\eta(x_0) = 0$. Wenn wir uns auf all jene Funktionen $\eta(x)$ beschränken, die auch $\eta(x_1) = 0$ erfüllen, dann folgt aus dem Lemma von Du Bois-Reymond (Lemma 4.2), daß $\hat{y}$ der DG (4.2) genügt.
Für willkürliche $\eta(x)$ folgt also

$$\eta(x_1)\frac{\partial f}{\partial y'}(x_1) = 0,$$

so daß auch die Randbedingung (4.3) erfüllt ist. □

Anmerkung
Differentialgleichungen, die auf die oben beschriebene Weise aus einem Minimierungsproblem folgen, heißen Euler-Lagrange-Gleichungen.

4.1.2 Natürliche Randbedingungen

Aus Satz (4.1) ist deutlich geworden, daß einige Randbedingungen sofort aus dem Minimierungsproblem folgen. Solche Randbedingungen werden *natürlich* genannt, im Gegensatz zu den Randbedingungen, die explizit auferlegt wurden, welche die Bezeichnung *aufgezwungen* bekommen.

Anmerkung
Eine Randbedingung, die zu einer elliptischen Differentialgleichung $2k$-ter Ordnung gehört, ist natürlich, wenn sie Ableitungen der Ordnung $\geq k$ besitzt. Alle anderen Randbedingungen sind aufgezwungen (siehe [**mich**] S. 162).

Lemma 4.2 Du Bois-Reymond
Hauptsatz der Variationsrechnung
Es sei $M \in C([a,b])$ und

$$\int_a^b M(x)\,\eta(x)\,\mathrm{d}x = 0$$

für alle $\eta \in C^1([a,b])$, die $\eta(a) = \eta(b) = 0$ erfüllen. Dann gilt:

$$M(x) \equiv 0 \text{ auf } [a,b].$$

Beweis
Angenommen, es gibt ein $x_0 \in (a,b)$ so, daß $M(x_0) \neq 0$, zum Beispiel $M(x_0) > 0$. Wegen $M(x) \in C(a,b)$ gibt es eine Umgebung von x_0, $(x_0 - \delta, x_0 + \delta) \subset (a,b)$, so daß

$$M(x) > 0, \text{ wenn } |x - x_0| < \delta \quad (\delta > 0).$$

Man wähle nun $\eta(x)$ wie folgt:

$$\eta(x) = \begin{cases} (x - x_0 - \delta)^2 (x - x_0 + \delta)^2, & \text{wenn } |x - x_0| < \delta, \\ 0 & \text{sonst.} \end{cases}$$

Dann ist

$$\int_a^b M(x)\,\eta(x)\,\mathrm{d}x = \int_{x_0-\delta}^{x_0+\delta} M(x)(x - x_0 - \delta)^2 (x - x_0 + \delta)^2\,\mathrm{d}x > 0.$$

Das steht im Widerspruch zur Voraussetzung, also ist $M(x) \equiv 0$ für $x \in (a,b)$. Aus der Stetigkeit von $M(x)$ folgt $M(x) \equiv 0$ für $x \in [a,b]$, q.e.d. □

Übung 4.1
Man leite auf analoge Weise wie im Beweis von Satz 4.1 ab, daß die Euler-Lagrange-Gleichung, die zu dem Minimierungsproblem

$$\min_{u} \int_0^1 [\tfrac{1}{2}(\tfrac{d^2u}{dx^2})^2 - fu]dx$$

mit Randbedingungen $u(0) = u'(0) = u(1) = 0$ gehört, gegeben wird durch

$$\frac{d^4u}{dx^4} = f,$$

$$u(0) = u'(0) = 0,$$

$$u(1) = 0 \;\; u''(1) = 0. \hspace{3cm} \triangle$$

4.2 Zweidimensionale Minimierungsprobleme

Die Variationsrechnung behandelt mehrdimensionale Minimierungsprobleme auf analoge Weise wie die eindimensionale Aufgabe. Doch treten eine Anzahl von Komplikationen auf, die die Mühe notwendig machen, diesen Fall extra zu betrachten. Wir unterstellen, daß Ω ein Gebiet im R^2 mit Rand Γ ist. Dieser Rand ist aus drei Stücken aufgebaut:

$$\Gamma = \Gamma_1 \cup \Gamma_2 \cup \Gamma_3,$$

und die Funktionenmenge, in der wir unsere Lösung suchen, wird gegeben durch

$$\Sigma = \{u \in C_2(\Omega) \cap C(\overline{\Omega}) \mid u(x) = g(x) \; \forall \; x \in \Gamma_1\}; \tag{4.8}$$

mit anderen Worten, u ist zweimal differenzierbar mit stetigen zweiten Ableitungen auf dem Innengebiet und stetig auf dem Innengebiet einschließlich Rand. Ebenfalls ist u auf Γ_1 gegeben.

4.2.1 Die Euler-Lagrange-Gleichungen

Satz 4.3
Es seien $F(x,y,u,p,q)$ und $f(x,y,u)$ genügend glatte Funktionen. Man betrachte nun das folgende Minimierungsproblem:

$$\min_{u \in \Sigma} J[u] = \min_{u \in \Sigma} \int_{\Omega} F(x,y,u,u_x,u_y) \, d\Omega + \int_{\Gamma_2} f(x,y,u) \, d\Gamma. \tag{4.9}$$

64   Numerik partieller Differentialgleichungen für Ingenieure

Wenn das Problem eine Lösung $\hat{u}$ besitzt, genügt diese der Differentialgleichung

$$\frac{\partial F}{\partial u} - \frac{\partial}{\partial x}\frac{\partial F}{\partial u_x} - \frac{\partial}{\partial y}\frac{\partial F}{\partial u_y} = 0 \tag{4.10}$$

mit den Randbedingungen

$$u = g, \qquad \forall\, x \in \Gamma_1, \tag{4.11}$$

$$\frac{\partial F}{\partial u_x} n_1 + \frac{\partial F}{\partial u_y} n_2 + \frac{\partial f}{\partial u} = 0, \qquad \forall\, x \in \Gamma_2, \tag{4.12}$$

$$\frac{\partial F}{\partial u_x} n_1 + \frac{\partial F}{\partial u_y} n_2 = 0, \qquad \forall\, x \in \Gamma_3. \tag{4.13}$$

Beweis
Man betrachte die folgende Kurvenschar um die Lösung $\hat{u}$:

$$u(x,y) = \hat{u}(x,y) + \varepsilon \eta(x,y)$$

mit einer willkürlichen Konstante ε und einer zweimal stetig differentierbaren Funktion η, die $\eta = 0$ auf Γ_1 ist. Also gilt, daß alle Elemente dieser Schar in Σ liegen. Einsetzen dieser Schar in $J[u]$ gibt:

$$J[u] = \int_\Omega F(x, y, \hat{u} + \varepsilon\eta, \hat{u}_x + \varepsilon\eta_x, \hat{u}_y + \varepsilon\eta_y)\, d\Omega + \int_{\Gamma_2} f(x,y, \hat{u} + \varepsilon\eta)\, d\Gamma. \tag{4.14}$$

$J[u]$ ist bei festem η nur eine Funktion von ε, die für $\varepsilon = 0$ minimal ist. Die notwendige Bedingung für die Existenz eines Minimums lautet also:

$$\frac{dJ}{d\varepsilon} = 0, \quad \varepsilon = 0. \tag{4.15}$$

oder

$$\int_\Omega \frac{\partial F}{\partial u}(x,y,\hat{u},\hat{u}_x,\hat{u}_y)\eta + \frac{\partial F}{\partial u_x}(x,y,\hat{u},\hat{u}_x,\hat{u}_y)\eta_x + \frac{\partial F}{\partial u_y}(x,y,\hat{u},\hat{u}_x,\hat{u}_y)\,\eta_y\, d\Omega$$

$$+ \int_{\Gamma_2} \frac{\partial f}{\partial u}(x,y,\hat{u})\eta\, d\Gamma = 0. \tag{4.16}$$

Das Volumenintegral kann mit Hilfe des Greenschen Satzes umgeschrieben werden (siehe Anhang 1):

Minimierungsprobleme in der Physik 65

$$\int_\Omega \mathbf{w}\cdot\mathbf{grad}\,\eta\,d\Omega = -\int_\Omega \eta\,\text{div}\,\mathbf{w}\,d\Omega + \int_\Gamma \eta\,\mathbf{w}\cdot\mathbf{n}\,d\Gamma. \qquad (4.17)$$

Das liefert:

$$\int_\Omega \left[\frac{\partial F}{\partial u} - \frac{\partial}{\partial x}\frac{\partial F}{\partial u_x} - \frac{\partial}{\partial y}\frac{\partial F}{\partial u_y}\right]\eta\,d\Omega + \int_\Gamma \left[\frac{\partial F}{\partial u_x}n_1 + \frac{\partial F}{\partial u_y}n_2\right]\eta\,d\Gamma + \int_{\Gamma_2} \frac{\partial f}{\partial u}\eta\,d\Gamma = 0. \qquad (4.18)$$

Weil die Kurvenschar, über die wir variieren, die Randbedingungen erfüllen soll, gilt $\eta = 0$ auf Γ_1. Ansonsten ist η willkürlich zu wählen. Wir betrachten erst Funktionen η, die auf dem Rand gleich 0 sind, aber ansonsten beliebig. Mit Hilfe des Lemmas von Du Bois-Reymond (2D-Version) finden wir dann:

$$\frac{\partial F}{\partial u} - \frac{\partial}{\partial x}\frac{\partial F}{\partial u_x} - \frac{\partial}{\partial y}\frac{\partial F}{\partial u_y} = 0, \quad \forall\,x \in \Omega. \qquad (4.19)$$

In 4.18 verschwindet nun das Volumenintegral. Uns bleibt also ($\eta = 0$ auf Γ_1):

$$\int_{\Gamma_2} \left[\frac{\partial F}{\partial u_x}n_1 + \frac{\partial F}{\partial u_y}n_2 + \frac{\partial f}{\partial u}\right]\eta\,d\Gamma + \int_{\Gamma_3} \left[\frac{\partial F}{\partial u_x}n_1 + \frac{\partial F}{\partial u_y}n_2\right]\eta\,d\Gamma = 0. \qquad (4.20)$$

Das muß für beliebige η gelten. Man wähle zuerst $\eta = 0$ auf Γ_2 und willkürlich auf Γ_3. Das ergibt:

$$\frac{\partial F}{\partial u_x}n_1 + \frac{\partial F}{\partial u_y}n_2 = 0, \quad \forall\,x \in \Gamma_3. \qquad (4.21)$$

Zum Schluß wählen wir $\eta = 0$ auf Γ_3 und willkürlich auf Γ_2. Das ergibt:

$$\frac{\partial F}{\partial u_x}n_1 + \frac{\partial F}{\partial u_y}n_2 + \frac{\partial f}{\partial u} = 0, \quad \forall\,x \in \Gamma_2. \qquad (4.22)$$

□

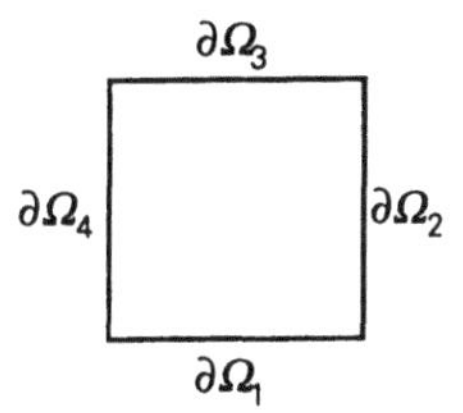

Abbildung 4.2. Figur zur Übung 4.2.

Übung 4.2

a. Man betrachte das viereckige Gebiet Ω mit Rand $\partial\Omega_1$, $\partial\Omega_2$, $\partial\Omega_3$, $\partial\Omega_4$ (siehe Abbildung 4.2).
Man leite die Euler-Lagrange-Gleichung ab, die zu dem Minimierungsproblem gehört

$$\min_u \int_\Omega (\tfrac{1}{2}k\,|\text{grad}\,u|^2 - uf)d\Gamma - \int_{\partial\Omega_3} ku\,d\Omega$$

mit $u|_{\partial\Omega_2} = u|_{\partial\Omega_4} = 0$,

Numerik partieller Differentialgleichungen für Ingenieure

die gegeben wird durch

$$-\text{div}(k\,\mathbf{grad}\,u) = f,$$

$$u|_{\partial\Omega_2} = u|_{\partial\Omega_4} = 0,$$

$$\frac{\partial u}{\partial n}\Big|_{\partial\Omega_1} = 0, \quad \frac{\partial u}{\partial n}\Big|_{\partial\Omega_3} = 1. \qquad \triangle$$

b. Minimale Oberfläche.
   Man leite die Euler-Lagrange-Gleichung für das Problem der minimalen Oberfläche ab:

$$\min_{u} \int_{\Omega} \sqrt{1 + u_x^2 + u_y^2}\,\mathrm{d}\Omega,$$

$u = g$ auf $\partial\Omega$. $\hfill\triangle$

4.3 Von der PDG zum Minimierungsproblem

Im letzten Abschnitt sahen wir, wie Minimierungsprobleme zu PDGen führen. Da wir allerdings die Minimierungsprobleme numerisch behandeln, ist der umgekehrte Weg von der PDG zum Minimierungsproblem auch interessant. Dieser ist nicht immer möglich: Nur Gleichungen, die ein physikalisches Gleichgewicht repräsentieren, können so formuliert werden. Wir werden die mathematischen Forderungen zeigen, die dem Differentialoperator auferlegt werden müssen, und zugleich die Form des dazugehörenden Minimierungsproblems. Zuerst behandeln wir Differentialoperatoren zweiter Ordnung. Die Behandlung von Differentialoperatoren höherer Ordnung ist analog und soll anhand eines speziellen Problems vierter Ordnung illustriert werden.

4.3.1 Differentialoperatoren zweiter Ordnung

Wir beschreiben den Weg von der PDG zum Minimierungsproblem für den allgemeinen linearen Differentialoperator zweiter Ordnung. Dieser Weg ist nur für Operatoren eines bestimmten Typs möglich. Im $\mathbb{R}^n$ ist die allgemeine Form eines linearen Differentialoperators zweiter Ordnung:

$$Lu = \sum_{i,j}^{n} -\frac{\partial}{\partial x_i} a_{ij}(\mathbf{x}) \frac{\partial u}{\partial x_j} + \sum_{i}^{n} b_i(\mathbf{x}) \frac{\partial u}{\partial x_i} + c(\mathbf{x})u. \qquad (4.23)$$

Minimierungsprobleme in der Physik 67

Wenn die PDG $Lu = f$ mit einem Minimierungsproblem korrespondieren soll, müssen für die Koeffizienten a_{ij}, b_i und c bestimmte Bedingungen gelten. Wir werden ein System hinreichender Bedingungen formulieren.

Satz 4.4
Es sei L ein Differentialoperator zweiter Ordnung der Form

$$Lu = \sum_{i,j}^{n} -\frac{\partial}{\partial x_i} a_{ij}(\mathbf{x}) \frac{\partial u}{\partial x_j} + c(\mathbf{x})u \qquad (4.24)$$

oder in Matrixschreibweise:

$$Lu = -\operatorname{div} A \operatorname{\mathbf{grad}} u + cu, \qquad (4.25)$$

wobei die Matrix A durch die Koeffizienten a_{ij} gebildet wird und symmetrisch und positiv definit ist $\forall\, \mathbf{x} \in \Omega$ und $c \geq 0$. Dann korrespondiert mit $Lu = f$ ein Minimierungsproblem. □

Diese Bedingungen sind zwar etwas strenger als absolut notwendig, aber in der Praxis sehr brauchbar. Die Forderung, daß keine ersten Ableitungen auftreten, ist *notwendig*. Das Konvektions-Diffusionsproblem kann folglich nicht als Minimierungsproblem formuliert werden.
Streng genommen müßten die Randbedingungen auch angegeben werden. Eine Detaillierung wird der Satz 4.5 beinhalten. Ein Operator mit obengenannten Eigenschaften wird auch *stark elliptisch* genannt.

Beispiel 4.2
Für den Laplace-Operator $L = -\Delta$ gilt: A ist die Einheitsmatrix, $c = 0$. △

Wie das Minimierungsproblem aussieht, hängt von den Randbedingungen ab. Um den Mechanismus, der hier zugrunde liegt, besser zu verstehen, wenden wir den Greenschen Satz auf uLv an.

$$\int_{\Omega} uLv\, d\Omega = \int_{\Omega} -u \operatorname{div} A \operatorname{\mathbf{grad}} v + cuv\, d\Omega \qquad (4.26)$$

$$= \int_{\Omega} (\operatorname{\mathbf{grad}} u, A \operatorname{\mathbf{grad}} v) + cuv\, d\Omega - \int_{\Gamma} u(\mathbf{n}, A \operatorname{\mathbf{grad}} v)\, d\Gamma. \qquad (4.27)$$

In dem Randintegral treten zwei Faktoren auf, nämlich u und $(\mathbf{n}, A \operatorname{\mathbf{grad}} v)$. Der erste Faktor korrespondiert mit einer Zwangsrandbedingung (nämlich u auf dem Rand gegeben), der zweite Faktor mit der *natürlichen* Randbedingung für den Operator L, nämlich $(\mathbf{n}, A \operatorname{\mathbf{grad}} v)$ auf dem Rand gegeben. Dies kann so interpretiert werden, daß die Randoperatoren auf u und v angewandt werden. Da diese Operatoren Ableitungen nullter bzw. erster Ordnung enthalten, geben wir sie mit $E_0(u)$ und $N_1(v)$ an. (E und N stehen für *Essential* beziehungsweise *Natural Boundary Conditions*). Dies scheint ein bißchen umständlich, aber für Minimierungsprobleme höherer Ordnung tritt eine Art Struktur auf, von der wir im folgenden Abschnitt profitieren werden. Wir haben demzufolge:

$$E_0(u) = u, \qquad \forall\, x \in \Gamma,$$

$$N_1(v) = (\mathbf{n}, A\,\mathbf{grad}\,v), \qquad \forall\, x \in \Gamma, \qquad (4.28)$$

$$\int_\Omega uLv\,d\Omega = \int_\Omega (\mathbf{grad}\,u, A\,\mathbf{grad}\,v) + cuv\,d\Omega - \int_\Gamma E_0(u)N_1(v)\,d\Gamma. \qquad (4.29)$$

Jetzt sind wir in der Lage, für die PDG ein äquivalentes Minimierungsproblem zu formulieren. Wir geben eine Formulierung, die alle drei Randbedingungs-Typen (Dirichlet, Neumann und Robbins) umfaßt.

Satz 4.5
Es sei $\Omega \subset \mathbb{R}^n$ mit Rand Γ und

$$\Gamma = \Gamma_1 \cup \Gamma_2 \cup \Gamma_3.$$

Die Menge Σ sei gegeben durch:

$$\Sigma = \{u \in C_1(\Omega) \cap C(\overline{\Omega}) \mid u(x) = g_1(x)\ \forall\, x \in \Gamma_1\}.$$

L sei ein stark elliptischer Operator und u_0 die Lösung der PDG

$$Lu_0 = f, \quad x \in \Omega, \qquad (4.30)$$

mit den Randbedingungen

$$E_0(u_0) = g_1, \quad x \in \Gamma_1, \qquad \text{(Dirichlet)} \qquad (4.31)$$

$$N_1(u_0) = g_2, \quad x \in \Gamma_2, \qquad \text{(Neumann)} \qquad (4.32)$$

$$\sigma E_0(u_0) + N_1(u_0) = g_3, \quad x \in \Gamma_3,\ \sigma > 0, \quad \text{(Robbins)} \qquad (4.33)$$

dann minimiert u_0 das Funktional:

$$J[u] = \int_\Omega \tfrac{1}{2}(\mathbf{grad}\,u, A\,\mathbf{grad}\,u) + \tfrac{1}{2}cu^2 - uf\,d\Omega - \int_{\Gamma_2} E_0(u)g_2\,d\Gamma$$

$$+\frac{1}{2}\int_{\Gamma_3}\sigma E_0(u)^2\,d\Gamma-\int_{\Gamma_3}E_0(u)g_3\,d\Gamma \tag{4.34}$$

über der Menge Σ.

Beweis

Wegen $Lu_0 = f$ gilt:

$$\int_\Omega uf\,d\Omega = \int_\Omega uLu_0 \tag{4.35}$$

$$= \int_\Omega (\mathbf{grad}\,u, A\,\mathbf{grad}\,u_0) + cuu_0\,d\Omega - \int_\Gamma E_0(u)N_1(u_0)\,d\Gamma. \tag{4.36}$$

Weil A symmetrisch ist, gilt

$$(\mathbf{grad}\,u, A\,\mathbf{grad}\,u_0) = (A\,\mathbf{grad}\,u,\mathbf{grad}\,u_0) = (\mathbf{grad}\,u_0, A\,\mathbf{grad}\,u) \tag{4.37}$$

und folglich

$$\tfrac{1}{2}(\mathbf{grad}\,u, A\,\mathbf{grad}\,u) - (\mathbf{grad}\,u, A\,\mathbf{grad}\,u_0)$$
$$= \tfrac{1}{2}(\mathbf{grad}(u-u_0), A\,\mathbf{grad}(u-u_0)) - \tfrac{1}{2}(\mathbf{grad}\,u_0, A\,\mathbf{grad}\,u_0) \tag{4.38}$$

und ebenso

$$\tfrac{1}{2}u^2 - uu_0 = \tfrac{1}{2}(u-u_0)^2 - \tfrac{1}{2}u_0^2. \tag{4.39}$$

Zugleich merken wir an, daß

$$\int_\Gamma E_0(u)N_1(u_0)\,d\Gamma =$$
$$\int_{\Gamma_1} g_1 N_1(u_0)\,d\Gamma + \int_{\Gamma_2} E_0(u)g_2\,d\Gamma + \int_{\Gamma_3} E_0(u)g_3\,d\Gamma - \int_{\Gamma_3}\sigma E_0(u)E_0(u_0)\,d\Gamma. \tag{4.40}$$

Dies alles im Funktional J substituiert ergibt

$$J[u] = \int_\Omega \tfrac{1}{2}[(\mathbf{grad}(u-u_0), A\,\mathbf{grad}(u-u_0)) + c(u-u_0)^2]\,d\Omega$$
$$+ \int_{\Gamma_3}\tfrac{1}{2}(\sigma E_0(u-u_0)^2\,d\Gamma - \int_\Omega \tfrac{1}{2}[(\mathbf{grad}\,u_0, A\,\mathbf{grad}\,u_0) + cu_0^2]\,d\Omega$$
$$- \int_{\Gamma_3}\tfrac{1}{2}\sigma E_0(u_0)^2\,d\Gamma + \int_{\Gamma_1} g_1 N_1(u_0)\,d\Gamma. \tag{4.41}$$

Es ist deutlich, daß sich die letzten drei Integrale nicht verändern, wenn u über Σ variiert. Folglich liefern die ersten zwei Integrale den einzigen Beitrag zu dem Minimierungsproblem. Weil A positiv definit ist, ist

$$(\mathbf{grad}(u - u_0), A\,\mathbf{grad}(u - u_0)) > 0,$$

es sei denn, daß $\mathbf{grad}(u - u_0) = 0$. Das heißt, daß ein Minimum in dem ersten Term angenommen wird, wenn $u = u_0 + K$, wobei K eine beliebige, aber feste Konstante ist. Ist entweder $c \neq 0$ oder $\Gamma_3 \cup \Gamma_1 \neq \emptyset$, dann sorgt entweder der zweite Term in dem ersten Integral oder das zweite Integral oder die Randbedingung $E_0(u) = E_0(u_0)$, $x \in \Gamma_1$ dafür, daß diese Konstante gleich null ist. Demzufolge wird für $u = u_0$ ein Minimum angenommen. Nur bei einem vollständigen Neumannproblem ($c = 0$ und $\Gamma = \Gamma_2$) können sich diese Lösungen um eine Konstante unterscheiden. Das ist normal, denn die Lösung eines Neumannproblems ist nur bis auf eine Konstante bestimmt. □

Anmerkung
1. An der Formulierung des Minimierungsproblems sieht man also, daß sich die Zwangsrandbedingungen in der Minimierungsklasse Σ wiederfinden und daß die *natürlichen* Randbedingungen als Randintegrale in dem zu minimierenden Funktional auftreten.
2. Aus dem Satz sieht man, daß die Lösung einer PDG eine Lösung eines Minimierungsproblem ist. Der umgekehrte Fall ist nicht zwangsläufig: Die Lösung eines Minimierungsproblems braucht nicht eine Lösung einer PDG zu sein. Dies kommt dadurch, daß die Minimierungsklasse Σ auch Funktionen enthält, für die eine PDG nicht definiert ist (man schaue nach den Differenzierbarkeitsforderungen). Aber es ist schon so, daß, wenn beide Probleme eine Lösung haben, diese Lösungen gleich sind. Aus diesen Gründen nennt man die Lösung des Minimierungsproblems eine *verallgemeinerte* Lösung der PDG.

Übung 4.3
Man leite selbst mit Hilfe von Variation rund um $\hat{u}$ ab, daß mit dem Funktional (4.34) aus Satz 4.5 tatsächlich die PDG (4.30) mit den Randbedingungen (4.31)–(4.33) gefunden wird. △

Übung 4.4
Die Randintegrale aus Satz 4.5 reduzieren sich für eindimensionale Probleme zu Werten in den Randpunkten. Man formuliere ein Minimierungsproblem für die PDG

$$-\frac{d}{dx}p(x)\frac{du}{dx}=f, \qquad (4.42)$$

$$u(0) = 1, \quad u(1) + u'(1) = a. \qquad (4.43)$$

△

Übung 4.5
Man leite das Minimierungsproblem ab, das zu dem folgenden DG-System gehört:

$$\sum_{k=1}^{s}\left[-\frac{d}{dx}\left(p_{jk}(x)\frac{du_k}{dx}\right) + q_{jk}(x)u_k\right] = f_j(x) \quad (j=1,2,\ldots,s \ \ a<x<b)$$

mit Randwerten $u_j(a) = u_j(b) = 0$, $(j = 1,2,\ldots,s)$ und $p_{jk}(x) = p_{kj}(x)$, $q_{jk}(x) = q_{kj}(x)$ $(j,k = 1,2,\ldots,s)$.
Die Matrix P mit den Koeffizienten p_{jk} ist positiv definit und die Matrix Q mit den Koeffizienten q_{jk} positiv semidefinit. △

5 Die Finite-Elemente-Methode

5.1 Die numerische Lösung von Minimierungsproblemen

Die Äquivalenz von Minimierungsproblemen und PDGen ist sehr bedeutsam, da gute numerische Methoden für die Lösung von Minimierungsproblemen bestehen. Hiermit wird dann auch implizit die PDG gelöst. Außerdem ist für Minimierungsprobleme die Existenz und Eindeutigkeit leichter zu zeigen als für korrespondierende PDGen. In diesem Kapitel werden die wichtigsten dieser Methoden behandelt: Die Ritzsche Methode und die Methode der finiten Elemente (FEM).

5.1.1 Die Ritzsche Methode

Wir werden die Ritzsche Methode anhand eines Beispiels demonstrieren.
Man betrachte das folgende Minimierungsproblem:

$$\min_u J[u] \text{ mit } J[u] = \iint_\Omega F(x,y,u,u_x,u_y) \, d\Omega. \tag{5.1}$$

Das Minimum wird über der Klasse Σ von einmal stetig differenzierbaren Funktionen gesucht, die der Bedingung $u|_{\partial\Omega} = g$ genügen.
Im allgemeinen ist es schwierig, das Minimum von J über dem ganzen Raum Σ zu finden. Viel einfacher ist das Problem der Minimierung einer Funktion mit n Variablen. Hierzu gehen wir wie folgt vor (Ritzsche Methode):
Man betrachte eine Funktionenschar, die von einer endlichen Anzahl von Parametern $a_1, a_2, ..., a_n$ abhängt. Jede Funktion dieser Schar ist beschreibbar als:

$$u_n = \sum_{i=1}^{n} a_i \, \varphi_i(x), \tag{5.2}$$

wobei $\varphi_i(x)$ feste Funktionen sind (die sogenannten Basisfunktionen), die so

Die Finite-Elemente-Methode 73

gewählt sind, daß:
1. alle φ_n den Randbedingungen genügen;
2. alle φ_n mindestens einmal differenzierbar sind.

Anstelle des Minimums von J über Σ wird nun das Minimum über der Klasse der Funktionen der Form (5.2) gesucht.
Einsetzen in (5.1) liefert:

$$\min_{u_n} J[u_n] = \min_{u_n} \iint_\Omega F(x,y,u_n,(u_n)_x,(u_n)_y)\, d\Omega. \tag{5.3}$$

Die Ausführung der Integrationen und Differentiationen in (5.3) ergibt eine Funktion mit n Parametern $a_1, a_2, \ldots, a_n$.
Das Minimierungsproblem wird dann:

$$\min_{a_i} J[a_1,a_2,\ldots,a_n]. \tag{5.4}$$

Auf diese Weise ist das Problem (5.1) folglich diskretisiert zu einem Problem in n Unbekannten.
Die notwendigen Bedingungen für die Existenz eines Minimums lauten:

$$\frac{\partial J[u_n]}{\partial a_i} = 0, \quad i = 1, 2, \ldots, n. \tag{5.5}$$

(5.5) ist ein System von n Gleichungen mit n Unbekannten. Unter bestimmten Voraussetzungen ergibt dies eine eindeutige Lösung u_n. Man lasse nun n größer werden. Bei geeigneter Wahl der Basisfunktionen in (5.5) wird u_n gegen u konvergieren.

Beispiel 5.1
Man betrachte das Minimierungsproblem

$$\min_{u \in \Sigma} J[u]$$

mit

$$J[u] = \int_0^1 \left[\tfrac{1}{2}\left(\frac{du}{dx}\right)^2 + f(x)\, u(x)\right] dx. \tag{5.6}$$

Σ ist die Klasse von einmal stetig differenzierbaren Funktionen, die der Randbedingung $u(0) = 0$ genügen.

Aufgabe
Man beweise, daß die Lösung von (5.6) der DG

74 Numerik partieller Differentialgleichungen für Ingenieure

$$\frac{d^2 u}{dx^2} = f(x)$$

mit den Randbedingungen $u(0) = 0$, $u'(1) = 0$ genügt. △

Für die Ritzsche Methode wählen wir die folgenden zwei Parameterscharen:

(i) $$u_n(x) = \sum_{k=1}^{n} a_k^{(n)} \sin k\pi x,$$

(5.7)

(ii) $$u_n(x) = \sum_{k=1}^{n} b_k^{(n)} x^k.$$

In (i) wird $u_n(x)$ durch die Basisfunktionen $\sin k\pi x$ und in (ii) durch die Basisfunktionen x^k generiert. Beide Typen von Basisfunktionen genügen der Randbedingung $u_n(0) = 0$, aber im allgemeinen nicht der natürlichen Randbedingung $u'_n(1) = 0$.

Die Scharen (i) und (ii) können allgemein in der Form geschrieben werden:

$$u_n(x) = \sum_{k=1}^{n} \alpha_k^{(n)} \varphi_k(x) \quad (5.8)$$

mit $\varphi_k(0) = 0$.

Übung 5.1

Man leite ab, daß die Näherungslösung von (5.6) gemäß der Ritzschen Methode unter Benutzung der Funktionenschar (5.8) einem System von n linearen Gleichungen mit n Unbekannten genügen muß:

$$\sum_{k=1}^{n} \alpha_k^{(n)} \int_0^1 \varphi'_k \varphi'_j \, dx = -\int_0^1 f(x) \varphi_j(x) \, dx, \quad j = 1, 2, \ldots, n. \quad (5.9)$$

Das Gleichungssystem (5.9) ist eindeutig lösbar, falls die Koeffizientenmatrix nicht singulär ist.
In Matrix-Schreibweise (5.9):

$$S\alpha = f; \quad (5.10)$$

S ist eine $(n \times n)$-Matrix mit Elementen $s_{jk} = \int_0^1 \varphi'_k \varphi'_j \, dx$,

α ist ein $(n \times 1)$ Vektor mit Elementen $\alpha_k = \alpha_k^{(n)}$, f ist ein $(n \times 1)$ Vektor mit Elementen $f_j = -\int_0^1 f(x)\,\varphi_j(x)\,\mathrm{d}x.$

△

Übung 5.2
Man zeige mit Hilfe der Orthogonalitätsbeziehung für den Kosinus, daß die Matrix S in (i) eine Diagonalmatrix mit Elementen $s_{kk} = k^2\pi^2/2$ ist, so daß $\alpha_k^{(n)}$ gegeben wird durch

$$\alpha_k^{(n)} = \frac{-2}{k^2\pi^2}\int_0^1 f(x)\,\sin k\pi x\,\mathrm{d}x.$$

Man weise nach, daß diese $\alpha_k^{(n)}$ genau die Fourierkoeffizienten von $u(x)$ darstellen, falls u nach $\sin k\pi x$ entwickelt wird.
Hinweis: Man entwickle $f(x)$ nach $\sin k\pi x$ und suche die Lösung $u_k(x)$ bei jedem Term $f_k = \beta_k \sin k\pi x$.

△

Übung 5.3
Man zeige, daß die Matrix S für (ii) die folgende Gestalt hat:

$$S = \begin{bmatrix} 1 & 1 & 1 & 1 & 1 & \cdots \\ 1 & \frac{4}{3} & \frac{6}{4} & \frac{8}{5} & \frac{10}{6} & \\ 1 & \frac{6}{4} & \frac{9}{5} & \frac{12}{6} & & \\ 1 & \frac{8}{5} & \frac{12}{6} & \frac{16}{7} & & \\ 1 & \frac{10}{6} & & & & \\ \vdots & & & & & \end{bmatrix}.$$

Dies ist eine sogenannte Hilbert-Matrix. Diese Matrix ist zwar nicht singulär, besitzt jedoch eine sehr schlechte Kondition. Numerisch ist sie bereits für nicht sehr große n nicht mehr invertierbar.

△

Übung 5.4
Man zeige, daß die Lösung $u_n(x)$ in (i) gegen $u(x)$ konvergiert.

△

Keine der Basisfunktionen braucht die natürlichen Randbedingung zu erfüllen, trotzdem wird der Grenzwert $u_n(x)$ ihr genügen. Hier zeigt sich ein großer Vorteil der Minimierungsformulierung gegenüber der Form einer PDG.

76   Numerik partieller Differentialgleichungen für Ingenieure

5.2   Die Finite-Elemente-Methode (FEM)

Aus Übung 5.3 folgt, daß, falls keine orthogonalen Funktionen gewählt werden, die Matrix S i.allg. eine stark besetzte Matrix ist. In praktischer Hinsicht (Rechenzeit) ist das sehr nachteilig. Es ist daher sinnvoll, so viele (fast) orthogonale Funktionen wie möglich zu wählen. Im allgemeinen ist es praktisch jedoch nicht möglich, orthogonale Funktionen zu finden. Die FEM bietet hier eine numerische Alternative.

5.2.1   Funktionsweise der Methode

Zuerst werden die verschiedene Schritte, aus denen die Methode besteht, besprochen, danach werden sie an einem Beispiel näher konkretisiert. Wir beschränken uns in erster Linie auf Minimierungsprobleme. Man betrachte dazu das Minimierungsproblem:

$$\min_u F(u) \quad \text{mit } F(u) = \iint_\Omega J(x,y,u,u_x,u_y)\, d\Omega.$$

(i) Der Definitionsbereich $\overline{\Omega}$ wird in die Elemente e_i aufgeteilt gemäß der Vorschrift:

$$\bigcup_i \overline{e}_i = \overline{\Omega},$$

$$e_i \cap e_j = \emptyset, \quad \text{wenn } i \neq j.$$

Folglich wird das gesamte Gebiet in disjunkte (offene) Elemente mit gemeinsamem Rand aufgeteilt.
Im weiteren werden unter Elementen die Elemente zuzüglich ihrem Rand verstanden.
Im $\mathbb{R}^1$ sind diese Elemente Intervalle, im $\mathbb{R}^n$ kompliziertere Figuren. Im $\mathbb{R}^2$ können die Elemente Drei- oder Vierecke, aber auch sogenannte 'kurvenlineare' Elemente sein; das sind 'Dreiecke' oder 'Vierecke' mit mindestens einem 'krummen' Rand.

(ii) In jedem Element werden einige Basispunkte (Knotenpunkte) gewählt, vorzugsweise auf dem Rand.

(iii) In jedem Element wird nun ein Interpolationspolynom konstruiert. (Häufig versteht man unter 'Element' das Element plus dem dazugehörenden Interpolationspolynom.) Die Parameter des Polynoms sind z.B. die unbekannten Funktionswerte in den Basispunkten. Manchmal werden auch die Ableitungen der Funktion in bestimmten Basispunkten genom-

Die Finite-Elemente-Methode 77

men. Alle diese Interpolationspolynome bilden zusammen eine Funktion $\tilde{u}$, die über dem gesamten Gebiet $\overline{\Omega}$ stückweise definiert ist.
(iv) Die noch unbekannten Parameter werden aus der Bedingung berechnet, daß $J[\tilde{u}]$ minimal sein muß (Ritzsche Methode).
(v) Durch Verfeinerung der Elemente versuchen wir, einen konvergenten Prozeß zu erzielen.

Beispiel 5.2
Man betrachte das Minimierungsproblem (5.6):

$$\min_u J[u] \text{ mit } J[u] = \int_0^1 \left[\tfrac{1}{2}\left(\frac{du}{dx}\right)^2 + f(x)\, u(x)\right] dx$$

und $u(0) = 0$.

Nun gehen wir in den fünf Schritten der FEM vor.
(i) Die Elemente. Im $\mathbb{R}^1$ gibt es nur eine Möglichkeit, nämlich eine Einteilung in Intervalle:
Also $e_i = (x_{i-1}, x_i)$.

(ii) Die Basispunkte. Im einfachsten Fall können wir die Enden x_{i-1} und x_i als Basispunkte nehmen. Zusätzliche Basispunkte geben genauere, aber auch kompliziertere Elemente.

(iii) Das Interpolationspolynom pro Element. Wenn wir uns auf zwei Basispunkte pro Element beschränken, während für die Unbekannten die Funktionswerte gewählt werden, dann ist das Interpolationspolynom pro Element ein lineares Polynom (warum?).

Übung 5.5
Man leite ab, daß das Interpolationspolynom $u_i(x)$ über $\overline{e}_i$ gegeben ist durch:

$$u_i(x) = u(x_{i-1}) + \frac{x - x_{i-1}}{x_i - x_{i-1}} \{u(x_i) - u(x_{i-1})\}, \quad x_{i-1} \leq x \leq x_i \tag{5.11}$$

△

Alle Polynome $u_i(x)$ ergeben zusammen eine geknickte Gerade $\tilde{u}(x)$ von z.B. der in Abbildung (5.1) skizzierten Gestalt. Man beachte, daß die Randbedingung $u(0) = 0$ bereits eingegangen ist ($\tilde{u}(x_0) = 0$).

Bemerkung
Formell ist es nicht richtig, $u(x_i)$ in Formel (5.11) zu gebrauchen, schließlich ist $u(x)$ unbekannt. Besser ist die Schreibweise $\tilde{u}(x_i)$. Solange es nicht mißverständ-

78 Numerik partieller Differentialgleichungen für Ingenieure

lich ist, wird jedoch die Tilde weggelassen.

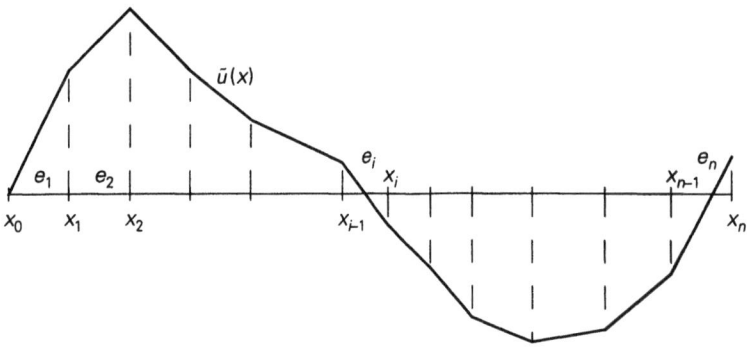

Abbildung 5.1. Grafik von ũ.

Anstelle von (5.11) können wir auch schreiben:

$$u_i(x) = l_{i-1}(x)\, u(x_{i-1}) + l_i(x)\, u(x_i) \tag{5.12}$$

$$\text{mit } l_{i-1}(x) = \frac{x_i - x}{x_i - x_{i-1}}, \quad l_i(x) = \frac{x - x_{i-1}}{x_i - x_{i-1}}.$$

$l_{i-1}(x)$ und $l_i(x)$ sind die bekannten linearen Lagrange-Polynome [schwarz, 95] für das Element e_i, definiert durch:

$$l_{i-1}(x) \quad \text{und} \quad l_i(x) \quad \text{linear in } e_i,$$

$$l_j(x_k) = \delta_{jk}, \quad j, k = i-1, i;$$

ũ(x) wird dann:

$$\tilde{u}(x) = l_{i-1}(x)\, u_{i-1} + l_i(x)\, u_i, \quad x \in e_i.$$

ũ ist also eine lineare Funktion der Parameter $u_0, u_1, \ldots, u_n$, so daß wir analog zu (5.8) schreiben können:

$$\tilde{u}(x) = \sum_{i=0}^{n} u_i\, \varphi_i(x). \tag{5.13}$$

Die Funktionen $\varphi_i(x)$ können als verallgemeinerte Lagrange-Polynome betrachtet werden, die über dem gesamten Gebiet $\overline{\Omega}$ definiert sind.
Ein solches $\varphi_i(x)$ ist in Abbildung 5.2 gezeichnet.
$\varphi_i(x)$ wird wie folgt definiert:

a. $\varphi_i(x)$ ist linear in jedem Element,
b. $\varphi_i(x_j) = \delta_{ij}$.

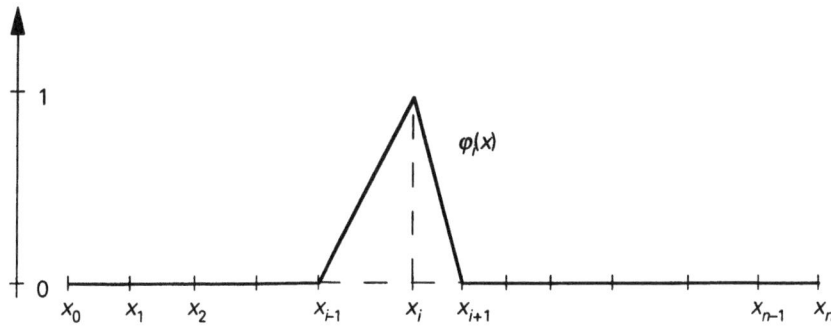

Abbildung 5.2.

Randbedingung
Die Randbedingung $u(0) = 0$ legt u_0 fest ($u_0 = 0$), so daß anstelle von (5.13) besser geschrieben werden kann:

$$\tilde{u}(x) = \sum_{i=1}^{n} u_i \, \varphi_i(x). \tag{5.14}$$

Die weggelassene Basisfunktion $\varphi_0(x)$ spielt ausschließlich bei nichthomogenen Randbedingungen eine Rolle, siehe Abschnitt 5.2.5.

(iv) Die Parameter u_i werden nach der Ritzschen Methode berechnet.

Übung 5.6
Man leite ab, daß, falls $x_{i+1} - x_i = h$ (konstant) $\forall i$, das Gleichungssystem zur Bestimmung von u_i die folgende Gestalt hat:

$$\frac{1}{h}\begin{bmatrix} 2 & -1 & & & & 0 \\ -1 & 2 & -1 & & & \\ & -1 & 2 & -1 & & \\ & & \vdots & \vdots & \vdots & \\ & & & -1 & 2 & -1 \\ 0 & & & & -1 & 1 \end{bmatrix} \begin{bmatrix} u_1 \\ u_2 \\ u_3 \\ \vdots \\ \vdots \\ u_{n-1} \\ u_n \end{bmatrix} = \begin{bmatrix} f_1 \\ f_2 \\ f_3 \\ \vdots \\ \vdots \\ f_{n-1} \\ f_n \end{bmatrix}$$

80   Numerik partieller Differentialgleichungen für Ingenieure

mit $f_i = \int_0^1 -f(x)\, \varphi_i(x)\, dx$. △

Man beachte die große Übereinstimmung zwischen der linken Seite und der Matrix, die durch die Diskretisation der DG (siehe Kap. 3) entsteht.

Bemerkung
1. Aus der Tatsache, daß die Basisfunktionen in nur ein paar Elementen von null verschieden sind, folgt, daß die FEM zur Konstruktion von fast orthogonalen Basisfunktionen geeignet ist. Die Koeffizientenmatrix ist 'schwach besetzt' (d.h. enthält sehr viele Nullen) und hat bei einer guten Anordnung eine Bandstruktur.
2. Im Beispiel 5.2 ist ein nur eindimensionales Beispiel betrachtet worden. Mehrdimensionale Probleme können analog behandelt werden.
3. Im Prinzip ist es möglich, durch mehr Basispunkte eine Interpolation höheren Grades zu erlauben. Man kann dann i.allg. eine größere Genauigkeit erwarten. Es ist aber gescheit, den Grad der Interpolation nicht zu hoch hinaufzutreiben. Für viele praktische Probleme ist eine lineare oder quadratische Interpolation ausreichend.
4. Aus dem Beispiel 5.2 folgt, daß natürliche Randbedingungen keine besondere Behandlung brauchen. Eine numerische Diskretisierung folgt automatisch aus der angegebenen Vorschrift. Hier unterscheidet sich die FEM wesentlich von den finiten Differenzenmethoden.

5.2.2 Praktische Ausführung

Elementenmatrizen und -vektoren

Bei der Berechnung der Koeffizientenmatrix müssen im Beispiel 5.2 Integrale der Form

$$s_{jk} = \int_0^1 \varphi'_k \varphi'_j\, dx \qquad (5.15)$$

berechnet werden. Berechnungen von derartigen Integralen sind typisch für die FEM. In der FEM ist es üblich, diese Integrale auf die folgende Weise zu berechnen.

Anstelle von (5.15) können wir auch schreiben:

$$s_{jk} = \sum_{i=1}^n \int_{e_i} \varphi'_k \varphi'_j\, dx. \qquad (5.16)$$

Zuerst werden die Integrale

$$s_{jk}^{ei} = \int_{e_i} \varphi_k' \varphi_j' \, dx \qquad (5.17)$$

berechnet und danach die endliche Summe (5.16).
Weil in jedem Element nur zwei Basisfunktionen $\varphi_k(x)$ ungleich null sind, brauchen pro Element nur vier Integrale berechnet zu werden.
Zum Beispiel sind in dem Element e_i nur $\varphi_{i-1}(x)$ und $\varphi_i(x)$ ungleich null. Also ausschließlich die Matrixelemente s_{jk}^{ei} mit $k, j = i - 1, i$ brauchen berechnet zu werden. Diese Beiträge werden in einer kleinen Matrix S^{ei} der Form:

$$S^{ei} = \begin{bmatrix} s_{i-1,i-1}^{ei} & s_{i-1,i}^{ei} \\ s_{i,i-1}^{ei} & s_{i,i}^{ei} \end{bmatrix}$$

gespeichert. Eine derartige Matrix wird Elementenmatrix oder Elementensteifigkeitsmatrix genannt. Dieser letzte Term kommt aus der Statik. Durch Addition auf der richtigen Stelle (siehe Abschnitt 5.2.3) entsteht die Matrix S, die große Matrix oder Steifigkeitsmatrix genannt wird.
Der Gebrauch der Elementenmatrizen muß als ein nützlicher Programmier-'Trick' angesehen werden.

Übung 5.7
Man zeige, daß die Elementenmatrix im Beispiel (5.2) gegeben wird durch:

$$S^{ei} = \frac{1}{h_i} \begin{bmatrix} 1 & -1 \\ -1 & 1 \end{bmatrix}. \qquad \triangle$$

Auf dieselbe Weise wie die Elementenmatrix kann auch ein Elementenvektor konstruiert werden.

Übung 5.8
Man überprüfe, daß der Elementenvektor im Beispiel (5.2) gegeben wird durch:

$$\mathbf{f}^{ei} = \begin{bmatrix} -\int_{e_i} f(x) \, \varphi_{i-1}(x) \, dx \\ -\int_{e_i} f(x) \, \varphi_i(x) \, dx \end{bmatrix}. \qquad \triangle$$

82 Numerik partieller Differentialgleichungen für Ingenieure

5.2.3 Bildung der großen Matrix und des Vektors mit Hilfe von FEM-Paketen

Die große Matrix und der Vektor werden durch Addition der Elementenmatrizen und -vektoren auf den richtigen Stellen gebildet. Dieser Prozeß wird an einem einfachen Beispiel von drei Elementen im $\mathbb{R}^1$ demonstriert.

Beispiel 5.3
Man betrachte die Elementenverteilung der Abbildung, die zu dem Problem von Beispiel 5.2 gehört.

h_k wird konstant gehalten, also $h_k = h = \frac{1}{3}$.
Die Anzahl von Unbekannten ist drei, nämlich u_1, u_2 und u_3, folglich wird mit der (3×3)-Nullmatrix gestartet:

$$S^0 = \begin{bmatrix} 0 & 0 & 0 \\ 0 & 0 & 0 \\ 0 & 0 & 0 \end{bmatrix} \begin{matrix} \leftarrow 1 \\ \leftarrow 2 \\ \leftarrow 3 \end{matrix}.$$

Für das Element e_1 ist nicht die ganze Elementenmatrix nötig, sondern nur das letzte Element, weil $u(x_0)$ vorgeschrieben ist.
Folglich ist

$$S^{e1} = \frac{1}{h}[1].$$

Diese Elementenmatrix gehört zur Unbekannten $u(x_1)$, also muß die Matrix zur ersten Zeile und Spalte von S^0 addiert werden.
Auf diese Art bekommen wir:

$$S^1 = \frac{1}{h}\begin{bmatrix} 1 & 0 & 0 \\ 0 & 0 & 0 \\ 0 & 0 & 0 \end{bmatrix}.$$

Der nächste Schritt ist, S^{e2} zu den ersten zwei Zeilen und Spalten von S^1 zu addieren, denn schließlich ist e_2 mit den Knotenpunkten x_1 und x_2 verbunden.
Nun bekommen wir die Matrix S^2:

$$S^2 = \frac{1}{h}\begin{bmatrix} 2 & -1 & 0 \\ -1 & 1 & 0 \\ 0 & 0 & 0 \end{bmatrix},$$

und Addition von S^{e3} gibt schließlich:

$$S^3 = \frac{1}{h}\begin{bmatrix} 2 & -1 & 0 \\ -1 & 2 & -1 \\ 0 & -1 & 1 \end{bmatrix}.$$

FEM-Pakete

Obwohl diese Methode, die Gleichungen abzuleiten, sehr umständlich scheint, ist sie tatsächlich äußerst geeignet für eine Computerimplementation. Denn wenn die Struktur des Problems gegeben ist (Elementenverteilung etc.), können alle Elementenmatrizen und -vektoren auf eine systematische Weise berechnet werden. Es sind dann nur noch die Elementenmatrizen und -vektoren an den richtigen Stellen zu addieren. Dies ist für mehrdimensionale Probleme immens wichtig, vor allem bei nicht rechtwinkligen Netzwerken. In diesem Fall kostet es nämlich sehr viel Arbeit, die Gleichungen mit der Hand abzuleiten.

Es sind momentan viele kommerzielle Softwarepakete für die FEM verfügbar. Im allgemeinen sind diese Pakete "geschlossen", d.h., der Nutzer kann keine Veränderungen im Programmcode oder Ergänzungen durchführen. An wissenschaftlichen Institutionen gibt es auch Pakete, die außer der Lösung von Standardproblemen dem Nutzer die Möglichkeit bietet, Ergänzungen hinzuzufügen, so daß sehr allgemeine Probleme gelöst werden können.

Besonders nützlich ist die Nutzung eines sogenannten Gittergenerators in mehreren Dimensionen. Dies sind Routinen, die ausgehend von einem gegebenen Rand Γ das Gebiet Ω automatisch in Elemente aufteilen. Gute Softwarepakete sind mit solchen Routinen ausgerüstet.

5.2.4 Numerische Integration

Der Elementenvektor in Übung 5.8 enthält Elemente der Form

$$\int_{e_i} f(x)\, \varphi_j(x)\, dx, \tag{5.18}$$

Falls $f(x)$ eine beliebige Funktion ist, ist es nicht möglich, diese Integrale exakt zu berechnen. Dieses Problem kann dadurch gelöst werden, das Integral (5.18) durch eine Integrationsregel anzunähern.
Die allgemeine Form einer Integrationsregel lautet:

$$\int_e \text{Int}(x)\, dx = \sum_{k=1}^{r} w_k \, \text{Int}(x_k)$$

mit: r Anzahl der Stützpunkte in der Integrationsregel,

w_k Gewichte (vorzugsweise $w_k > 0$),

x_k Stützpunkte.

Der Integrand $\text{Int}(x)$ kann zum Beispiel sein:

$$\text{Int}(x) = f(x)\, \varphi_j(x),$$

$$\text{Int}(x) = \nabla \varphi_i(x)\, \nabla \varphi_j(x).$$

Es ist üblich, zwischen zwei Integrationsregeltypen zu unterscheiden:
(i) Newton-Côtes-Formeln.
In diesem Buch werden wir unter einer Newton-Côtes-Formel eine Formel verstehen, die auf der in der FEM-Näherung gewählten Interpolation beruht. Daß heißt, daß der Integrand mit demselben Polynom wie die Lösung angenähert wird, und danach wird diese Polynomnäherung integriert. In Formelschreibweise:

$$\int_e \text{Int}(x)\, dx \approx \sum_{k=1}^{r} \int_e \text{Int}(x_k)\, \varphi_k(x)\, dx$$

$$= \sum_{k=1}^{r} \left\{ \int_e \varphi_k(x)\, dx \, \text{Int}(x_k) \right\}.$$

Also $w_k = \int_e \varphi_k(x)\, dx$.

(ii) Gauß-Formeln.
Gauß-Formeln sind Formeln, bei denen die Stützpunkte und Gewichte so gewählt sind, daß ein hoher Genauigkeitsgrad erreicht wird. Obwohl das Integral besser angenähert wird, fordert die Evaluierung mehr Zeit. Für einige Standardelemente werden die Gewichte und Stützpunkte von Gauß-Regeln in Tabellen gegeben (siehe [zien], [strang] und Kapitel 10).

Anwendung der Newton-Côtes-Formeln auf (5.18) gibt:

$$\int_{e_i} f(x)\, \varphi_k(x)\, \mathrm{d}x \approx \sum_{j=i-1}^{i} f(x_j)\, \delta_{kj} \int_{e_i} \varphi_j(x)\, \mathrm{d}x, \tag{5.19}$$

denn:

$$\varphi_k(x_j) = \delta_{kj} \quad \text{(vergleiche Abbildung 5.2)}.$$

Bemerkung

1. Oft führen Newton-Côtes-Regeln zu einfacheren Formulierungen als Gauß-Regeln, die Genauigkeit ist jedoch geringer. Welche Formel mehr geeignet ist, hängt von dem Diskretisierungsfehler infolge der Interpolation der Lösung ab.
   Im Abschnitt 5.4 wird eine Faustregel formuliert, die angibt, welche Genauigkeit eine Integrationsregel haben muß, damit sie den Genauigkeitsgrad der Lösung nicht vermindert.
2. Numerische Integration ist auch bei der Berechnung der Matrixelemente im Fall einer DG mit variablen Koeffizienten notwendig und kann auch für konstante Koeffizienten benutzt werden.
3. Sogar wenn es möglich wäre, die Elementen-Integrale analytisch zu berechnen, kann es doch günstig sein, diese numerisch anzunähern, weil:
   – die analytische Durchführung zeitraubend sein kann,
   – die Evaluierung der Integrale im Fall einer numerischen Integration billiger sein kann als die Evaluierung der analytischen Ausdrücke. Weil vor allem bei kleineren Problemen der Aufbau der Matrix und der rechten Seite bezüglich der gesamten Rechenzeit nicht vernachlässigbar ist, ist dieser letzte Aspekt sehr wichtig.

Übung 5.9
Man leite ab, daß der Elementenvektor im Beispiel 5.2 bei Anwendung der Newton-Côtes-Formel gegeben wird durch:

$$\mathbf{f}^{ei} = \frac{h_i}{2} \begin{bmatrix} -f(x_{i-1}) \\ -f(x_i) \end{bmatrix},$$

so daß das Gleichungssystem in Übung 5.6 bei konstanter Schrittweite h identisch zu dem System wird, das bei der Diskretisierung der DG mit der finiten Differenzenmethode (siehe Kapitel 3) entsteht, wenn man von der letzten Zeile absieht. △

86　Numerik partieller Differentialgleichungen für Ingenieure

5.2.5　Randbedingungen

In Beispiel 5.2 ist bereits beschrieben worden, wie homogene Randbedingungen berücksichtigt werden müssen.
Zusammenfassend kann festgestellt werden:
(i)　*homogene natürliche Randbedingungen* sind nicht problematisch, weil diese Randbedingungen implizit Bestandteil der Formulierung sind.
(ii)　*homogene aufgezwungene Randbedingungen* legen Parameter auf dem Rand fest. Die dazugehörenden Interpolationsfunktionen $\varphi_k(x)$ treten nicht als Basisfunktionen auf. Hierdurch erfüllen alle Basisfunktionen die aufgezwungenen Randbedingungen.

Inhomogene aufgezwungene Randbedingungen

Wir demonstrieren die Berücksichtigung von inhomogenen aufgezwungenen Randbedingungen am Beispiel 5.2, jedoch mit der Randbedingung $u(0) = 1$. Diese Bedingung legt u_0 fest, so daß bei dem Minimierungsprozeß von Ritz ausschließlich die Basisfunktionen $\varphi_1, \varphi_2, ..., \varphi_n$ eine Rolle spielen. Wir schreiben $\tilde{u}$ als:

$$\tilde{u} = \sum_{i=1}^{n} u_i\, \varphi_i(x) + u_0\, \varphi_0(x). \tag{5.20}$$

Das Minimierungsproblem wird nun gegeben durch

$$\min_{u \in \Sigma} \int_0^1 \tfrac{1}{2}\left(\frac{du}{dx}\right)^2 + uf\, dx, \tag{5.21}$$

worin Σ definiert wird durch

$$\Sigma = \{u \in C^1(0,1) \mid u(0) = 1\}. \tag{5.22}$$

Anwendung der Ritzschen Methode ergibt:

$$\sum_{k=1}^{n} u_k \int_0^1 \varphi_k'\varphi_j'\, dx = \int_0^1 f(x)\, \varphi_j(x)\, dx - u_0 \int_0^1 \varphi_0'\varphi_j'\, dx,\quad j = 1, 2 \ldots n. \tag{5.23}$$

Aus dem Zusammenhang folgt, daß inhomogene aufgezwungene Randbedingungen eine Veränderung auf der rechten Seite ergeben.
Diese Veränderung kann berechnet werden, indem in der Näherung die vorgeschriebenen Parameter mitgenommen und später auf die rechte Seite transportiert werden. Wichtig ist nur, daß nicht nach den vorgeschriebenen Parametern differenziert werden muß, so daß die Anzahl der Gleichungen

gleich der Anzahl von Unbekannten bleibt. Die Basisfunktionen $\varphi_1 \ldots \varphi_n$ genügen alle der homogenen Randbedingung.
Die praktische Berücksichtigung der aufgezwungenen Randbedingungen ist also völlig analog zu der bei Differenzenmethoden.

Inhomogene natürliche Randbedingungen

Wie wir im letzten Abschnitt gesehen haben, verändern diese das Minimierungsproblem. In zwei Dimensionen treten Randintegrale auf, in einer Dimension Terme, die die Differenz von Funktionswerten in den Intervallgrenzen beinhalten.

Übung 5.10
Man zeige, daß das Minimierungsproblem

$$\min_{u(0)=0} \int \tfrac{1}{2} \left(\tfrac{du}{dx}\right)^2 + uf \, dx - au(1) \tag{5.24}$$

übereinstimmt mit

$$\frac{d^2 u}{dx^2} = f, \tag{5.25}$$

$$u(0) = 0, \quad u'(1) = a. \tag{5.26}$$

Die Berechnung des Systems von Ritz-Gleichungen ist eine Standardaufgabe für dieses Problem. △

5.2.6 Eigenschaften der Steifigkeitsmatrix

Die Steifigkeitsmatrix, die mit Hilfe der FEM entsteht, hat eine Anzahl schöner Eigenschaften:
(i) die Matrix ist schwach besetzt und hat bei einer guten Anordnung der Unbekannten eine Bandstruktur;
(ii) unter bestimmten Umständen ist die Matrix symmetrisch und positiv definit. Dies wird in dem folgenden Satz formuliert.

Satz 5.1
Falls das Minimierungsproblem (4.34) mit der FEM gelöst wird, ist die Steifigkeitsmatrix positiv definit, wenn $c > 0$ oder wenn $\Gamma_3 \cup \Gamma_1 \neq \emptyset$. Ist $c = 0$ und $\Gamma = \Gamma_2$ (das Neumann-Problem), dann ist die Steifigkeitsmatrix positiv semidefinit.

88 Numerik partieller Differentialgleichungen für Ingenieure

Beweis

Die Koeffizienten der Steifigkeitsmatrix werden gegeben durch:

$$s_{jk} = \int_\Omega (\mathbf{grad}\ \varphi_j, A\ \mathbf{grad}\ \varphi_k) + c\varphi_j\varphi_k\ d\Omega + \int_{\Gamma_3} \sigma\varphi_j\varphi_k\ d\Gamma. \tag{5.27}$$

Man betrachte nun

$$(\mathbf{x}, S\mathbf{x}), \quad \mathbf{x} \neq 0 \in \mathbb{R}^n. \tag{5.28}$$

Dies gibt:

$$(\mathbf{x}, S\mathbf{x}) = \sum_j \sum_k s_{jk} x_j x_k \tag{5.29}$$

$$= \sum_j \sum_k x_j x_k \int_\Omega (\mathbf{grad}\ \varphi_j, A\ \mathbf{grad}\ \varphi_k) + c\varphi_j\varphi_k\ d\Omega + \int_{\Gamma_3} \sigma\varphi_j\varphi_k\ d\Gamma \tag{5.30}$$

Vertauschen wir Summation und Integration, ergibt dies

$$(\mathbf{x}, S\mathbf{x}) = \int_\Omega \left(\sum_j \mathbf{grad}\ \varphi_j x_j, A \sum_k \mathbf{grad}\ \varphi_k x_k\right) + c\left(\sum_j \varphi_j x_j\right)\left(\sum_k \varphi_k x_k\right) d\Omega$$

$$+ \int_{\Gamma_3} \sigma\left(\sum_j \varphi_j x_j, \sum_k \varphi_k x_k\right) d\Gamma. \tag{5.31}$$

Setzen wir $\sum_j \varphi_j x_j = \Phi$, erhalten wir:

$$(\mathbf{x}, S\mathbf{x}) = \int_\Omega (\mathbf{grad}\ \Phi, A\ \mathbf{grad}\ \Phi) + c\Phi^2\ d\Omega + \int_{\Gamma_3} \sigma\Phi^2\ d\Gamma. \tag{5.32}$$

Da die Matrix A für alle Punkte in Ω positiv definit ist, folgt die Behauptung sofort, wenn $c > 0$ oder wenn $\Gamma_3 \neq \emptyset$. Zugleich sehen wir auch, daß der einzige Wert von Φ, für den das innere Produkt gleich null wird, $\Phi = const.$ ist. Für das Dirichlet-Problem kann dies aber nicht auftreten. Dies ist überhaupt nicht trivial, sondern eine Folgerung des Lemmas von Poincaré (Satz 7.9), das aussagt, daß für u mit homogenen aufgezwungenen Randbedingungen auf Γ_1 die Ungleichung

$$\int_\Omega \|\mathbf{grad}\ u\|^2\ d\Omega > \gamma \int_\Omega u^2\ d\Omega \tag{5.33}$$

gilt.

Da es für die Steifigkeitsmatrix egal ist, ob die aufgezwungenen Randbedingungen homogen sind oder nicht (diese treten schließlich auf der rechten Seite auf), folgt also, wenn λ_0 der kleinste Eigenwert von A ist, daß

$$\int_\Omega (\text{grad } \Phi, A \text{ grad } \Phi) \, d\Omega \geq \lambda_0 \int_\Omega \|\text{grad } \Phi\|^2 \, d\Omega \tag{5.34}$$

$$\geq \lambda_0 \gamma \int_\Omega \Phi^2 \, d\Omega, \tag{5.35}$$

womit die Behauptung bewiesen ist. □

Bemerkung
(i) Dieser Satz demonstriert, daß eine Anzahl wichtiger Eigenschaften des ursprünglichen Problems in dem durch die FEM diskretisierten Problem verbleiben. Dies tritt insbesondere für eine Anzahl physikalischer Eigenschaften auf, wie Erhaltungssätze und ähnliches.
(ii) Viele wichtige Probleme in der Technik genügen den Bedingungen von Satz 5.1.

Übung 5.10
Man weise nach, daß die linearen Basisfunktionen $\varphi_i(x)$ linear unabhängig sind. Tip: Man gehe von der Definition der linearen Unabhängigkeit aus und setze hinterher die Koordinaten der Knotenpunkte ein. △

5.3 Praktische Berechnung von Elementmatrizen und -vektoren anhand einiger Beispiele

5.3.1 Die Poisson-Gleichung

Aus Satz 4.5 wissen wir, daß die Minimierungsprobleme

1. $$\min_u \iint_\Omega [\tfrac{1}{2} |\text{grad } u|^2 - uf] \, dx \quad \text{mit } u \mid_\Gamma = g,$$

2. $$\min_u \iint_\Omega [\tfrac{1}{2} |\text{grad } u|^2 - uf] - \oint_\Gamma hu \, d\Gamma,$$

3. $$\min_u \iint_\Omega [\tfrac{1}{2} |\text{grad } u|^2 - uf] \, d\Omega + \oint_\Gamma (\tfrac{1}{2} \sigma u^2 - ku) \, d\Gamma.$$

mit dem Poisson-Problem für Dirichlet-, Neumann- oder Robbins-Randbedingungen korrespondieren. Für diese Probleme werden wir Elementenmatrix

90 Numerik partieller Differentialgleichungen für Ingenieure

und -vektor berechnen.
Das einfachste Element im $\mathbb{R}^2$ ist das Dreieck mit den Eckpunkten als Basispunkte und einer linearen Interpolation. Die Basispunkte werden durch $x^i = (x_1^i, x_2^i)$ bezeichnet. Die dazugehörenen Basisfunktionen erfüllen die Bedingungen:

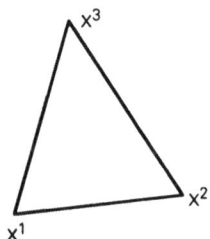

$\varphi_i(x)$ ist linear im Dreieck,

$$\varphi_i(x^j) = \delta_{ij}.$$

Ein Beispiel einer solchen linearen Basisfunktion $\varphi_i(x)$ ist in Abbildung 5.3 skizziert.

Übung 5.11
Man leite ab, daß die Elementensteifigkeitsmatrix für die Poisson-Gleichung für dieses Element gegeben wird durch:

$$S^{ei} = \begin{bmatrix} s_{11} & s_{12} & s_{13} \\ s_{21} & s_{22} & s_{23} \\ s_{31} & s_{32} & s_{33} \end{bmatrix}$$

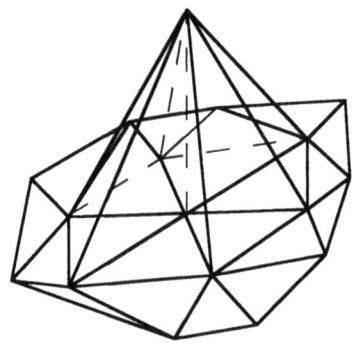

Abbildung 5.3.

mit $s_{jk} = \iint\limits_{e_i} \mathbf{grad}(\varphi_j) \cdot \mathbf{grad}(\varphi_k) \, de$.

△

Ehe die Zahlen s_{jk} berechnet werden, werden die linearen Basisfunktionen einer näheren Untersuchung unterworfen.

Definition 5.1
Unter einem Simplex im $\mathbb{R}^n$ wird die konvexe Hülle von $n + 1$ Punkten im $\mathbb{R}^n$ verstanden, demzufolge im $\mathbb{R}^1$ ein Geradenstück, im $\mathbb{R}^2$ ein Dreieck, im $\mathbb{R}^3$ ein Tetraeder usw.

Bezeichnung
Im folgenden werden die linearen Basisfunktionen für einen Simplex im $\mathbb{R}^n$ mit $\lambda_i(x)$, $i = 1, 2, \ldots, n + 1$, bezeichnet werden.

In der Literatur begegnet man diesen Basisfunktionen auch unter den Bezeichnungen Schwerpunktskoordinaten, Oberflächenkoordinaten oder Dreieckskoordinaten.

Die ersten Ableitungen der linearen Basisfunktionen $\lambda_i(x)$ in den Koordinatenrichtungen x_j sind konstant.

Die Finite-Elemente-Methode 91

Im folgenden wird die Größe e^{ij} benutzt, definiert durch:

$$e^{ij} = \Delta \frac{\partial \lambda_i}{\partial x_j}, \quad i = 1, 2, \ldots, n+1; \quad j = 1, 2, \ldots, n, \tag{5.36}$$

mit Δ der Determinante:

$$\Delta = \begin{vmatrix} 1 & x_1^1 & x_2^1 & \ldots & x_n^1 \\ 1 & x_1^2 & x_2^2 & & \\ \vdots & & & & \vdots \\ 1 & x_1^{n+1} & x_2^{n+1} & \ldots & x_n^{n+1} \end{vmatrix}. \tag{5.37}$$

Bei der Berechnung von Integralen linearer Basisfunktionen $\lambda_i(x)$ über Simplizes kann von der folgenden allgemeinen Integrationsregel Gebrauch gemacht werden:

Satz 5.2

$$\iint\limits_{\text{simplex}} \lambda_1^{m_1} \lambda_2^{m_2} \ldots \lambda_{n+1}^{m_{n+1}} \, dx = \frac{m_1! \, m_2! \ldots m_{n+1}!}{(\sum_i m_i + n)!} |\Delta|.$$

Beweis
Siehe [hol] S. 84.

Satz 5.3

$$\sum_{i=1}^{n+1} \lambda_i(x) \equiv 1.$$

Satz 5.4

$$\sum_{i=1}^{n+1} e^{ij} \equiv 0, \quad j = 1, 2, \ldots, n.$$

Beweis
Man beweise Satz 5.3 und 5.4 selbst. □

Wir werden das Vorangegangene bei der Berechnung der Werte s_{jk} (aus Übung 5.11) benutzen.

92 Numerik partieller Differentialgleichungen für Ingenieure

$\varphi_l(\mathbf{x})$ ($\equiv \lambda_l(\mathbf{x})$) kann geschrieben werden als: $\varphi_l(\mathbf{x}) = a_0^l + a_1^l x_1 + a_2^l x_2$.
Folglich ist $\mathbf{grad}(\varphi_l) = [a_1^l, a_2^l]^T$.
Aus $\varphi_l(\mathbf{x}^j) = \delta_{lj}$ folgt:

$$\begin{bmatrix} 1 & x_1^1 & x_2^1 \\ 1 & x_1^2 & x_2^2 \\ 1 & x_1^3 & x_2^3 \end{bmatrix} \begin{bmatrix} a_0^1 & a_0^2 & a_0^3 \\ a_1^1 & a_1^2 & a_1^3 \\ a_2^1 & a_2^2 & a_2^3 \end{bmatrix} = \begin{bmatrix} 1 & 0 & 0 \\ 0 & 1 & 0 \\ 0 & 0 & 1 \end{bmatrix}. \quad (5.38)$$

Dieses System ist lösbar, wenn die Koeffizientendeterminante Δ (siehe (5.37)) ungleich null ist. Aus der analytischen Geometrie ist bekannt, daß

$$|\Delta| = 2 \times \text{Oberfläche (Dreieck)}.$$

Also ist das System (5.38) lösbar, falls die Oberfläche des Dreiecks ungleich null ist.

Die Lösung von (5.38) mit der Cramerschen Regel [lip] ergibt:

$$a_1^1 = \frac{1}{\Delta}(x_2^2 - x_2^3), \qquad a_1^2 = \frac{1}{\Delta}(x_2^3 - x_2^1), \qquad a_1^3 = \frac{1}{\Delta}(x_2^1 - x_2^2), \quad (5.39)$$

$$a_2^1 = \frac{1}{\Delta}(x_1^3 - x_1^2), \qquad a_2^2 = \frac{1}{\Delta}(x_1^1 - x_1^3), \qquad a_2^3 = \frac{1}{\Delta}(x_1^2 - x_1^1).$$

Hier gilt demzufolge:

$$e^{11} = x_2^2 - x_2^3, \qquad e^{21} = x_2^3 - x_2^1, \qquad e^{31} = x_2^1 - x_2^2, \quad (5.40)$$

$$e^{12} = x_1^3 - x_1^2, \qquad e^{22} = x_1^1 - x_1^3, \qquad e^{32} = x_1^2 - x_1^1.$$

Mit anderen Worten

$$s_{kj} = \frac{1}{\Delta^2} \int_{e^i} e^{k1} e^{j1} + e^{k2} e^{j2} \, dx$$

und mit Satz 5.2

$$s_{kj} = \frac{1}{2|\Delta|}(e^{k1} e^{j1} + e^{k2} e^{j2}),$$

$$\Delta = (x_1^2 - x_1^1)(x_2^3 - x_2^2) - (x_2^2 - x_2^1)(x_1^3 - x_1^1). \quad (5.41)$$

Für die Betrachtungen im $\mathbb{R}^3$ siehe Kapitel 10.

Die Finite-Elemente-Methode

Übung 5.12
Man zeige mit Hilfe von Satz 5.2, daß die Newton-Côtes-Formel, die zu dem linearen Element im $\mathbb{R}^2$ gehört, gegeben wird durch:

$$\int_e \text{Int}(x)\, dx = \frac{|\Delta|}{6} [\text{Int}(x^1) + \text{Int}(x^2) + \text{Int}(x^3)]. \tag{5.42}$$

Man leite ab, daß hieraus folgt, daß der Elementenvektor gegeben wird durch:

$$\mathbf{f}^{ei} = \frac{|\Delta|}{6} \begin{bmatrix} f(x^1) \\ f(x^2) \\ f(x^3) \end{bmatrix}. \tag{5.43}$$

△

5.3.2 Neumann- und Robbins-Problem (Linienelemente)

Sowohl im Neumann- als im Robbins-Problem müssen Randintegrale berechnet werden. Diese Randintegrale liefern ausschließlich einen Beitrag in den Elementenmatrizen und -vektoren, die zu den Elementen gehören, deren Rand teilweise mit dem Rand Γ zusammenfällt. Ein Nachteil hiervon ist, daß die Randelemente andere Elementenmatrizen und -vektoren ergeben als die Elemente im Inneren. Programmtechnisch bedeutet das, daß immer gespeichert werden muß, welche der Punkte auf dem Rand liegen und welche nicht. Ein alternative (programmtechnische) Lösung ist die folgende:
(i) Man beziehe die Dreiecke ausschließlich auf Volumen-Integrale, so daß die dazugehörenden Elementmatrizen für das Dirichlet-, das Neumann- und das Robbins-Problem identisch sind.
(ii) Man führe neue sogenannte 'Randelemente' ein, die auf die Linienintegrale Bezug haben. Diese Randelemente fallen mit den Seiten der Randdreiecke zusammen und der Interpolationsgrad bleibt derselbe.
Der Beitrag der Randintegrale an den Gleichungen kann auf die übliche Weise in Elementenmatrizen und -vektoren gespeichert werden.
Für das lineare Dreieck wird dieses Randelement ein Linienelement mit den zwei Eckpunkten als Basispunkte.

Aufgabe
Man zeige, daß das System von Ritz-Gleichungen für das Neumann-Problem lautet:

$$\sum_{j=1}^{n} u_j \int_\Omega \mathbf{grad}\,(\varphi_i) \cdot \mathbf{grad}\,(\varphi_j)\, d\Omega = \int_\Omega f\varphi_i\, d\Omega + \oint_\Gamma h\varphi_i\, d\Gamma.$$

Wir sehen, daß nur die rechte Seite ein Linienintegral enthält. Programmtechnisch berücksichtigen wir dies wie folgt:

Der Beitrag an der Elementenmatrix des Liniensegments ist gleich null, während der Elementenvektor im linearen Fall, berechnet mit der Newton-Côtes-Formel, gleich

$$\mathbf{f}^{\prime ei} = \frac{l}{2} \begin{vmatrix} h(x^1) \\ h(x^2) \end{vmatrix}$$

ist mit l der Länge des Element e_i:

$$l = ((x_1^2 - x_1^1)^2 + (x_2^2 - x_2^1)^2)^{1/2} \quad (e_i \text{ ist Linienelement!}) \qquad \triangle$$

Übung 5.13
Man leite obenstehende Formel ab.
Man argumentiere, warum Satz 5.2 einfach anwendbar ist. $\qquad \triangle$

Übung 5.14
Man berechne Elementenmatrix und -vektor für das Randelement, das zu dem Robbins-Problem gehört. $\qquad \triangle$

Bemerkung
Die oben eingeführte Technik von Randelementen ist im $\mathbb{R}^n$ allgemein anwendbar.

5.3.3 Quadratisches Element

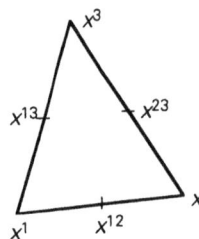

Ein etwas genaueres Element im $\mathbb{R}^2$ ist das *quadratische Element*. Dies ist ein Dreieck mit als Basispunkten den drei Eckpunkten und den Seitenmittelpunkten des Dreiecks. Die Basispunkte werden bezeichnet durch:

$$\mathbf{x}^i = (x_1^i, x_2^i) \quad \text{Eckpunkte,}$$

$$\mathbf{x}^{ij} = (x_1^{ij}, x_2^{ij}) \quad \text{Mittelpunkte der Seiten } (x^i, x^j).$$

Die dazugehörenden Basisfunktionen genügen den Bedingungen:

$$\varphi_i(\mathbf{x}) \text{ und } \varphi_{ij}(\mathbf{x}) \quad \text{sind quadratisch im Dreieck,}$$

$$\varphi_i(\mathbf{x}^j) = \delta_{ij}, \quad \varphi_i(\mathbf{x}^{kj}) = 0, \qquad (5.44)$$

$$\varphi_{ij}(x^k) = 0, \qquad \varphi_{ij}(x^{kl}) = \delta_{ij\,kl}.$$

Um die Elementenmatrizen und -vektoren berechnen zu können, müssen die Basisfunktionen φ_i berechnet werden.
Es ist i.allg. günstig, diese in den linearen Basisfunktionen $\lambda_i(x)$ auszudrücken.

Dies kann wie folgt getan werden:

(i) Eckpunkte x^i:
Wegen $\varphi_i(x^j) = \delta_{ij}$ liegt es auf der Hand, die Funktion $\varphi_i = \lambda_i v_i$ mit einer linearen Funktion v_i auszuprobieren.
Aus $\varphi_i(x^i) = \delta_{ij}$ folgt $v_i(x^i) = 1$.
Aus $\varphi_i(x^{jk}) = 0$ folgt $v_i(x^{jk}) = 0$, wenn $j = i$ oder $k = i$,
oder auch $v_i(x^i) = 1$, $v_i(x^j) = -1$ ($j \neq i$), also $v_i(x) = \lambda_i - \lambda_j - \lambda_k = 2\lambda_i - 1$ (Satz 5.3), $i \neq j, j \neq k, i \neq k$.

(ii) Mittelpunkte x^{ij}:
Wegen $\varphi_{ij}(x^k) = 0$ und $\varphi_{ij}(x^{kl}) = 0$ für $ij \neq kl$ gilt $\varphi_{ij} = 0$ entlang der Seiten ik und jk ($k \neq i, k \neq j$).
$\varphi_{ij} = \alpha \lambda_i \lambda_j$ genügt diesen Forderungen.
Mit $\varphi_{ij}(x^{ij}) = 1$ folgt $\alpha = 4$.

Zusammenfassung: Die quadratischen Basisfunktionen können elementweise in den linearen Basisfunktionen ausgedrückt werden durch:

$$\varphi_i = \lambda_i(2\lambda_i - 1), \tag{5.45}$$

$$\varphi_{ij} = 4\lambda_i \lambda_j.$$

Übung 5.15
a) Man zeige, daß die Newton-Côtes-Formel für das quadratische Element gegeben wird durch:

$$\int_e \text{Int}(x) \, dx = \frac{|\Delta|}{6} [\text{Int}(x^{23}) + \text{Int}(x^{13}) + \text{Int}(x^{12})]. \tag{5.46}$$

Man benutze (5.19) und Satz 5.2.

b) Man berechne mit Hilfe der Newton-Côtes-Formel Elementenmatrix und -vektor für das Poisson-Problem im Fall eines quadratischen Elements.
Man benutze Formel (5.45). △

5.3.4 Kreissymmetrie

Falls wir die Laplace-Gleichung auf einem Kreis mit kreissymmetrischen Randbedingungen lösen wollen, können wir zwei Dinge tun:
a) die Gleichung in Polarkoordinaten transformieren und das eindimensionale Problem lösen;
b) kreissymmetrische Elemente einführen.

Methode (a) wird immer bei einer Differenzenmethode angewendet.

Übung 5.16
Man gebe die Diskretisierung der Gleichung $\Delta u = f(r)$ mit $u|_\Gamma = u_0$ (konstant) auf einem Gebiet $\Omega: \{x \in \mathbb{R}^2 \mid x^2 + y^2 < 1\}$ durch Übergang auf Polarkoordinaten (Differenzenmethode) an. Welche Bedingung muß im Punkt $r = 0$ formuliert werden? △

Methode (b) liegt im Fall der FEM auf der Hand. Als Elemente werden Kreisringe genommen (siehe Abbildung 5.4).
Auch die Basisfunktionen werden kreissymmetrisch genommen (siehe Abbildung 5.5).

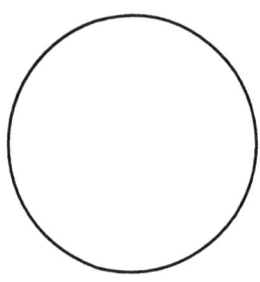

Abbildung 5.4.

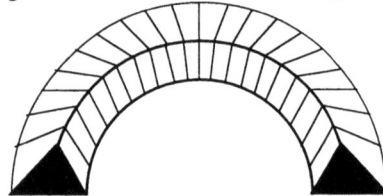

Abbildung 5.5.

Die Elementenmatrix wird:

$$S^{ek} = \begin{bmatrix} s_{11} & s_{12} \\ s_{21} & s_{22} \end{bmatrix}$$

mit

$$s_{ji} = \int_{e_k} \nabla \varphi_i \cdot \nabla \varphi_j \, dxdy.$$

Übergang auf Polarkoordinaten ($x = r \cos \vartheta, y = r \sin \vartheta$) gibt:

$$\nabla \varphi_i = \left[\frac{\partial \varphi_i}{\partial x}, \frac{\partial \varphi_i}{\partial y}\right]^T = \left[\cos \vartheta \frac{\partial \varphi_i}{\partial r}, \sin \vartheta \frac{\partial \varphi_i}{\partial r}\right]^T \quad \left(\text{schließlich } \frac{\partial \varphi_i}{\partial \vartheta} = 0\right),$$

demzufolge

$$\nabla \varphi_i \cdot \nabla \varphi_j = \frac{\partial \varphi_i}{\partial r} \frac{\partial \varphi_j}{\partial r},$$

Die Finite-Elemente-Methode 97

$$s_{ji} = \iint_{e_k} \frac{\partial \varphi_i}{\partial r} \frac{\partial \varphi_j}{\partial r} |J| \, dr \, d\vartheta$$

mit

$$|J| = \begin{vmatrix} \frac{\partial x}{\partial r} & \frac{\partial x}{\partial \vartheta} \\ \frac{\partial y}{\partial r} & \frac{\partial y}{\partial \vartheta} \end{vmatrix} = \begin{vmatrix} \cos \vartheta & -r \sin \vartheta \\ \sin \vartheta & r \cos \vartheta \end{vmatrix} = r$$

oder auch

$$s_{ji} = 2\pi \int_{r_{k-1}}^{r_k} r \frac{\partial \varphi_i}{\partial r} \frac{\partial \varphi_j}{\partial r} \, dr.$$

Übung 5.17
Man berechne die Elementenmatrix für den Fall von linearen Basisfunktionen (in der r-Richtung).
Man benutze die Formeln (5.36) und (5.42). △

5.3.5 Eine auf ihrer Fläche belastete flache Platte

Man betrachte die Platte von Abbildung 2.3. Die potentielle Energie wird gegeben durch den Ausdruck:

$$\frac{1}{2} \int_\Omega (\sigma_x \varepsilon_x + \sigma_y \varepsilon_y + 2\tau_{xy} \gamma_{xy}) d\Omega - \int_\Omega \rho(b_1 u + b_2 v) d\Omega - \int_{BDA} (t_1 u + t_2 v) d\Gamma \quad (5.47)$$

(siehe [breb], Seite 20-22).
Das erste Integral gibt einen Ausdruck für die Veränderung der inneren Energie, die letzten zwei geben die Arbeit an, die durch äußere Kräfte verrichtet wird.

Übung 5.18
Man zeige, daß der Ausdruck (5.47) für die potentielle Energie mit Hilfe der Formeln (2.13) und (2.14) zu schreiben ist als:

$$U_{\text{pot}} = \frac{1}{2} \int \left[A \frac{\partial u}{\partial x} \left(\frac{\partial u}{\partial x} + v \frac{\partial v}{\partial y} \right) + B \left(\frac{\partial u}{\partial y} + \frac{\partial v}{\partial x} \right) \left(\frac{\partial u}{\partial y} + \frac{\partial v}{\partial x} \right) \right.$$
$$\left. + A \frac{\partial v}{\partial y} \left(v \frac{\partial u}{\partial x} + \frac{\partial v}{\partial y} \right) \right] d\Omega - \int_\Omega \rho(b_1 u + b_2 v) d\Omega - \int_{BDA} (t_1 u + t_2 v) d\Gamma \quad (5.48)$$

mit $A = E/(1-v^2)$ und $B = E/(2(1+v))$.

98   Numerik partieller Differentialgleichungen für Ingenieure

Man weise nach, daß die Minimierung der potentiellen Energie unter der Bedingung $u = v = 0$ entlang der Seite ACB äquivalent ist mit der Lösung der PDGen aus Abschnitt 2.1.1.4 mit den Randbedingung aus Übung 2.3.   △

Um die FEM anzuwenden, schreiben wir die Näherung für u und v als

$$\tilde{u} = \sum_{j=1}^{n} u_j \varphi_j, \qquad \tilde{u} = 0 \text{ auf } ACB,$$

$$\tilde{v} = \sum_{j=1}^{n} v_j \varphi_j, \qquad \tilde{v} = 0 \text{ auf } ACB.$$

Dann folgt aus der Minimierung der potentiellen Energie:

$$\frac{\partial U_{\text{pot}}(\tilde{u},\tilde{v})}{\partial u_i} = 0,$$

also:

$$\int_\Omega \{A[\tilde{u}_x(\varphi_i)_x + \tilde{v}_y(\varphi_i)_x] + B[\tilde{u}_y(\varphi_i)_y + \tilde{v}_x(\varphi_i)_y] - \rho b_1 \varphi_i\} d\Omega = \int_{BDA} t_1 \varphi_i \, d\Gamma \quad (5.49)$$

und

$$\frac{\partial U_{\text{pot}}(\tilde{u},\tilde{v})}{\partial v_i} = 0,$$

folglich:

$$\int_\Omega \{A[v\tilde{u}_x(\varphi_i)_y + \tilde{v}_y(\varphi_i)_y] + B[\tilde{u}_y(\varphi_i)_x + \tilde{v}_x(\varphi_i)_x] - \rho b_2 \varphi_i\} d\Omega = \int_{BDA} t_2 \varphi_i \, d\Gamma. \quad (5.50)$$

Elementenmatrix und -vektor können wir aufteilen in:

$$S^e = \begin{bmatrix} S^e_{uu} & S^e_{uv} \\ S^e_{vu} & S^e_{vv} \end{bmatrix} \quad \mathbf{f}^e = \begin{bmatrix} \mathbf{f}^e_u \\ \mathbf{f}^e_v \end{bmatrix},$$

Hierbei haben die erste Zeile und Spalte Bezug auf die unbekannten u und die zweite auf die unbekannten v.

Übung 5.19
Man berechne Elementensteifigkeitsmatrix und -vektor für dieses Problem und benutze dreieckige Elemente und lineare Interpolation. Man führe für die Berechnung der Randintegrale Linienelementen ein und berechne hierfür eine Elementenmatrix und einen -vektor.
Hinweis: Man benutze die Formeln (5.36) und (5.42).   △

5.4 Globaler Fehler

Im Vorangegangenen ist die FEM behandelt worden, und es wurden einige Elemente genannt, ohne daß irgendeine Bedingung an ein solches Element gestellt wurde. Es ist einsichtig, daß nicht jedes beliebige Element für jedes Problem benutzt werden kann. Eine wichtige zu erfüllende Bedingung ist die sogenannte *Kompatibilitätsbedingung*.

Man betrachte zum Beispiel das Gleichungssystem, das bei der Anwendung der FEM auf die Poisson-Gleichung entsteht:

$$\sum_{i=1}^{N} u_i \int_{\Omega} \operatorname{grad} \varphi_i \operatorname{grad} \varphi_j \, d\Omega = \int_{\Omega} f\varphi_j \, dx\Omega \; , j = 1, \ldots, N, \quad (5.51)$$

wobei φ_i die i-te Basisfunktion ist. Eine notwendige Bedingung ist selbstverständlich, daß der Ausdruck (5.51) Sinn hat. Die Ableitung höchster Ordnung, die in diesem Ausdruck vorkommt, ist die erste Ableitung.

Falls die Basisfunktion φ_i ein stückweise stetiges Polynom ist, dann besteht die erste Ableitung aus stückweisen Polynomen mit Sprüngen. Die Integrationen können ausgeführt und (5.51) berechnet werden. Falls jedoch die Basisfunktionen $\varphi_i(x)$ Sprünge enthalten (zum Beispiel über die Elementränder), dann enthält die erste Ableitung Deltafunktionen. In diesem Fall kann der Ausdruck (5.51) nicht mehr einfach berechnet werden. Dies führt zu der folgenden Kompatibilitätsbedingung.

Definition 5.2
Eine Basisfunktion φ heißt *kompatibel* in bezug auf ein Minimierungsproblem, in dem Ableitungen mit der höchsten Ordnung k vorkommen, falls:
i. φ stückweise k mal differenzierbar ist,
ii. φ $(k-1)$ mal stetig differenzierbar ist.

Definition 5.3
Ein Element mit dazugehörendem Interpolationspolynom heißt *konform* in bezug auf ein Minimierungsproblem, falls die Basisfunktionen, die durch den Elementtyp generiert werden, kompatibel sind.

Bemerkungen

(i) Für das Minimierungsproblem, das zur Poisson-Gleichung gehört, ist ein Element also konform, wenn die Basisfunktionen über das gesamte Gebiet Ω stetig sind, d.h. auch stetig über den Elementrand. Für die biharmonische Gleichung müssen die Basisfunktionen stetig differenzierbar sein. Im $\mathbb{R}^n$ $(n > 1)$ ist das eine schwerwiegende Forderung.

(ii) Elemente, die nicht konform sind, geben nicht immer richtige Antworten. Trotzdem werden sie für Probleme benutzt, wo in dem Integral zweite Ableitungen vorkommen (biegende Platten, Balken u.a.), weil es zuviel Mühe bereitet, konforme Elemente zu konstruieren. Eine notwendige Bedingung für Konvergenz wird durch den sogenannten 'Patchtest von Irons' gegeben. Dieser wird im Kapitel 8 beschrieben.

Übung 5.20
Man zeige, daß das lineare Element für die Poisson-Gleichung konform ist. △

Es ist möglich, für konforme Elemente eine Fehlerabschätzung zu geben:

Faustregel 5.1

Gegeben sei das elliptische Problem $Lu = 0$ auf Ω mit den Randbedingungen $Ru = 0$, das auf $\partial\Omega$ korrekt gestellt ist. Weiterhin bestehe auf L ein äquivalentes Minimierungsproblem (zum Beispiel wie in Satz 4.5). Falls die FEM mit Hilfe von konformen Elementen angewandt und außerdem einer geometrischen Bedingung (Bemerkung ii, s.u.) genügt wird, gilt für den Fehler $u - u^h$ (u^h ist die FEM-Näherung von u)

$$|u - u^h| \leq C h^{k+1}$$

C ist eine Funktion der Gestalt des Gebietes und der (k+1)-ten Ableitung von u, aber nicht von h; h ist ein spezifischer Durchmesser der Elemente und k der angewandte Interpolationsgrad.

Bemerkungen
(i) Obenstehende Faustregel ist nur gültig, falls die Integrationen exakt ausgeführt werden und das gesamte Gebiet Ω in Elemente aufgeteilt wird. Für numerische Integration siehe (5.18). In der Praxis wird Ω erst durch ein Gebiet Ω_h angenähert. Faustregel 5.1 bleibt nur gültig, wenn die Näherung von Ω durch Ω_h derselben Ordnung h^{k+1} ist. Es hat also keinen Sinn, Interpolationen höheren Grades anzuwenden als der Rand linear genähert wird.
Wie genau die numerische Integration sein muß, damit der Fehler der Ordnung h^{k+1} bleibt, wird in Faustregel 5.2 formuliert.
(ii) Geometrische Bedingung: eine notwendige Bedingung für die Gültigkeit der Faustregel 5.1 ist, daß die Elemente nicht degenerieren. Für Dreiecke im $\mathbb{R}^2$ bedeutet das zum Beispiel, daß der größte Winkel nicht zu dicht bei 180° liegen darf.

Faustregel 5.2

Gegeben sei das elliptische Problem $Lu = 0$ auf Ω mit den Randbedingungen $Ru = 0$ und den Forderungen von Faustregel 5.1, das der Ordnung $2m$ ist. Die Fehlerabschätzung von Faustregel 5.1 bleibt gültig, falls die numerische Integration für die Polynome des Grades $2k - 2m$ exakt ist.

Bemerkungen

(i) Faustregeln können in einigen Fällen streng bewiesen werden, siehe u.a. Kapitel 6.
(ii) In Faustregel 5.2 wurde von Interpolation mit einem vollständigen Polynom des Grades k ausgegangen. Falls auch Terme höheren Grades in der Interpolation vorkommen, gelten andere Forderungen (siehe [ciar]).
(iii) Für eine Übersicht einiger numerischer Integrationsregeln siehe Kapitel 6.
(iv) Aus der Faustregel folgt, daß die Newton-Côtes-Formeln für elliptische Differentialgleichungen zweiter Ordnung nur im Fall von linearen ($k = 1$) und quadratischen ($k = 2$) Elementen angewendet werden dürfen. Für Elemente höheren Grades müssen Gauß-Regeln angewendet werden.

5.5 Ordnungsreduktion mit partieller Integration

Bei der Näherung mit konformen Elementen ist klar, je höhere Ableitungen in dem Minimierungsproblem vorkommen, desto höhere Forderungen an Stetigkeit und Differenzierbarkeit müssen gestellt werden. Im allgemeinen kostet dies beträchtliche Mühe. Darum wird mit Hilfe von partiellen Integrationen (Satz von Gauß im $\mathbb{R}^n$) danach gestrebt, die Ordnung der höchsten Ableitung so klein wie möglich zu machen. Ein Beispiel hiervon sahen wir im Satz 4.5, wo die Poisson-Gleichung (zweiter Ordnung) reduziert wurde zu einem Minimierungsproblem erster Ordnung der Form:

$$\min \int_\Omega \tfrac{1}{2} |\mathbf{grad}\, u|^2 - uf \, dx.$$

Analog kann die biharmonische Gleichung ein Minimierungsproblem der zweiten anstelle der vierten Ordnung ergeben.

5.5.1 Einige Beispiele von Problemen vierter Ordnung

Die biharmonische Gleichung

Übung 5.21
Man zeige, daß das Dirichlet-Problem aus § 2.1.1.3 dem folgenden Minimierungsproblem entspricht:

$$\min_{w} [\iint_{\Omega} (\Delta w)^2 \, d\Omega - 2\iint_{\Omega} wf \, d\Omega]$$

mit

$$w|_\Gamma = 0, \quad \frac{\partial w}{\partial n}|_\Gamma = 0. \qquad \triangle$$

Um dieses Problem mit konformen Elementen zu lösen, ist es notwendig, die Stetigkeit der ersten Ableitung zu fordern.
Im $\mathbb{R}^1$ ist dieser Forderung recht einfach zu genügen (Abschnitt 5.5.2), im $\mathbb{R}^2$ ist dies schon ein Stück schwieriger.
Man kann beweisen, daß für ein Dreieck mindestens ein Polynom fünften Grades für die Stetigkeit der ersten Ableitung nötig ist, zumindestens wenn man sich auf vollständige Polynome beschränkt.
Ein aus der Literatur bekanntes Element, entwickelt durch (neben anderen) Argyris, Bosshard, Bell, Visser und Irons (1968) ist das folgende:
In den Eckpunkten werden als Parameter die Funktionwerte w, die ersten Ableitungen w_x und w_y und die zweiten Ableitungen w_{xx}, w_{yx}, w_{xy}, w_{yy} genommen.
In den Mittelpunkten der Seiten reichen die Ableitungen in Normalenrichtung. Dies liefert genau die 21 Parameter, die nötig sind, um ein vollständiges Polynom fünften Grades in zwei Variablen festzulegen. Um zu demonstrieren, daß dieses Element stetig differenzierbare Funktionen liefert, unterscheiden wir zwischen der Tangentialrichtung **t** und der Normalenrichtung **n**.
Die Werte der Funktion bzw. der ersten und zweiten Ableitungen in den Eckpunkten können auch in $w, w_t, w_n, w_{nn}, w_{tn}$ und w_{tt} übersetzt werden.

Um die Stetigkeit zu betrachten, schauen wir entlang einer beliebigen Seite des Dreiecks. Hier wird das Polynom zu einem Polynom fünften Grades in Tangentialrichtung reduziert. Weil dieses Polynom vollständig durch die sechs Parameter w, w_t und w_{tt} in den zwei Eckpunkten bestimmt wird, ist es identisch für zwei angrenzende Dreiecke. Hieraus folgt die Stetigkeit.
Die Stetigkeit der ersten Ableitung in Tangentialrichtung folgt unmittelbar aus der Stetigkeit der Ableitung des Polynoms.

Die Finite-Elemente-Methode 103

Die Stetigkeit der ersten Ableitungen in Normalenrichtung entlang einer Seite folgt aus der Tatsache, daß:
(i) die erste Ableitung in Normalenrichtung zu einem Polynom vierten Grades reduziert wird.
(ii) dieses Polynom vollständig bestimmt wird durch die fünf Parameter w_n, w_{nn} in den Eckpunkten und w_n in den Mittelpunkten der Seiten.

Dieses Element wird hier nicht weiter ausgeführt, aber im Kapitel 10 wird hier näher darauf eingegangen (siehe auch [mitch] S. 70).
Auch andere in der Literatur vorkommende Elemente werden im Kapitel 10 behandelt.

Ein alternativer, in der Statik oft benutzter Ansatz der biharmonischen Gleichung wird in Kapitel 8 behandelt.

5.5.2 Biegende Stäbe, verbunden durch ein Scharnier

Man betrachte das Beispiel aus Abschnitt 2.1.1.2.

Übung 5.22
Man zeige, daß das zu diesem Beispiel gehörende Minimierungsproblem geschrieben werden kann als

$$\min_{w} \left[\int_0^{l_1} \{EI \left(\frac{d^2w}{dx^2}\right)^2 + kw^2 - 2qw\} dx + \int_{l_1}^{l_2} \{EI \left(\frac{d^2w}{dx^2}\right)^2 + kw^2 - 2qw\} dx \right]$$

unter den Bedingungen

$$w(0) = w(l_2) = 0,$$

$$\frac{dw}{dn}(0) = \frac{dw}{dn}(l_2) = 0,$$

$$\lim_{x \uparrow l_1} w(x) = \lim_{x \downarrow l_1} w(x).$$

Um die FEM anzuwenden, müssen wir stetig differenzierbare Basisfunktionen benutzen. Dazu wird das folgende Element gewählt:
Als Interpolationspolynom wird ein Polynom dritten Grades mit den Parametern w und w_x in den Eckpunkten des Elements genommen.

Übung 5.23
Man zeige, daß das Interpolationspolynom pro Element geschrieben werden

kann als
$$\tilde{w}(x) = \sum_{i=1}^{2} w_i \varphi_{i0}(x) + \sum_{i=1}^{2} (w_x) \varphi_{i1}(x)$$
mit
$$\varphi_{i0}(x^j) = \delta_{ij}, \quad \frac{d\varphi_{i0}}{dx}(x^j) = 0,$$

$$\varphi_{i1}(x^j) = 0, \quad \frac{d\varphi_{i1}}{dx}(x^j) = \delta_{ij};$$

φ_{i0} und φ_{i1} sind Polynome dritten Grades.

Man drücke die Basisfunktionen φ_{i0} und φ_{i1} in linearen Basisfunktionen $\lambda_i(x)$ aus. △

Übung 5.24
Man leite Elementenmatrix und -vektor für das obenstehende Element ab. Wie muß der Scharnierpunkt behandelt werden? △

5.6 Isoparametrische Transformationen

Für Linienelemente im $\mathbb{R}^1$ und dreieckigen Elementen im $\mathbb{R}^2$ (und i.allg. *Simplizes* im $\mathbb{R}^n$) sind die Basisfunktionen eines beliebigen Grades immer in linearen Basisfunktionen auszudrücken. Für die Berechnung von Elementenmatrizen und -vektoren können wir dann von der Integrationsregel aus Satz 5.2 profitieren. Haben die Elemente eine andere Form, ist dies nicht mehr möglich. Man denke an viereckige Elementen oder Dreiecke mit wenigstens einem krummen Rand.
Man transformiert dann das Element mit einer Koordinatentransformation $x,y \to \xi,\eta$ auf ein *Standardelement*.

Man spricht von einer isoparametrischen Transformation, falls die folgenden Eigenschaften erfüllt sind:
1. Die Knotenpunkte $x_0, x_1, \ldots, x_k$ werden auf feste Punkte $\xi_0, \xi_1, \ldots, \xi_k$ transformiert (d.h., diese Punkte sind für alle Elemente dieselben).
2. Es seien in der transformierten Fläche bei den Knotenpunkten Basisfunktionen $\varphi_1, \varphi_2, \ldots, \varphi_k$ gegeben. Dann wird die Transformation $\xi,\eta \to x,y$ gegeben durch

Die Finite-Elemente-Methode 105

$$x = \sum_{l=0}^{k} x_l \, \varphi_l(\xi,\eta). \tag{5.52}$$

und die Interpolation durch

$$u(x) = \sum_{l=0}^{k} u_l \varphi_l(\xi,\eta) \tag{5.53}$$

Für Transformation und Interpolation werden also dieselben Basisfunktionen benutzt.

5.6.1 Bilineares viereckiges Element

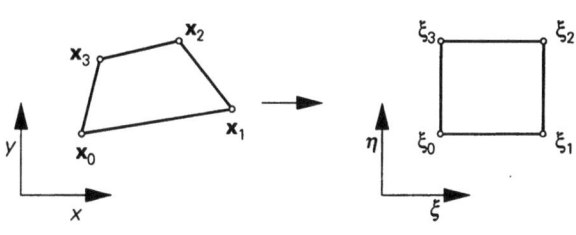

Abbildung 5.6.

Man betrachte das viereckige Element in Abbildung 5.6.
Wir transformieren dieses auf das Standardquadrat $(0,1) \times (0,1)$ so, daß

$x_0 \to (0,0)$,
$x_1 \to (1,0)$,
$x_2 \to (1,1)$
und $x_3 \to (0,1)$

In der (ξ,η)-Fläche nehmen wir die bilinearen Basisfunktionen

$$\varphi_0 = (1-\xi)(1-\eta), \; \varphi_1 = \xi(1-\eta), \; \varphi_2 = \xi\eta \; \text{und} \; \varphi_3 = (1-\xi)\eta. \tag{5.54}$$

Man beachte, daß durch die Transformation (5.52) tatsächlich die geraden Ränder des Standardelements in die geraden Ränder des Elements in der x,y-Fläche übergehen und daß durch die Interpolation (5.53) die Funktion $u(x)$ auf einem Rand zu einer geraden Linie reduziert wird, die durch die Werte von u in *zwei* Knotenpunkten vollständig bestimmt wird. Die so genäherte Funktion ist folglich über die Elementränder hinaus stetig. Dies ergibt demzufolge ein konformes Element für z.B. die Laplace-Gleichung. Ein bilineares Polynom in den *ursprünglichen* Koordinaten kann i.allg. nicht der Konformitäts-Forderung genügen.

Es muß noch kontrolliert werden, ob die Abbildung nicht *singulär* ist, d.h. ob mit allen x in dem Viereck ein eindeutiges ξ korrespondiert. (Die Abbildung $\xi \to x$ ist natürlich korrekt definiert).

Dazu muß gelten, daß die Jacobi-Determinante nicht gleich null ist. Es gilt:

106 Numerik partieller Differentialgleichungen für Ingenieure

$$J = \det \begin{pmatrix} \dfrac{\partial x}{\partial \xi} & \dfrac{\partial x}{\partial \eta} \\ \dfrac{\partial y}{\partial \xi} & \dfrac{\partial y}{\partial \eta} \end{pmatrix}. \tag{5.55}$$

Mit (5.52) finden wir

$$x = x_0(1-\xi)(1-\eta) + x_1\xi(1-\eta) + x_2\xi\eta + x_3(1-\xi)\eta$$

$$= x_0 + (x_1 - x_0)\xi + (x_3 - x_0)\eta + (x_2 - x_3 - x_1 + x_0)\xi\eta,$$

$$y = y_0 + (y_1 - y_0)\xi + (y_3 - y_0)\eta + (y_2 - y_3 - y_1 + y_0)\xi\eta, \tag{5.56}$$

also

$$J = \det \begin{pmatrix} x_1 - x_0 + A_x\eta & x_3 - x_0 + A_x\xi \\ y_1 - y_0 + A_y\eta & y_3 - y_0 + A_y\xi \end{pmatrix}$$

$$= (x_1 - x_0 + A_x\eta)(y_3 - y_0 + A_y\xi) - (x_3 - x_0 + A_x\xi)(y_1 - y_0 + A_y\eta) \tag{5.57}$$

mit

$$A_x = x_2 - x_3 - x_1 + x_0 \quad \text{und} \quad A_y = y_2 - y_3 - y_1 + y_0.$$

Die Terme zweiten Grades heben sich in J gegenseitig auf, folglich ist J linear. Wenn J in allen Eckpunkten dasselbe Vorzeichen hat, kann es im inneren nicht gleich null sein. Man betrachte $J_{(0,0)} = (x_1 - x_0)(y_3 - y_0) - (x_3 - x_0)(y_1 - y_0)$.
Für ein äußeres Produkt $\mathbf{v}_1 \times \mathbf{v}_2$ gilt:

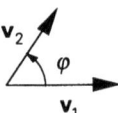

$$\mathbf{v}_1 \times \mathbf{v}_2 = \|\mathbf{v}_1\| \|\mathbf{v}_2\| \sin \varphi;$$

es ist also positiv, wenn der Winkel in entgegengesetzter Uhrzeigerrichtung $< \pi$ ist.

Abbildung 5.7.
Wenn wir dies auf unsere Jacobi-Determinante anwenden, finden wir, daß im Punkt (0,0) der eingeschlossene Winkel $< \pi$ sein muß. Das gleiche gilt für alle anderen Winkel.

Schlußfolgerung

Für alle *konvexe* Vierecke ist die angegebene Transformation regulär, aber ein bumerangförmiges Viereck ist verboten.

Für diese Transformation berechnen wir die Steifigkeitsmatrix der Laplace-

Die Finite-Elemente-Methode

Gleichung:

$$s_{kl}^e = \int_e \nabla \Phi_k \nabla \Phi_l \, de = \int_0^1\int_0^1 \nabla \Phi_k \cdot \nabla \Phi_l \, |J| \, d\eta \, d\xi. \tag{5.58}$$

Es gilt

$$\frac{\partial \Phi_k}{\partial x} = \frac{\partial \Phi_k}{\partial \xi}\frac{\partial \xi}{\partial x} + \frac{\partial \Phi_k}{\partial \eta}\frac{\partial \eta}{\partial x},$$

$$\frac{\partial \Phi_k}{\partial y} = \frac{\partial \Phi_k}{\partial \xi}\frac{\partial \xi}{\partial y} + \frac{\partial \Phi_k}{\partial \eta}\frac{\partial \eta}{\partial y}. \tag{5.59}$$

Die Matrix

$$\begin{pmatrix} \frac{\partial \xi}{\partial x} & \frac{\partial \xi}{\partial y} \\ \frac{\partial \eta}{\partial x} & \frac{\partial \eta}{\partial y} \end{pmatrix}$$

ist genau die Inverse von

$$\begin{pmatrix} \frac{\partial x}{\partial \xi} & \frac{\partial x}{\partial \eta} \\ \frac{\partial y}{\partial \xi} & \frac{\partial y}{\partial \eta} \end{pmatrix},$$

die wir schon in (5.56) ausgerechnet hatten.
Es gilt also:

$$\Xi_x = \begin{pmatrix} \frac{\partial \xi}{\partial x} & \frac{\partial \xi}{\partial y} \\ \frac{\partial \eta}{\partial x} & \frac{\partial \eta}{\partial y} \end{pmatrix} = \frac{1}{J}\begin{pmatrix} y_3 - y_0 + A_y\xi & -(x_3 - x_0 + A_x\xi) \\ -(y_1 - y_0 + A_y\eta) & x_1 - x_0 + A_x\eta \end{pmatrix}$$

und hiermit

$$\nabla_x \Phi_k = \Xi_x^T \nabla_\xi \Phi_k;$$

eingesetzt in (5.58) gibt dies:

108 Numerik partieller Differentialgleichungen für Ingenieure

$$s^e_{kl} = \int_0^1\int_0^1 \nabla_\xi \Phi_k \, \Xi_x \Xi_x^T \, \nabla_\xi \Phi_l \, |J| \, d\xi \, d\eta \tag{5.60}$$

und wegen

$$\Xi_x \Xi_x^T = \frac{1}{J^2}\begin{pmatrix} g^{11} & g^{12} \\ g^{21} & g^{22} \end{pmatrix}$$

(g^{ij} ist eine quadratische Form in ξ und η) gibt dies

$$s^e_{kl} = \int_0^1\int_0^1 \frac{1}{|J|} \nabla_\xi \Phi_k \begin{pmatrix} g^{11} & g^{12} \\ g^{21} & g^{22} \end{pmatrix} \nabla_\xi \Phi_l \, d\xi \, d\eta.$$

In diesem Integral steht ein Polynom vierten Grades im Zähler und ein Polynom ersten Grades im Nenner. Es kann also (mit einiger Mühe) exakt berechnet werden, aber es ist leichter, es numerisch zu bestimmen. In diesem Fall ist eine Gauss-Integrationsregel eine ansprechende Methode, weil mit einer geringen Anzahl von Stützpunkten doch eine recht gute Genauigkeit erreicht wird (siehe [**zien**] und [**strang**]).

5.6.2 Dreieck mit krummem Rand

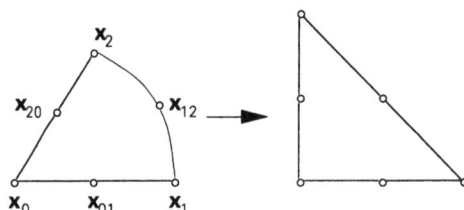

Abbildung 5.8.

Auf ein anderes Beispiel trifft man in Abbildung 5.8, wo ein Dreieck mit krummen Rand auf ein Standarddreieck abgebildet wird, und zwar so, daß

$$x_0 \to (0,0), \quad x_1 \to (1,0), \quad x_2 \to (0,1),$$

und

$$x_{01} \to (\tfrac{1}{2},0), \quad x_{12} \to (\tfrac{1}{2},\tfrac{1}{2}), \quad x_{20} \to (0,\tfrac{1}{2}).$$

In dem Standarddreieck benutzen wir quadratische Basisfunktionen (siehe 5.3.3):

$$\varphi_i = \lambda_i(2\lambda_i - 1), \quad i = 0, 1, 2,$$

$$\varphi_{ij} = 4\lambda_i \lambda_j,$$

Die Finite-Elemente-Methode 109

wobei λ_i die linearen Basisfunktionen sind, die zu dem Standarddreieck gehören ($\lambda_0 = 1 - \xi - \eta$, $\lambda_1 = \xi$, $\lambda_2 = \eta$). Die isoparametrische Transformation wird nun

$$x = \sum_k x_k \varphi_k + \sum_{kl} x_{kl} \varphi_{kl}. \tag{5.61}$$

Wenn jedoch x_{01} genau in der Mitte zwischen x_0 und x_1 liegt, gilt $x_{01} = \frac{1}{2}(x_0 + x_1)$.
Ebenso gilt: $x_{20} = \frac{1}{2}(x_0 + x_2)$.
Nun ist (siehe (5.45))

$$\varphi_0 + \tfrac{1}{2}\varphi_{01} + \tfrac{1}{2}\varphi_{02} = 2\lambda_0^2 - \lambda_0 + 2\lambda_1\lambda_0 + 2\lambda_2\lambda_0$$

$$= 2\lambda_0(\lambda_0 + \lambda_1 + \lambda_2) - \lambda_0 = \lambda_0$$

wegen $\lambda_0 + \lambda_1 + \lambda_2 = 1$.
$x_{12} \neq \frac{1}{2}(x_1 + x_2)$ (sonst wird die Transformation linear), und wird die obenstehende Formel angewendet auf alle drei der Eckpunkte, so wird (5.61)

$$x = \sum_{k=0}^{2} x_k \lambda_k(\xi) + 4\bar{x}\,\lambda_1\lambda_2 \tag{5.62}$$

mit $\bar{x} = (x_{12} - \tfrac{1}{2}x_1 - \tfrac{1}{2}x_2)$.
Die Jacobi-Determinante dieser Transformation folgt aus

$$\frac{\partial x}{\partial \xi} = -x_0 + x_1 + 4\bar{x}\eta, \qquad \frac{\partial x}{\partial \eta} = -x_0 + x_2 + 4\bar{x}\xi,$$

$$\frac{\partial y}{\partial \xi} = -y_0 + y_1 + 4\bar{y}\eta, \qquad \frac{\partial y}{\partial \eta} = -y_0 + y_2 + 4\bar{y}\xi. \tag{5.63}$$

Wir müssen jetzt untersuchen, welchen Bedingungen x_{12} genügen muß, damit die Transformation nicht singulär wird. Wiederum testen wir das Vorzeichen der Jacobi-Determinante. Wenn diese für alle Eckpunkte das gleiche Vorzeichen hat, folgt wieder aus der Linearität, daß sie auf dem Dreieck nicht das Vorzeichen wechselt und daß die Transformation regulär ist.
Man definiere nun $[\mathbf{u},\mathbf{v}] = u_1 v_2 - u_2 v_1$. Es gilt

(i) $\qquad\qquad [\mathbf{u},\mathbf{v}] = -[\mathbf{v},\mathbf{u}]$ (und folglich $[\mathbf{u},\mathbf{u}] = 0$),

(ii) $\qquad\qquad [\mathbf{u},\mathbf{v} + \mathbf{w}] = [\mathbf{u},\mathbf{v}] + [\mathbf{u},\mathbf{w}]$, $\qquad\qquad$ (5.64)

(iii) $\qquad\qquad [\alpha\mathbf{u},\mathbf{v}] = \alpha[\mathbf{u},\mathbf{v}]$.

110 Numerik partieller Differentialgleichungen für Ingenieure

Wir schreiben x_{12} als

$$x_{12} = x_0 + \lambda(x_1 - x_0) + \mu(x_2 - x_0) \qquad (5.65)$$

und folglich

$$\bar{x} = (\lambda - \tfrac{1}{2})(x_1 - x_0) + (\mu - \tfrac{1}{2})(x_2 - x_0).$$

Für J folgt aus (5.47):

$$J = [x_1 - x_0 + 4\eta(\lambda - \tfrac{1}{2})(x_1 - x_0) + 4\eta(\mu - \tfrac{1}{2})(x_2 - x_0),$$
$$x_2 - x_0 + 4\xi(\lambda - \tfrac{1}{2})(x_1 - x_0) + 4\xi(\mu - \tfrac{1}{2})(x_2 - x_0)]$$

$$= (1 + 4\eta(\lambda - \tfrac{1}{2}))(1 + 4\xi(\mu - \tfrac{1}{2}))[x_1 - x_0, x_2 - x_0] + 16\xi\eta(\lambda - \tfrac{1}{2})(\mu - \tfrac{1}{2})[x_2 - x_0, x_1 - x_0]$$

$$= (1 + 4\eta(\lambda - \tfrac{1}{2}) + 4\xi(\mu - \tfrac{1}{2}))[x_1 - x_0, x_2 - x_0].$$

Hierbei ist von den Rechenregeln aus (5.64) Gebrauch gemacht worden.
Für das Vorzeichen von J ist nur die Form zwischen den runden Klammern entscheidend, denn $[x_2 - x_0, x_1 - x_0]$ ist eine feste Konstante.
Für $\xi = 0$, $\eta = 0$ ist die Form zwischen den runden Klammern positiv (nämlich 1) und in den zwei anderen Eckpunkten muß das folglich auch gelten. Wir finden also

$$(\xi = 0, \eta = 1) \quad 1 + 4\lambda - 2 > 0 \quad \text{also } \lambda > \tfrac{1}{4}$$

$$(\xi = 1, \eta = 0) \quad 1 + 4\mu - 2 > 0 \quad \text{also } \mu > \tfrac{1}{4}$$

Mit $\tilde{\lambda} = \lambda - \tfrac{1}{4}$ und $\tilde{\mu} = \mu - \tfrac{1}{4}$ finden wir, daß x_{12} in einem *Kegel k* liegen muß, gegeben durch

$$k: \{x \in \mathbb{R}^2 \mid x = \tfrac{1}{2} x_0 + \tfrac{1}{4} x_1 + \tfrac{1}{4} x_2 + \tilde{\lambda}(x_1 - x_0) + \tilde{\mu}(x_2 - x_0), \tilde{\lambda}, \tilde{\mu} > 0\}$$

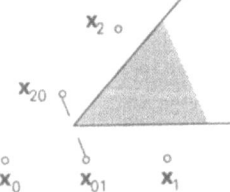

(siehe Abbildung 5.9).
Die Spitze des Kegels liegt im Mittelpunkt der Verbindungslinie zwischen x_{01} und x_{20}, die Seiten verlaufen parallel zu den Seiten des Dreiecks.

Abbildung 5.9.

6 Eine Fehlerabschätzung für das Poisson-Problem

In diesem und dem folgenden Kapitel geben wir eine Fehlerabschätzung für die FEM. Hier werden wir dies für ein 'einfaches' Beispiel, das Poisson-Problem mit linearen Elementen, tun und im Kapitel 7 allgemein.

6.1 Die Energienorm

Man betrachte das Minimierungsproblem

$$\min_{u \in \Sigma} \int_\Omega \tfrac{1}{2} \|\nabla u\|^2 - uf \, d\Omega \tag{6.1}$$

mit $\Sigma: \{u \mid u = 0 \text{ auf } \Gamma, \int_\Omega \|\nabla u\|^2 \, d\Omega < \infty\}$.
So wie wir schon in Satz 4.5 gesehen haben, korrespondiert dieses mit dem Poisson-Problem mit homogenen Randbedingungen:

$$-\Delta u = f \quad \text{auf } \Omega, \tag{6.2}$$

$$u = 0 \quad \text{auf } \Gamma.$$

Die hiermit korrespondierende Ritz-Näherung ist

$$\mathbf{Su} = \mathbf{f} \tag{6.3}$$

mit

$$s_{kl} = \int_\Omega \nabla \varphi_k \cdot \nabla \varphi_l \, d\Omega, \tag{6.4}$$

$$f_k = \int_\Omega \varphi_k f \, d\Omega$$

und ist eine Minimierung von (6.1) über dem Raum Σ_h:

$$\Sigma_h: \{u_h \mid u_h = \sum_{i=1}^n u_i \varphi_i\},$$

wobei $\varphi_i = 0$ auf Γ ist.

Satz 6.1
Es sei $\hat{u} \in \Sigma$ die Lösung von (6.1) über Σ und $\hat{u}_h \in \Sigma_h$ die Lösung von (6.1) über Σ_h, dann gilt:

$$\int_\Omega \nabla \hat{u} \cdot \nabla v \, d\Omega = \int_\Omega fv \, d\Omega \qquad \forall v \in \Sigma, \tag{6.5}$$

$$\int_\Omega \nabla \hat{u}_h \cdot \nabla v_h \, d\Omega = \int_\Omega fv_h \, d\Omega \qquad \forall v_h \in \Sigma_h. \tag{6.6}$$

Beweis

Gleichung (6.5) folgt direkt, wenn man (wie in der Ableitung der Euler-Lagrange-Gleichungen (siehe Abschnitt 4.2.1.)) in (6.1) $u = \hat{u} + \varepsilon v$ substituiert, nach ε differenziert und $\varepsilon = 0$ setzt.

Es sei $v_h \in \Sigma_h$ gegeben durch $v_h = \sum_{k=1}^n v_k \varphi_k$.

Wir multiplizieren (6.3) skalar mit dem Vektor $\mathbf{v} = (v_1, v_2, \ldots, v_n)$ und bekommen

$$\sum_{k=1}^n \sum_{l=1}^n s_{kl} \hat{u}_l v_k = \sum_{k=1}^n f_k v_k. \tag{6.7}$$

Mit (6.4) ergibt dies:

$$\sum_{k=1}^n \sum_{l=1}^n \int_\Omega \nabla \varphi_k \cdot \nabla \varphi_l \hat{u}_k v_l \, d\Omega = \sum_{k=1}^n \int_\Omega \varphi_k f v_k \, d\Omega$$

und nach dem Vertauschen von Integration und Summation:

$$\int_\Omega \left(\sum_{k=1}^n \hat{u}_k \nabla \varphi_k\right) \cdot \left(\sum_{l=1}^n v_l \nabla \varphi_l\right) d\Omega = \int_\Omega f \left(\sum_{k=1}^n v_k \varphi_k\right) d\Omega$$

oder auch

$$\int_\Omega \nabla \hat{u}_h \cdot \nabla v_h \, d\Omega = \int_\Omega fv_h \, d\Omega.$$

Weil v_h ein beliebiges Element aus Σ_h ist, folgt die Behauptung. □

Mit Hilfe dieses Resultats können wir über die exakte Lösung unserer FEM

Eine Fehlerabschätzung für das Poisson-Problem 113

eine interessante Aussage machen. Da wir (lokale) Interpolationspolynome als Basisfunktionen benutzen, wäre es schön, wenn unsere FEM-Lösung mit der Interpolation der exakten Lösung übereinstimmen würde (d.h. das Element in Σ_h, das mit der exakten Lösung in allen Knotenpunkten übereinstimmt). Der folgende Satz trifft hierüber eine Aussage.

Satz 6.2
Es sei $\hat{u}$ die Lösung von (6.1) über Σ, $\hat{u}_h$ über Σ_h, und es sei $\tilde{u}$ gegeben durch

$$\tilde{u}(x,y) = \sum_{k=1}^{n} \hat{u}(x_k,y_k)\varphi_k,$$

wobei (x_k,y_k) die Knotenpunkte der FEM-Näherung sind. Dann gilt:

$$\int_\Omega \|\nabla(\hat{u} - \hat{u}_h)\|^2 \, d\Omega \leq \int_\Omega \|\nabla(\hat{u} - \tilde{u})\|^2 \, d\Omega. \tag{6.8}$$

Beweis
Weil $v_h \in \Sigma$ ist, gilt (6.5) gewiß für alle $v_h \in \Sigma_h$. Subtrahieren wir von (6.6) von (6.5), so erhalten wir

$$\int_\Omega \nabla(\hat{u} - \hat{u}_h) \cdot \nabla v_h \, d\Omega = 0, \quad \forall v_h \in \Sigma_h. \tag{6.9}$$

Man treffe für v_h in (6.9) die spezielle Wahl

$$v_h = \hat{u} - \hat{u}_h - (\hat{u} - w_h) \quad \text{mit } w_h \text{ beliebig} \in \Sigma_h.$$

Das ergibt

$$\int_\Omega \|\nabla(\hat{u} - \hat{u}_h)\|^2 \, d\Omega = \int_\Omega \nabla(\hat{u} - \hat{u}_h) \cdot \nabla(\hat{u} - w_h) \, d\Omega \quad \forall w_h \in \Sigma_h. \tag{6.10}$$

Mit $ab \leq \frac{1}{2}a^2 + \frac{1}{2}b^2$ folgt hieraus

$$\int_\Omega \|\nabla(\hat{u} - \hat{u}_h)\|^2 \, d\Omega \leq \frac{1}{2}\int_\Omega \|\nabla(\hat{u} - \hat{u}_h)\|^2 \, d\Omega + \frac{1}{2}\int_\Omega \|\nabla(\hat{u} - w_h)\|^2 \, d\Omega$$

und hieraus

$$\int_\Omega \|\nabla(\hat{u} - \hat{u}_h)\|^2 \, d\Omega \leq \int_\Omega \|\nabla(\hat{u} - w_h)\|^2 \, d\Omega \quad \forall w_h \in \Sigma_h. \tag{6.11}$$

114 Numerik partieller Differentialgleichungen für Ingenieure

Falls wir hierbei für w_h die spezielle Wahl $w_h = \tilde{u}$ treffen, folgt die Behauptung.□

Bemerkung

Aus (6.11) folgt, daß die FEM-Lösung die Differenz $\hat{u} - \hat{u}_h$ über Σ_h bezüglich einer speziellen Norm $\|\bullet\|_E$ minimiert, definiert durch

$$\|v\|_E^2 = \int_\Omega \|\nabla v\|^2 \, d\Omega.$$

Diese Norm ist problemabhängig und wird die *Energienorm* genannt.

Übung 6.1

Man zeige, daß die Energienorm für den Differentialoperator zweiter Ordnung

$$Lu = -\sum_i \sum_j \frac{\partial}{\partial x_i} a_{ij} \frac{du}{dx_j} + cu$$

(A positiv definit, $c \geq 0$, mit homogenen Randbedingungen) gegeben wird durch

$$\|v\|_E^2 = \int_\Omega (\nabla v, A \nabla v) + cv^2 \, d\Omega.$$

(Tip: Man vergleiche Satz 4.5.) △

6.2 Fehler bei linearer Interpolation

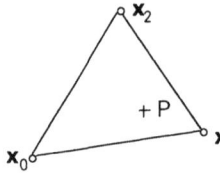

Abbildung 6.1.

Um den Fehler der FEM-Lösung in der Energienorm abzuschätzen, ist es offensichtlich ausreichend, den Interpolationsfehler in der Norm zu schätzen. Als Beispiel werden wir den Fehler in der linearen Interpolation behandeln. Man betrachte ein beliebiges Element wie in Abbildung 6.1.

Wir wählen einen beliebigen Punkt $p = (x_p, y_p)$ innerhalb des Dreiecks. Der Funktionswert u_p wird angenähert mit der linearen Interpolation

$$\tilde{u}(p) = \sum_{i=0}^{2} u_i \lambda_i(p) \qquad (6.12)$$

und den Ableitungen nach x beziehungsweise y mit

Eine Fehlerabschätzung für das Poisson-Problem

$$\frac{\partial \tilde{u}}{\partial x}(p) = \sum_{i=0}^{2} u_i \frac{\partial \lambda_i}{\partial x}(p), \qquad (6.13)$$

$$\frac{\partial \tilde{u}}{\partial y}(p) = \sum_{i=0}^{2} u_i \frac{\partial \lambda_i}{\partial y}(p).$$

Um etwas über den Fehler sagen zu können, entwickeln wir u_i um p in ein Taylor-polynom:

$$u_i = u_p + (x_i - x_p)\frac{\partial u}{\partial x} + (y_i - y_p)\frac{\partial u}{\partial y} + \frac{1}{2}(x_i - x_p)^2\frac{\partial^2 u}{\partial x^2} + (x_i - x_p)(y_i - y_p)\frac{\partial^2 u}{\partial x \partial y}$$

$$+ \frac{1}{2}(y_i - y_p)^2\frac{\partial^2 u}{\partial y^2} + O(\|x_i - x_p\|^3 + \|y_i - y_p\|^3). \qquad (6.14)$$

Hierbei sind alle Ableitungen in x_p genommen. Für die Fehlerbetrachtung ist der Term dritter Ordnung unwichtig. Zur Vereinfachung führen wir noch die folgende Schreibweise ein:

$$R_i(x_p) = \frac{1}{2}(x_i - x_p)^2\frac{\partial^2 u}{\partial x^2} + (x_i - x_p)(y_i - y_p)\frac{\partial^2 u}{\partial x \partial y} + \frac{1}{2}(y_i - y_p)^2\frac{\partial u^2}{\partial y^2}. \qquad (6.15)$$

Unter Weglassung der Terme dritter Ordnung wird (6.14) dann:

$$u_i = u_p + (x_i - x_p)\frac{\partial u}{\partial x} + (y_i - y_p)\frac{\partial u}{\partial y} + R_i(x_p), \qquad (6.16)$$

und wir bemerken, daß gilt:

$$R_i(x_p) = O(\|x_i - x_p\|^2 + \|y_i - y_p\|^2). \qquad (6.17)$$

Für die Interpolation $\tilde{u}_p$ gilt also:

$$\tilde{u}_p = \sum_{i=0}^{n} \lambda_i(x_p)\left[u_p + (x_i - x_p)\frac{\partial u}{\partial x} + (y_i - y_p)\frac{\partial u}{\partial y} + R_i(x_p)\right],$$

$$\frac{\partial \tilde{u}_p}{\partial x} = \sum_{i=0}^{n} \frac{\partial \lambda_i}{\partial x}\left[u_p + (x_i - x_p)\frac{\partial u}{\partial x} + (y_i - y_p)\frac{\partial u}{\partial y} + R_i(x_p)\right], \qquad (6.18)$$

$$\frac{\partial \tilde{u}_p}{\partial y} = \sum_{i=0}^{n} \frac{\partial \lambda_i}{\partial y}\left[u_p + (x_i - x_p)\frac{\partial u}{\partial x} + (y_i - y_p)\frac{\partial u}{\partial y} + R_i(x_p)\right].$$

Satz 6.3
Für die linearen Basisfunktionen gelten die folgenden Ausdrücke $\forall x \in \mathbb{R}^2$

(i) $$\sum_{i=0}^{2} \lambda_i(x,y) = 1;$$

(ii) $$\sum_{i=0}^{2} x_i \lambda_i(x,y) = x;$$

(iii) $$\sum_{i=0}^{2} y_i \lambda_i(x,y) = y;$$

(iv) $$\sum_{i=0}^{2} \frac{\partial \lambda_i}{\partial x} = 0; \quad \sum_{i=0}^{2} \frac{\partial \lambda_i}{\partial y} = 0; \qquad (6.19)$$

(v) $$\sum_{i=0}^{2} x_i \frac{\partial \lambda_i}{\partial x} = 1; \quad \sum_{i=0}^{2} x_i \frac{\partial \lambda_i}{\partial y} = 0;$$

(vi) $$\sum_{i=0}^{2} y_i \frac{\partial \lambda_i}{\partial x} = 0; \quad \sum_{i=0}^{2} y_i \frac{\partial \lambda_i}{\partial y} = 1.$$

Beweis
(i), (ii) und (iii) folgen aus der Feststellung, daß die linken Seiten der Gleichungen lineare Polynome sind, die jeweils in den drei Eckpunkten des Elements mit den rechten Seiten übereinstimmen. Da durch drei Punkte ein lineares Polynom im $\mathbb{R}^2$ bestimmt wird, gilt folglich die Gleichheit $\forall x \in \mathbb{R}^2$.
(iv), (v) und (vi) folgen durch Differentiation beider Seiten von (i), (ii) und (iii).□

Mit den Resultaten von Satz 6.3 können wir (6.18) wesentlich verbessern. Wir finden:
$$\tilde{u}_p = u_p + \sum_{i=0}^{2} \lambda_i(x_p) R_i(x_p),$$

$$\frac{\partial \tilde{u}_p}{\partial x} = \frac{\partial u}{\partial x}\bigg|_p + \sum_{i=0}^{2} \frac{\partial \lambda_i}{\partial x} R_i(x_p), \qquad (6.20)$$

$$\frac{\partial \tilde{u}_p}{\partial y} = \frac{\partial u}{\partial y}\bigg|_p + \sum_{i=0}^{2} \frac{\partial \lambda_i}{\partial y} R_i(x_p).$$

Und hiermit ist der Interpolationsfehler gefunden.

6.2.1 Schätzung in der Energienorm

Wir bekommen sofort aus (6.20) für ein beliebiges glattes u und lineare Interpolation $\tilde{u}$

$$|\tilde{u}_p - u_p| \leq \sum_{i=0}^{2} \lambda_i(\mathbf{x}_p) |R_i(\mathbf{x}_p)|$$

$$\leq \max_i |R_i(\mathbf{x}_p)| \sum_{i=0}^{2} \lambda_i(x_p) = \max_i |R_i(\mathbf{x}_p)|$$

$$= O(\|x_i - x_p\|^2 + \|y_i - y_p\|^2). \tag{6.21}$$

Wenn k die Seite des Dreiecks mit der größten Länge l_k ist, dann ist

$$|\tilde{u}_p - u_p| = O(l_k^2). \tag{6.22}$$

Für eine Schätzung in der Energienorm brauchen wir jedoch den Fehler in den Ableitungen. Dies ist wegen des Auftretens der Faktoren $\partial \lambda_i / \partial x$ und $\partial \lambda_i / \partial y$ viel komplizierter.

Wie wir aus (5.39) wissen, gilt

$$\frac{\partial \lambda_i}{\partial x} = \frac{y_{i+} - y_{i-}}{\Delta}, \quad \frac{\partial \lambda_i}{\partial y} = \frac{x_{i-} - x_{i+}}{\Delta},$$

worin die Indizes i^+ und i^- für die *zyklischen* Nachfolger beziehungsweise Vorgänger von i stehen (also $0^+ = 1$, $1^- = 0$, $2^+ = 0$, $0^- = 2$). Das Vorkommen von Δ im Nenner dämpft die Freude, weil bei einer Gitterverfeinerung die Oberfläche des Dreiecks gegen 0 streben kann, während die Seiten endlich bleiben (mindestens einer der Winkel geht gegen 0). Aus diesem Grund sieht man in der Literatur, daß eine *minimale Winkelbedingung* gefordert wird, daß also bei einer Gitterverfeinerung alle Winkel größer als ein fester Wert β_0 bleiben müssen.

Das ist jedoch zu rigoros. Es ist ausreichend zu fordern, daß der Sinus mindestens eines Winkels nicht in die Nähe von 0 gerät. Das verbietet eine Degeneration des folgenden Typs (siehe Abbildung 6.2).

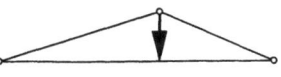

Abbildung 6.2.

Wenn sich die Spitze der Basis nähert, geht der obere Winkel gegen π und die Basiswinkel gegen 0. Damit werden alle Sinusse 0.

Wir geben erst das Resultat.

118 Numerik partieller Differentialgleichungen für Ingenieure

Satz 6.4
Es sei u eine glatte Funktion auf Ω und

$$\tilde{u} = \sum_{k=1}^{n} u(x_k, y_k)\, \varphi_k(x,y)$$

mit φ_k linearen Basisfunktionen.
Wenn bei Gitterverfeinerung in jedem Element der Sinus mindestens eines Winkels $\sin \varphi \geq c > 0$ ist, dann gilt:

$$\|\tilde{u} - u\|_E \leq Kl, \tag{6.23}$$

wobei l die Länge der längsten Seite aller Elemente in dem Gitter und K eine feste Konstante ist, die nur von c, $\|u_{xx}\|$, $\|u_{xy}\|$, $\|u_{yy}\|$ und der Oberfläche von Ω abhängig ist.

Bemerkung
Zusammen mit Satz 6.2 ergibt Satz 6.4 eine Schätzung des FEM-Fehlers in der Energienorm.

Einen vollständigen Beweis von Satz 6.4 werden wir nicht geben, sondern wir begnügen uns mit einer Andeutung, wie er funktioniert und wie die *maximale Winkelbedingung* (alle Winkel nicht in der Nähe von π) eine Rolle spielt.
Dazu bemerken wir, daß in dem Fehlerterm für die Ableitungen Terme der Form auftreten

$$\sum_{i=0}^{2} \frac{\partial \lambda_i}{\partial x^\alpha} (x_i^\beta - x_p^\beta)(x_i^\gamma - x_p^\gamma)\, u_{x\beta x\gamma}, \quad \alpha, \beta, \gamma = 0, 1, \tag{6.24}$$

wobei $x^0 = x$ und $x^1 = y$.
Die partiellen Ableitungen $u_{x\beta x\gamma}$ stehen fest, also geht es in Wirklichkeit um

$$\sum_{i=0}^{2} \frac{\partial \lambda_i}{\partial x^\alpha} (x_i^\beta - x_p^\beta)(x_i^\gamma - x_p^\gamma). \tag{6.25}$$

Wir werden (6.25) einer näheren Untersuchung unterwerfen.

Satz 6.5
Wenn e ein Element mit den Eckpunkten x_0, x_1, x_2 ist, gilt:

$$\max_{x \in e} \left| \sum_{i=0}^{2} \frac{\partial \lambda_i}{\partial x^\alpha} (x_i^\beta - x^\beta)(x_i^\gamma - x^\gamma) \right| = \max_{k=0,1,2} \left| \sum_{i=0}^{2} \frac{\partial \lambda_i}{\partial x^\alpha} (x_i^\beta - x_k^\beta)(x_i^\gamma - x_k^\gamma) \right|. \tag{6.26}$$

Eine Fehlerabschätzung für das Poisson-Problem

Mit anderen Worten, (6.25) nimmt auf e ein Maximum beziehungsweise Minimum in einem der Eckpunkte von e an.

Beweis

Man betrachte

$$\sum_{i=0}^{2} \frac{\partial \lambda_i}{\partial x^\alpha} (x_i^\beta - x^\beta)(x_i^\gamma - x^\gamma) = \sum_{i=0}^{2} \frac{\partial \lambda_i}{\partial x^\alpha} (x_i^\beta x_i^\gamma - x_i^\beta x^\gamma - x_i^\gamma x^\beta + x^\beta x^\gamma).$$

Mit Hilfe von Satz 6.3 ergibt dies:

$$= \sum_{i=0}^{2} \frac{\partial \lambda_i}{\partial x^\alpha} x_i^\beta x_i^\gamma - \delta_\alpha^\beta x^\gamma - \delta_\alpha^\gamma x^\beta. \qquad (6.27)$$

Hierbei ist Gebrauch gemacht worden von

$$\sum_{i=0}^{2} \frac{\partial \lambda_i}{\partial x^\alpha} = 0,$$

$$\sum_{i=0}^{2} \frac{\partial \lambda_i}{\partial x^\alpha} x_i^\beta = \delta_\alpha^\beta \quad (\delta_\alpha^\beta = 1 \text{ für } \beta = \alpha,\ \delta_\alpha^\beta = 0 \text{ für } \beta \ne \alpha).$$

Gleichung (6.27) ist eine lineare Form in x^β und x^γ, und eine lineare Form nimmt ihr Maximum beziehungsweise Minimum in den Eckpunkten des Dreiecks an. Hiermit ist der Satz bewiesen. □

Übung 6.2
Es sei $u_0 \le u_1 \le u_2$.
Man zeige, daß gilt:

$$u_0 \le \sum_{i=0}^{2} u_i \lambda_i(x,y) \le u_2 \quad \forall (x,y) \in e. \qquad \triangle$$

Bemerkung
Ausdruck (6.27) beschreibt den linearen Interpolationsfehler von $\partial/\partial x^\alpha (x^\beta x^\gamma)$, schließlich:

$$\frac{\partial}{\partial x^\alpha} (\widetilde{x^\beta x^\gamma}) = \sum_{i=0}^{2} \frac{\partial \lambda_i}{\partial x^\alpha} x_i^\beta x_i^\gamma$$

und

$$\frac{\partial}{\partial x^\alpha} x^\beta x^\gamma = \delta^\beta_\alpha x^\gamma + \delta^\gamma_\alpha x^\beta.$$

Wir betrachten (6.26) für einen Fall. Die Behandlung der anderen Fällen erfolgt analog und wird in einer Übung zusammengefaßt.

Satz 6.6
Wenn bei Gitterverfeinerung in jedem Element e der Sinus mindestens eines Winkels $\sin \varphi \geq c > 0$ ist, gilt:

$$\max_{k=0,1,2} \left| \sum_{i=0}^{2} \frac{\partial \lambda_i}{\partial x} (x_i - x_k)^2 \right| \leq \left(1 + \frac{1}{2c}\right) l, \qquad (6.28)$$

wobei l die Länge der größten Seite von e ist.

Beweis

Man betrachte

$$E = \sum_{i=0}^{2} \frac{\partial \lambda_i}{\partial x} (x_i - x_k)^2.$$

Weil der Term mit $i = k$ wegfällt, bleiben noch zwei Terme übrig. Definieren wir k^+ und k^- als die zyklischen Nachfolger beziehungsweise Vorgänger von k, ergibt sich

$$E = \frac{\partial \lambda_{k^+}}{\partial x} (x_{k^+} - x_k)^2 + \frac{\partial \lambda_{k^-}}{\partial x} (x_{k^-} - x_k)^2 \qquad (6.29)$$

und mit (5.40)

$$E = \frac{y_{k^-} - y_k}{\Delta} (x_{k^+} - x_k)^2 + \frac{y_k - y_{k^+}}{\Delta} (x_{k^-} - x_k)^2 \qquad (6.30)$$

und hieraus:

$$|E| \leq \frac{1}{|\Delta|} \left| (y_{k^-} - y_k)(x_{k^+} - x_k)^2 - (y_{k^+} - y_k)(x_{k^-} - x_k)(x_{k^+} - x_k) \right|$$
$$+ \frac{1}{|\Delta|} \left| (y_{k^+} - y_k)(x_{k^-} - x_k)(x_{k^+} - x_k) - (y_{k^+} - y_k)(x_{k^-} - x_k)^2 \right| \qquad (6.31)$$

oder auch

Eine Fehlerabschätzung für das Poisson-Problem

$$|E| \le \frac{|x_{k^+} - x_{k^-}|}{|\Delta|} |(y_{k^-} - y_k)(x_{k^+} - x_k) - (y_{k^+} - y_k)(x_{k^-} - x_k)|$$
$$+ \frac{1}{|\Delta|} |(y_{k^+} - y_k)(x_{k^-} - x_k)(x_{k^+} - x_{k^-})|. \tag{6.32}$$

Der zweite Faktor im ersten Term von (6.32) ist genau $|\Delta|$, und im letzten Term tritt das Produkt der Koordinatendifferenzen *aller drei Typen* auf.
Also ist

$$|y_{k^+} - y_k| |x_{k^-} - x_k| |x_{k^+} - x_{k^-}| \le l_0 l_1 l_2,$$

wobei l_i die Länge der Seite i (gegenüber x_i) ist.
Mit $l = \max_{k=0,1,2} l_i$ ergibt dies also:

$$|E| \le l + \frac{l_0 l_1 l_2}{|\Delta|}. \tag{6.33}$$

Nun ist $|\Delta| = 2 \times \mathrm{Obfl}(e)$, und mit der Sinusregel ist $|\Delta| = 2 l_{j^-} l_{j^+} \sin \varphi_j$.
Wenn wir in dieser Formel genau den Winkel wählen, für den $\sin \varphi_j \ge c \ge 0$ gilt, folgt

$$|\Delta| \ge 2c \, l_{j^-} l_{j^+}$$

und

$$|E| \le l + \frac{l_j}{2c} \le \left(1 + \frac{1}{2c}\right) l, \tag{6.34}$$

womit der Satz bewiesen ist. □

Bemerkung

Gleichung (6.33) zeigt, warum die *maximale* Winkelbedingung eine ausreichende Bedingung ist. Bei einer Degeneration des Typs (siehe Abbildung 6.3), wobei die Spitze gegen den rechten Basispunkt wandert, wird natürlich der linke Basiswinkel 0, aber weil φ_1 konstant bleibt und $\sin \varphi_1$ sich nicht 0 nähert, bleibt (6.33) $O(l)$.

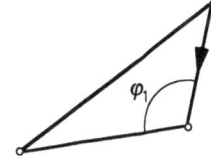

Abbildung 6.3. Dreieckiges Element mit einem festen Winkel (φ_1). Der kleinste Winkel darf gegen 0 gehen.

Übung 6.3
Man formuliere ein Analogon von Satz 6.6 für

(i) $$\sum_{i=0}^{2} \frac{\partial \lambda_i}{\partial x} (x_i - x_k)(y_i - y_k);$$

(ii) $$\sum_{i=0}^{2} \frac{\partial \lambda_i}{\partial x} (y_i - y_k)^2. \tag{6.35}$$

△

Übung 6.4
Für die Lösung u von $\Delta u = f$ gelte $|u_{xx}| < M$, $|u_{yy}| < M$, $|u_{xy}| < M$ $\forall\, x \in \Omega$.
Man weise nach, wenn die maximale Winkelbedingung erfüllt ist und für die Länge aller Elementseiten l_k ist $l_k < h$ dann gilt für die lineare Interpolation $\tilde{u}$

$$\max_{x \in \Omega} |\tilde{u} - u| = O(h^2),$$

$$\|\tilde{u} - u\|_E = O(h). \tag{6.36}$$

△

Übung 6.5
Falls für alle Elemente e_k $R(e_k) < h$ gilt, wobei R der Radius des umbeschriebenen Kreises von e_k ist, gilt

$$\frac{l_0 l_1 l_2}{\Delta} < 4h. \tag{6.37}$$

(Tip: Man erstelle eine Zeichnung und besorge sich ein gutes Geometriebuch.) Leite hieraus ab, daß die maximale Winkelbedingung durch eine Forderung bezüglich des umbeschriebenen Kreises ersetzt werden kann. △

Das Resultat der Übung 6.4 zeigt zusammen mit Satz 6.2, daß der Fehler bei linearer Interpolation $O(h)$ in der *Energienorm* ist. Man kann beweisen (aber das ist recht mühselig), daß der Fehler in den *Funktionswerten* $O(h^2)$, also von derselben Ordnung wie der Interpolationsfehler ist (siehe Faustregel 5.1.).

6.3 Interpolation höherer Ordnungen

Eine vergleichbare Analyse kann man ausführen, wenn man anstelle der Interpolation ersten Grades eine Interpolation mit einem vollständigen Polynom k-ten Grades anwendet.
Wir begnügen uns mit der Bemerkung, daß die Analysetechnik völlig dieselbe

Eine Fehlerabschätzung für das Poisson-Problem 123

ist wie in Abschnitt 6.2. Fassen wir das Resultat in einem Satz zusammen.

Satz 6.7
Es sei u eine glatte Funktion und $\tilde{u}$ eine elementweise Interpolation von u. Falls für alle Elemente e_k gilt $R(e_k) < h$, wobei $R(e_k)$ der Radius des umbeschriebenen Kreises von e_k ist, gilt bei vollständiger Interpolation k-ten Grades:

$$|\tilde{u} - u| < Kh^{k+1},$$

$$\left|\frac{\partial^l \tilde{u}}{\partial x^m \partial y^{l-m}} - \frac{\partial^l u}{\partial x^m \partial y^{l-m}}\right| < Kh^{k+1-l} \quad (l \leq k). \tag{6.38}$$

Für den Beweis siehe Abschnitt 7.8. □

Man beachte, daß die Formulierung des Satzes ein Äquivalent der maximalen Winkelbedingung enthält (siehe Übung 6.5).
Gleichzeitig müssen die Ableitungen von u bis zur $(k+1)$-ten Ordnung existieren (und beschränkt sein).

6.4 Fehler als Folge der Randnäherung

Wenn die Ränder von Ω gerade sind, füllen die Elemente Ω vollständig aus. Bei krummen Rändern entsteht jedoch eine Situation wie in Abbildung 6.4.
Wie man sieht, fallen Ω_h (das Rechengebiet) und Ω nicht 100%ig zusammen. Manchmal geht Ω_h über die Grenzen von Ω hinaus (wo Ω *konkav* ist), manchmal reicht Ω_h nicht an die Grenzen von Ω heran (wo Ω *konvex* ist).
In Wirklichkeit gibt es drei Stücke:

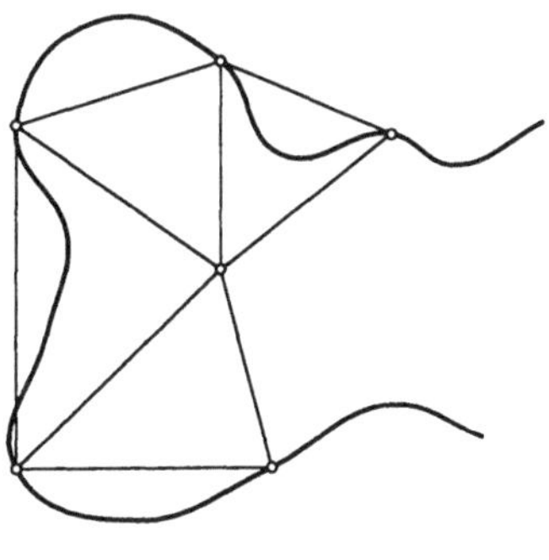

$$\Omega_1 = \Omega \cap \Omega_h, \quad \Omega_2 = \Omega \setminus \Omega_h, \quad \Omega_3 = \Omega_h \setminus \Omega.$$

Abbildung 6.4. Näherung von krummen Rändern durch gerade Elemente.

Ω_2 und Ω_3 sind die Problemfälle. Ω_2 ist das Gebiet, daß zu Ω aber nicht zu Ω_h gehört, und bei Ω_3 ist es genau umgekehrt.
Wir lösen also ein Problem für $\Omega_1 \cup \Omega_3$ anstelle von $\Omega_1 \cup \Omega_2$. Hat dies Konsequenzen für die Fehlerabschätzung? Durchleuchten wir die Ableitung von (6.8) noch einmal, dann folgt, daß wir (6.8) ersetzen müssen durch:

124 Numerik partieller Differentialgleichungen für Ingenieure

$$\int_{\Omega_1} \|\nabla(\hat{u} - \hat{u}_h)\|^2 \, d\Omega \leq \int_{\Omega_1} \|\nabla(\hat{u} - \tilde{u})\|^2 \, d\Omega + \int_{\Omega_2} \|\nabla \hat{u}\|^2 \, d\Omega$$
$$+ \int_{\Omega_3} \|\nabla \hat{u}_h\|^2 + \|\nabla \tilde{u}\|^2 \, d\Omega \qquad (6.39)$$

weil nämlich $\nabla \hat{u} = 0$ auf Ω_3 und $\nabla \hat{u}_h$ und $\nabla \tilde{u} = 0$ auf Ω_2.

Für das erste Integral fanden wir $O(h)$, also wird die ganze rechte Seite $O(h)$ bleiben. Daraus wird deutlich, daß die Beiträge von Ω_2 und Ω_3 auch nur $O(h)$ sein dürfen. Nehmen wir der Einfachheit halber an, daß der Integrand in diesen beiden Integralen beschränkt ist, dann muß also offensichtlich

$$\text{Obfl}(\Omega_2) = O(h) \quad \text{und} \quad \text{Obfl}(\Omega_3) = O(h)$$

sein. In Anbetracht dessen, daß Ω_2 wie auch Ω_3 aus der Summe der Oberflächen von 'Halbmonden' bestehen und die Anzahl von Halbmonden gegen ∞ geht falls $h \to 0$ (aber Nh geht gegen einem endliche Grenzwert), muß jeder Halbmond mit einer Genauigkeit von $O(h^2)$ angenähert werden. Weil wir eine lineare Interpolation angewendet haben, ist dies gerade der Fall.
Eine analoge Begründungsweise zeigt, daß bei der Interpolation höherer Ordnung der unbekannten Funktion auch eine Interpolation höherer Ordnung des Randes nötig sein wird, wenn man keine Genauigkeit verlieren will.

Satz 6.8
Wenn man keine Genauigkeit in der Lösung eines FEM-Problems verlieren will, dann muß der Rand mit derselben Genauigkeit interpoliert werden wie die Funktion selbst.

Für einen vollständigen Beweis siehe [strang] 192 – 204. □
Man beachte, daß die isoparametrische Transformation aus Abschnitt 5.6 genau dieser Bedingung genügt.
Satz 6.8 gibt nur die notwendigen Bedingungen, die darauf basieren, daß die Integranden auf Ω_2 und Ω_3 beschränkt sind. Es gibt jedoch physikalische Probleme, wo dies nicht der Fall ist (z.B. Strömungsprobleme), und dann muß der Rand noch glatter angenähert werden.

6.5 Fehler als Folge der numerischen Integration

Benutzen wir eine numerische Integrationsregel, zum Beispiel für die Berechnung der rechten Seite, dann lösen wir (analog zu (6.6))

Eine Fehlerabschätzung für das Poisson-Problem 125

$$\int_\Omega \nabla u_h^* \cdot \nabla v_h \, d\Omega = I_h(f, v_h)$$

anstelle von

$$\int_\Omega \nabla \hat{u}_h \cdot \nabla v_h \, d\Omega = \int_\Omega f v_h \, d\Omega. \tag{6.40}$$

Hierbei steht I_h für die numerische Integrationsregel. Für den Unterschied finden wir direkt durch Substitution von $v_h = u_h^* - \hat{u}_h$ eine Schätzung in der Energienorm:

$$\int_\Omega \|\nabla u_h^* - \nabla \hat{u}_h\|^2 \, d\Omega = I_h(f, u_h^* - \hat{u}_h) - \int_\Omega f(u_h^* - \hat{u}_h) \, d\Omega. \tag{6.41}$$

Wir wissen schon, daß bei der Interpolation k-ten Grades

$$\|\nabla u - \nabla \hat{u}_h\| < C h^k$$

oder

$$\|u - \hat{u}_h\|_E < C h^k$$

ist. Wenn wir es schaffen, eine Schätzung der Form

$$\left| I_h(f, u_h^* - \hat{u}_h) - \int_\Omega f(u_h^* - \hat{u}_h) \, d\Omega \right| < C h^p \|f\| \|u_h^* - \hat{u}_h\|_E \tag{6.42}$$

zu finden, dann wird (6.41)

$$\|u_h^* - \hat{u}_h\|_E < C h^p \|f\|, \tag{6.43}$$

und dann haben wir auch eine Schätzung für $u - u^*$:

$$\|u - u^*\|_E = \|u - \hat{u}_h + \hat{u}_h - u_h^*\|_E \leq \|u - \hat{u}_h\|_E + \|\hat{u}_h - u_h^*\|_E$$
$$\leq C(h^k + \|f\| h^p). \tag{6.44}$$

Anders gesagt: Will man durch numerische Integration keine Genauigkeit verlieren, dann muß $p \geq k$ sein. Ist p kleiner, tritt Genauigkeitsverlust auf. Wir werden eine qualitative Beweisführung geben, womit p bestimmt werden kann. Im allgemeinen ist eine numerische Integrationsregel definiert über ein Element:

$$I_h^e(g) = \sum_{l=0}^L w_l \, g(\mathbf{x}_l) \approx \int_e g \, de. \tag{6.45}$$

126 Numerik partieller Differentialgleichungen für Ingenieure

Die *Integrations*punkte x_l brauchen im allgemeinen nicht mit den Knotenpunkten des Elements übereinzustimmen. Bei den *Newton-Côtes*-Regeln ist das so, aber bei der *Gauß-Integration* nicht. Bei einer guten Integrationsregel sind die Gewichte $w_l > 0$.
Für die Genauigkeit gilt folgendes:

Satz 6.9
Falls (6.45) für Polynome bis zum Grad q exakt ist und die Ableitungen von g bis zur Ordnung $q + 1$ beschränkt sind, gilt

$$\left| I_h^e(g) - \int_e g \, de \right| \leq C h^{q+1} \|D^{q+1} g\|, \qquad (6.46)$$

wobei $\|D^{q+1} g\|$ steht für

$$\|D^{q+1} g\| = \max_l \sup_{x \in e} \left\| \frac{\partial^{q+1} g}{\partial x^l \partial y^{q-l+1}} \right\| |\Delta|.$$

Wenden wir diesen Satz auf den Integranden $f(u_h^* - \hat{u}_h)$ an, dann finden wir

$$\left| I_h^e(f(u_h^* - \hat{u}_h)) - \int_e f(u_h^* - \hat{u}_h) \, de \right| \leq C h^{q+1} \|D^{q+1} f(u_h^* - \hat{u}_h)\|. \qquad (6.47)$$

Das ist jedoch nicht die Art Abschätzung, die wir suchen, denn hier treten nicht nur wie in der Energienorm erste Ableitungen von $(u_h^* - \tilde{u}_h)$ auf, sondern auch höhere Ableitungen. Im allgemeinen gilt für Polynome auf Gittern, die der maximalen Winkelbedingung genügen,

$$\|D^{s+1} P\| \leq C h^{-1} \|D^s P\|; \qquad (6.48)$$

anders gesagt, das Vermindern der Ableitungen um eins in der Abschätzung wird mit einem Faktor h^{-1} bezahlt. Da u_h^* und $\hat{u}_h$ Polynome k-ten Grades sind, ist die höchste vorkommende Ableitung von $u_h^* - \hat{u}_h$ in (6.47) in der Entwicklung von $D^{q+1} f(u^* - u_h)$ auch k-ter Ordnung. Wegen (6.48) ist jedoch

$$\|D^k(u_h^* - \hat{u}_h)\| \leq C h^{-k+1} \|D^1(u_h^* - \hat{u}_h)\| \qquad (6.49)$$

(C ist eine *generische* Konstante, die in einer speziellen Ungleichung immer neu gewählt werden kann).
Auch gilt (für Polynome)

$$C \|u_h^* - \hat{u}_h\|_E \leq \sum_{e_k} \|D^1(u_h^* - \hat{u}_h)\|,$$

Eine Fehlerabschätzung für das Poisson-Problem 127

wodurch (6.47) nach Summation über die Elemente übergeht in

$$|I_h(f(u_h^* - \hat{u}_h)) - \int_\Omega f(u_h^* - \hat{u}_h)\, d\Omega| \leq Ch^{q-k+2} \|D^{q+1}f\| \|u_h^* - \hat{u}_h\|_E, \qquad (6.50)$$

und dies ist eine Abschätzung für (6.42) mit $p = q - k + 2$ und einer entsprechenden Norm für f.

Es muß also $q - k + 2 \geq k$ gelten bzw. $q \geq 2k - 2$. Dies ist genau das Ergebnis der Faustregel 5.2 für m = 1.
Das Obenstehende ist nur eine knappe Andeutung der Probleme bei numerischer Integration. Für eine ausführliche Diskussion sei verwiesen auf [strang], S.190, und [ciar], Kapitel 4.

6.6 Konvergenz der numerischen Lösung

Mit Hilfe der eben gegebenen Fehlerabschätzungen kann man sich eine Vorstellung über den Fehler machen. Es ist gleichwohl nicht möglich, hieraus eine praktische Fehlergrenze zu gewinnen. Will man trotzdem einen Eindruck vom gemachten Fehler bekommen oder kontrollieren, ob Konvergenz zur wirklichen Lösung auftritt, dann ist der vernünftigste Weg, die Gitter zu verfeinern und die neue und alte Lösung zu vergleichen.
Es ist allgemein empfehlenswert, an Stellen mit einem starken Gradienten in der Lösung eine feinere Verteilung zu wählen als an anderen.

6.6.1 Eigenwerte und Konditionszahl der Steifigkeitsmatrix

Bei der Berechnung der Konditionszahl der Steifigkeitsmatrix ist die Lage den Eigenwerte wichtig. In diesem Abschnitt werden Grenzen für die größten und kleinsten Eigenwerte der Steifigkeitsmatrix abgeleitet. Im Abschnitt 5.2.6 ist schon bewiesen worden, daß die Steifigkeitsmatrix, die zu einem linearen selbstadjungerten positiv definiten Differentialoperator gehört, selbst positiv definit ist. Wir beschränken uns hier auf diese Fälle.

Eine einfache Schätzung über die Lage der Eigenwerte kann man mit Hilfe des Satzes von Gerschgorin (Anhang 2) erhalten. Für die größten Eigenwerte gibt dieser Satz oft eine gute Schätzung, die kleinsten Eigenwerte werden meistens zu grob geschätzt. Darum wird eine andere Methode angewandt, die Elementenmatrizen benutzt.
Zuerst wird der Begriff Lokations- oder Inzidenzmatrix eingeführt.

128 Numerik partieller Differentialgleichungen für Ingenieure

6.6.2 Inzidenz- (Lokations-) Matrix

Der im Abschnitt 5.2.3 eingeführte Summationsprozeß für den Aufbau (assemblage) einer großen Matrix und eines Vektors aus Elementenmatrizen und -vektoren kann einfach formalisiert werden.
Man betrachte dazu den $(n \times 1)$-Vektor $\mathbf{u}$ von Unbekannten mit den Elementen u_i. Zu jedem Element e_k gehört ein Vektor $\mathbf{u}^{e_k}$, der zu allen Unbekannten des Elements eine Beziehung hat. Dieser Vektor entsteht dadurch, die richtigen Elemente aus $\mathbf{u}$ zu nehmen und in einem kleinen Vektor zu speichern. Formell kann dieser Prozeß durch eine Multiplikation mit einer Matrix $(P^{e_k})^T$ wiedergegeben werden, die definiert ist durch:
- P^{e_k} hat gleichviele Spalten wie e_k Unbekannten hat (angenommen m);
- P^{e_k} hat n Reihen;
- pro Spalte enthält P^{e_k} genau eine Eins, alle anderen Elemente sind Nullen;
- falls die k-te Unbekannte aus $\mathbf{u}$ auf die i-te Stelle in $\mathbf{u}^{e_k}$ kommt, gilt $P^{e_k}_{ki} = 1$.

Die Matrix P^{e_k} wird Lokations- oder Inzidenzmatrix genannt.

Beispiel 6.1
Man betrachte die Elementenverteilung vom Beispiel 5.2. Gemäß der Definition von P^{e_k} gilt nacheinander für P^{e_1}, P^{e_2} und P^{e_3}

$$P^{e_1} = \begin{bmatrix} 1 \\ 0 \\ 0 \end{bmatrix}, \quad P^{e_2} = \begin{bmatrix} 1 & 0 \\ 0 & 1 \\ 0 & 0 \end{bmatrix}, \quad P^{e_3} = \begin{bmatrix} 0 & 0 \\ 1 & 0 \\ 0 & 1 \end{bmatrix},$$

falls die Elementenvektoren $\mathbf{u}^{e_k}$ gegeben werden durch:

$$\mathbf{u}^{e_1} = [u_1], \quad \mathbf{u}^{e_2} = [u_1\ u_2]^T, \quad \mathbf{u}^{e_3} = [u_2\ u_3]^T.$$

(Man überprüfe!) △

Die Matrix P^{e_k} ist also so definiert, daß:

$$\mathbf{u}^{e_k} = (P^{e_k})^T \mathbf{u} \tag{6.51}$$

ist. Einfach ist zu prüfen, daß

$$(P^{e_k})^T P^{e_k} = I \quad ((m \times m)\text{-Einheitsmatrix}). \tag{6.52}$$

In dem Assemblageprozeß wird die Elementenmatrix zu den richtigen Stellen der großen Matrix addiert. Dieser Prozeß kann auch wie folgt beschrieben werden: Die Elementenmatrix wird an die richtige Stelle in einer Matrix der Größe der großen Matrix eingesetzt, die für den Rest aus Nullen besteht. Danach wird diese Matrix zu der großen Matrix addiert.

Eine Fehlerabschätzung für das Poisson-Problem

Man kann überprüfen, daß die Positionierung der kleinen Matrix in der großen Matrix mit Hilfe der Matrix P^{e_k} beschrieben werden kann durch:

$$S^k = P^{e_k}S^{e_k}(P^{e_k})^T + S^{k-1} \quad (S^0 = 0).$$

Übung 6.6
Man überprüfe dies anhand von Beispiel 6.1. △

Hieraus folgt die große Steifigkeitsmatrix;

$$S = \sum_{k=1}^{N} P^{e_k}S^{e_k}(P^{e_k})^T, \tag{6.53}$$

N ist die Anzahl von Elementen.
Der große Vektor **f** folgt aus:

$$\mathbf{f} = \sum_{k=1}^{N} P^{e_k}\mathbf{f}^{e_k}. \tag{6.54}$$

Unter Nutzung der Elementen- und Lokationsmatrizen können die Eigenwerte und damit auch die Konditionszahl der Steifigkeitsmatrix abgeschätzt werden.

Definition
Unter dem Träger einer Funktion v (Schreibweise supp(v)) verstehen wir den Abschluß des Gebietes, wobei $v \neq 0$ gilt.

Satz 6.10
Es sei S die Steifigkeitsmatrix aus Satz 5.1 mit den Elementen

$$s_{ij} = \int_{\Omega} (\mathbf{grad}\ \varphi_i, A\,\mathbf{grad}\ \varphi_j) + c\varphi_i\varphi_j\ d\Omega$$

und M die Matrix mit den Elementen

$$m_{ij} = \int_{\Omega} \varphi_i\varphi_j\ d\Omega$$

(die sogenannte Massenmatrix).
Es seien s_e und m_e die Elementensteifigkeitsmatrix bzw. Elementenmassenmatrix für das Element e.
Die Eigenwerte von S, M, s_e und m_e seien wie folgt geordnet:

$$\lambda_1^S \le \lambda_2^S \le \ldots \le \lambda_n^S;\ \lambda_1^M \le \lambda_2^M \le \ldots \lambda_n^M;$$

$$\lambda_1^{s_e} \leq \lambda_2^{s_e} \leq \ldots \leq \lambda_{k_e}^{s_e}; \quad \lambda_1^{m_e} \leq \lambda_1^{m_e} \leq \ldots \lambda_{k_e}^{m_e};$$

k_e ist die Anzahl von Unbekannten im Element e.
Es sei p_i die Anzahl von Elementen, aus denen der Träger der Basisfunktion φ_i besteht. Es sei $p_{min} = \min_i p_i$ und $p_{max} = \max_i p_i$.
Dann gilt:

(i) $\quad p_{min} \min_e (\lambda_1^{s_e}) \leq \lambda_i^S \leq p_{max} \max_e (\lambda_{k_e}^{s_e}), \quad i = 1, 2, \ldots, n;$

(ii) $\quad p_{min} \min_e (\lambda_1^{m_e}) \leq \lambda_i^M \leq p_{max} \max_e (\lambda_{k_e}^{m_e});$

(iii) $\quad \lambda_i^S \geq \gamma \lambda_1^M \geq \gamma p_{min} \min_e (\lambda_1^{m_e});$

(iv) $\quad \text{cond}(S) \leq \dfrac{p_{max} \max_e (\lambda_{k_e}^{s_e})}{p_{min} \gamma \min_e (\lambda_1^{m_e})}$

(Konditionszahl von S, γ ist die Konstante aus (5.33)).

Beweis

Zuerst bemerken wir, daß die Matrix M positiv definit ist (man überprüfe!). Die Matrizen m_e sind auch positiv definit, während die Matrizen s_e im allgemeinen semidefinit sind.
Die Eigenwerte der Elementenmatrizen sind i.allg. einfacher zu berechnen oder zu schätzen.

Im Satz 5.1 ist nachgewiesen worden, daß

$$x^T S x \geq \gamma \int_\Omega \left(\sum_{i=1}^n x_i \varphi_i \right)^2 d\Omega = \gamma x^T M x \qquad (6.55)$$

ist, woraus mit Hilfe des Rayleigh-Quotienten (Anhang 2) der erste Teil der Relation (iii) folgt. Der zweite Teil folgt aus (ii).
Aus cond $(S) = \lambda_n^S / \lambda_1^S$, (i) und (iii) folgt (iv).

Zu beweisen sind also noch die Relationen (i) und (ii).
Wir werden uns mit (i) begnügen; (ii) folgt auf genau dieselbe Weise.

Aus dem Rayleigh-Quotient folgt:

Eine Fehlerabschätzung für das Poisson-Problem 131

$$\min_{x^T x=1} x^T S x = \lambda_1^S, \quad \max_{x^T x=1} x^T S x = \lambda_n^S, \quad x \in \mathbf{R}^n,$$

$$\min \xi_e^T s_e \xi_e = \lambda_1^{s_e} \xi_e^T \xi_e, \quad \max \xi_e^T s_e \xi_e = \lambda_{k_e} \xi_e^T \xi_e, \quad \xi_e \in \mathbf{R}^{k_e}. \quad (6.56)$$

Es sei $x \in \mathbf{R}^n$ ein Vektor mit $x^T x = 1$.
Man wähle $\xi = (P^e)^T x$.
Dann gilt:

$$1 \le p_{\min} \le \sum_{e=1}^{N} \xi_e^T \xi_e \le p_{\max} \quad \text{(siehe Übung 6.7)}, \quad (6.57)$$

N ist die Gesamtanzahl von Elementen.

Gemäß (6.53) gilt

$$S = \sum_{e=1}^{N} P^e s_e (P^e)^T,$$

also

$$x^T S x = \sum_{e=1}^{N} x^T P^e s_e (P^e)^T x = \sum_{e=1}^{N} \xi_e^T s_e \xi. \quad (6.58)$$

Anders gesagt

$$\lambda_n^S = \max_{x^T x=1}(x^T S x) = \max_{x^T x=1}\left(\sum_e \xi_e^T s_e \xi\right)$$

$$\le \max_{x^T x=1}\left(\sum_e \lambda_{k_e}^{s_e} \xi_e^T \xi_e\right) \quad \text{(warum?)}$$

$$\le p_{\max} (\max_e(\lambda_{k_e}^{s_e})).$$

Auf analoge Weise gilt auch

$$p_{\min} (\min_e(\lambda_1^{s_e})) \le \lambda_1^S. \qquad \square$$

Übung 6.7

⊢—⊢—⊢—⊢—⊢—⊢—⊢—⊢ Man überprüfe, daß für eine Elementenverteilung im $\mathbf{R}^1$ mit linearer Polynomapproximation (siehe Abbildung) im Fall von aufgezwungenen (Dirichlet-)Randbedingungen $p_{\min} = p_{\max} = 2$ ist, während im Fall von natürlichen Randbedingungen $p_{\min} = 1$; $p_{\max} = 2$ gilt.

Man zeige, daß in diesem Fall wirklich (6.57) gilt. △

Beispiel 6.2
Man betrachte das Dirichlet-Problem für Laplace im $\mathbb{R}^1$ und nehme als Gebiet $\Omega = (0,1)$ und eine Elementenverteilung mit linearen Elementen und konstanter Schrittweite h.

$$s^e = \frac{1}{h}\begin{bmatrix} 1 & -1 \\ -1 & 1 \end{bmatrix}, \quad m^e = \frac{h}{6}\begin{bmatrix} 2 & 1 \\ 1 & 2 \end{bmatrix},$$

$$\lambda_1^{se} = 0, \quad \lambda_2^{se} = \frac{2}{h}, \quad \lambda_1^{me} = \frac{h}{6}, \quad \lambda_2^{me} = \frac{h}{2},$$

$$p_{\min} = p_{\max} = 2,$$

also

$$\lambda_1^S \geq \frac{h\gamma}{3}, \quad \lambda_n^S \leq \frac{4}{h},$$

$$\lambda_1^M \geq \frac{h}{3}, \quad \lambda_n^M \leq h.$$

Die Schätzungen für λ_1^M, λ_n^M und λ_n^S folgen auch aus dem Satz von Gerschgorin, die Schätzung von λ_1^S aus dem Satz von Gerschgorin und (6.55)

Übung 6.8
a) Man betrachte die Laplace-Gleichung mit Dirichlet-Randbedingungen und benutze die in der Abbildung angegebene Elementenverteilung und das lineare dreieckige Element. Mit Hilfe des Satzes von Gerschgorin leite man ab, daß

$$0 \leq \lambda^S \leq 8 \quad \text{und} \quad 0 \leq \lambda^M \leq h^2.$$

Außerdem leite man mit Hilfe der hier beschriebenen Methode ab, daß

$$\frac{h^2}{4} \leq \lambda^S \leq 3 \quad \text{und} \quad \frac{h^2}{4} \leq \lambda^M \leq h^2$$

gilt.

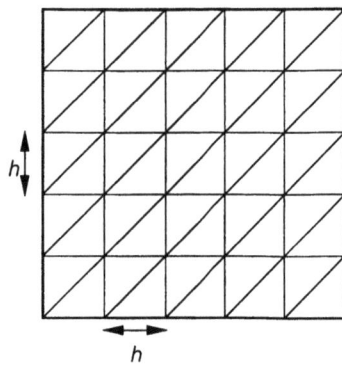

Tip: Man berechne die Elementenmatrizen von zwei rechteckigen Elementen. Um den Satz von Gerschgorin benutzen zu können, ist es ausreichend, die Gleichungen für genau einen Punkt abzuleiten.

b) Man schätze die Eigenwerte der biharmonischen Gleichung im $\mathbb{R}^1$ auf dem Gebiet $\Omega = (0,1)$ (Dirichlet-Randbedingungen) mit Hilfe beider Methoden. Dabei benutze man das Element aus Übung 5.19. △

Anmerkungen

1. Die durch die obenstehende Methode entstanden Abschätzungen sind i.allg. zu grob. Trotzdem geben sie oft einen guten Eindruck von der Konditionszahl.
   Zum Beispiel ist die Schätzung der kleinsten Eigenwerte von S in Beispiel 6.2 ist um einen Faktor 3 zu klein.
2. Mit Hilfe der in Satz 6.10 gegebenen Abschätzungen kann man ableiten, daß die Konditionszahl der diskretisierten Gleichungen, die zu einer symmetrischen und positiv definiten DG der Ordnung $2m$ gehören, $O(h^{-2m})$ ist. In Beispiel 6.2 ist die Abschätzung für die Konditionszahl der Laplace-Matrix $12/h^2$.
   Dies ist auch wie folgt einzusehen: Die kleinsten Eigenwerte der Matrix $M^{-1}S$ bilden i.allg. eine gute Näherung der kleinsten Eigenwerte des Differentialoperators. Man kann beweisen, daß diese der besten Schätzung für die Konstante γ aus (5.33) entspricht. Der größte Eigenwert ist $O(h^{-2m})$ (man überprüfe dies anhand eines Beispiels!), so daß die Konditionzahl $O(h^{-2m})$ wird. PDG höherer Ordnungen geben also i.allg. eine beträchtlich schlechtere Kondition als PDG kleinerer Ordnungen.

7 Mathematischer Hintergrund der FEM

Bei der numerischen Lösung von Problemen ist es eine wichtige Frage, ob die numerische Lösung bei einer Verkleinerung der Schrittweite gegen die tatsächliche Lösung konvergiert. Um diese Frage zu beantworten, ist eine mathematische Formulierung der Ritzschen Methode und der FEM notwendig.
Dazu wird das Minimierungsproblem in einem allgemeinen Rahmen dargestellt. In Kapitel 4 haben wir gesehen, daß die Minimierung über einer Funktionenmenge geschieht. Die abstrakten mathematischen Strukturen, die hiermit übereinstimmen, sind die Banach-Räume. Der Vollständigkeit halber wiederholen wir diesen Begriff: Ein *Banach-Raum* X ist ein linearer Vektorraum mit den folgenden Eigenschaften:

(i) $\forall\, u \in X$ existiert eine Norm $\|\bullet\|_X$ mit den Eigenschaften

a) $\quad \|u\|_X \geq 0, \quad \|u\|_X = 0 \Rightarrow u = 0;$

b) $\quad \|\lambda u\|_X = |\lambda|\, \|u\|_X, \quad \lambda \in \mathbb{R};$ (7.1)

c) $\quad \|u + v\|_X \leq \|u\|_X + \|v\|_X$ (Dreiecksungleichung).

(ii) X ist vollständig für jede Folge $\{u_n\}$ mit folgender Eigenschaft:
Gibt es $\forall\, \varepsilon > 0$ ein N, so daß

$$\|u_n - u_m\|_X < \varepsilon, \quad \forall\, m, n > N,$$ (7.2)

dann existiert ein $u \in X$, so daß

$$\lim_{n \to \infty} \|u_n - u\|_X = 0.$$

Eigenschaft ii wird auch so beschrieben: Jede Cauchy-Folge besitzt einen Grenzwert in der Norm.

Falls es nicht mißverständlich ist, werden wir im weiteren den Index X bei der Norm weglassen.

Man kommt zu einem Spezialfall, falls auf dem Raum X ein inneres Produkt definiert ist, d.h. eine bilineare Form $(\bullet,\bullet)$ mit den Eigenschaften

Mathematischer Hintergrund der FEM   135

(i) $\quad (u,u) \geq 0, \quad (u,u) = 0 \Rightarrow u = 0;$

(ii) $\quad (u,v + w) = (u,v) + (u,w);$

(iii) $\quad (\lambda u,v) = \lambda(u,v), \quad \lambda \in \mathbb{R};$ (7.2)

(iv) $\quad (u,v) = (v,u).$

Wählt man als Norm $\|\bullet\| = (\bullet,\bullet)^{1/2}$, wird der entstehende Raum ein Hilbert-Raum genannt, wenn er in dieser Norm vollständig ist.

Übung 7.1
Man überprüfe, daß $(\bullet,\bullet)^{1/2}$ wirklich den Forderungen einer Norm entspricht. Man zeige hierzu erst, daß

$$(u,v) \leq (u,u)^{1/2} (v,v)^{1/2} \qquad (7.4)$$

(Schwarzsche Ungleichung). (Tip: Man betrachte $(u + \lambda v, u + \lambda v) \geq 0$ und treffe dann die Wahl für ein günstiges λ.) △

Beispiel 7.1
Man nehme an, daß $\Omega \subset \mathbb{R}^2$. Die Menge

$$X: \left\{ u \mid \int_\Omega u^p \, d\Omega \leq \infty \right\} \qquad (7.5)$$

ist ein linearer Raum.
Die Festlegung

$$\|u\| = \left(\int_\Omega u^p \, d\Omega \right)^{1/p}$$

ist eine Norm auf diesem Raum (man siehe für einen Beweis [dun] oder [bac].) Falls die Integrale im Sinn von *Lebesgue* aufgefaßt werden, ist dieser Raum auch vollständig. X ist dann ein Banach-Raum und wird $L_p(\Omega)$ genannt.

Wenn $p = 2$ ist, existiert auch ein inneres Produkt:

$$(u,v) = \int_\Omega uv \, d\Omega \qquad (7.6)$$

und

$$\|u\|_{L_2} = (u,u)^{1/2};$$

$L_2(\Omega)$ ist folglich ein Hilbert-Raum.

7.1 Konvergenz der Ritzschen Methode

Man betrachte das Minimierungsproblem

$$\min_{u \in \Sigma} J[u], \qquad (7.7)$$

J ein Funktional, das über einem linearen normierten Raum S definiert ist. (Im allgemeinen wird J ein Integral sein, vgl. Kapitel 4). Σ ist eine Menge, in der die Lösung gesucht wird; sie wird oft Menge von zulässigen Funktionen genannt. Hierin sind unter anderem Stetigkeitsforderungen und Randbedingungen zu berücksichtigen.

Damit (7.7) ein sinnvolles Problem wird, müssen die folgenden zwei Forderungen erfüllt sein:

(i) $\qquad\qquad \exists u \in \Sigma$ so, daß $J[u] < \infty$;

(ii) $\qquad\qquad \inf_{u \in \Sigma} J[u] = \mu > -\infty.\qquad (7.8)$

Eine direkte Methode für die Konstruktion einer Näherungslösung besteht darin, daß wir versuchen, eine Folge von Funktionen $u_1, u_2, \ldots$ so zu bilden, daß:

$$\lim_{n \to \infty} J[u_n] = \mu. \qquad (7.9)$$

Eine derartige Folge heißt *Minimalfolge*.
So eine Folge existiert immer, denn die Definition vom Infimum ist:
Für alle $\varepsilon > 0$ gibt es ein $u_\varepsilon \in \Sigma$, so daß $J[u_\varepsilon] < \mu + \varepsilon$.
Wählt man $\varepsilon_1 = 1$, $\varepsilon_2 = \frac{1}{2}, \ldots, \varepsilon_n = \frac{1}{n}$, ist die hierzu gehörende Folge u_{ε_n} eine Minimalfolge.
Eine Minimalfolge braucht nicht notwendigerweise gegen die Lösung u^* des Minimierungsproblems (7.7) zu konvergieren.
Dazu ist folgendes nötig:

(iii) $\qquad\qquad \{u_n\}$ besitzt eine Grenzfunktion $\hat{u}$;

(iv) $\qquad\qquad J[\lim_{n \to \infty} u_n] = \lim_{n \to \infty} J[u_n]. \qquad (7.10)$

Falls den Bedingungen (iii) und (iv) genügt wird, folgt:

$$J[\hat{u}] = \mu.$$

Im weiteren wird angenommen, daß S und Σ lineare, normierte und vollstän-

Mathematischer Hintergrund der FEM 137

dige Räume sind (Banach-Räume). Auf dem ersten Blick scheint dies eine wichtige Vereinfachung zu sein, denn, falls die Randbedingungen inhomogen sind, ist Σ kein linearer Raum, sondern eine lineare Mannigfaltigkeit, d.h., es hat Elemente der Form $u = \varphi + u_0$ mit $u_0 \in \Sigma_0$ (linearer Raum), und φ ist ein festes Element. Für diese Situation kann man das Problem jedoch in ein Problem über Σ_0 umformulieren.

Wir werden noch eine Annahme über die Struktur von Σ und S machen, aber dafür brauchen wir erst den Begriff einer *Basis*.

Definition 7.1
Ein Familie $\{\varphi_\alpha\} \in \Sigma$ heißt eine *Basis* für Σ, wenn die folgende Forderungen erfüllt werden:
1. *Unabhängigkeit*
   Wenn für eine endliche Summe gilt
   $$\sum_{i=0}^{N} \beta_i \varphi_{\alpha_i} = 0,$$
   impliziert dies, daß $\beta_i = 0, i = 0, 1, ..., N$.

2. *Vollständigkeit*
   Jedes $u \in \Sigma$ kann durch eine endliche Summe beliebig dicht genähert werden, in Formelschreibweise:
   $$\forall \varepsilon > 0 \; \exists \{\varphi_{\alpha_0}, \varphi_{\alpha_1}, ..., \varphi_{\alpha_N}\}, \; N < \infty,$$
   und $\beta_0, \beta_1, ... \beta_N$ so, daß
   $$\left\| u - \sum_{i=0}^{N} \beta_i \varphi_{\alpha_i} \right\|_{\Sigma} < \varepsilon.$$

Besitzt ein Raum Σ eine *abzählbare* Basis, wird Σ *separabel* genannt. Im weiteren werden wir annehmen, daß die Banach-Räume, die wir betrachten werden, separabel sind.

Übung 7.2
Man zeige, daß $L_p(\Omega)$ separabel ist (Ω beschränkt $\subset \mathbb{R}^2$).
(Tip: $C_2(\Omega)$ liegt dicht bei $L_p(\Omega)$; mit linearer Interpolation auf Dreiecken kann jede $C_2(\Omega)$-Funktion beliebig dicht angenähert werden, wenn die Verteilung fein genug ist.) △

In der Ritzschen Methode wird als Funktionenschar definiert:

138 Numerik partieller Differentialgleichungen für Ingenieure

$$u_n = \sum_{k=1}^{n} a_k \varphi_k \qquad (7.11)$$

mit $\{\varphi_k\}$ dem System von Basisfunktionen.
Der Raum wird durch $\varphi_1, \varphi_2, \ldots, \varphi_n$ aufgespannt und mit Σ_n bezeichnet. Die Ritzsche Methode sucht also das Minimum von $J[u]$ über dem Teilraum Σ_n.
Man definiere nun:

$$\min_{u \in \Sigma_n} J[u] = \mu_n. \qquad (7.12)$$

Dann gilt:

$$\mu_1 \geq \mu_2 \geq \mu_3 \geq \ldots \geq \mu_n \geq \ldots \quad \text{(warum?)},$$

$$\Sigma_1 \subset \Sigma_2 \subset \Sigma_3 \subset \ldots$$

Unter bestimmten Bedingungen bilden die auf diese Weise konstruierten Folgen $u_1, u_2, \ldots, u_n, \ldots$ eine Minimalfolge. Dazu formulieren wir den folgenden Satz:

Satz 7.1
Wenn das Funktional $J[u]$ stetig ist und $\{\varphi_n\}$ eine Basis von Σ bildet, dann ist $u_1, u_2, \ldots, u_n$ eine Minimalfolge, d.h.

$$\lim_{n \to \infty} \mu_n = \mu \quad \text{mit} \quad \mu = \inf_{u \in \Sigma} J[u].$$

Beweis
$J[u]$ ist stetig, also:

$$\forall \varepsilon > 0, \ \exists \delta > 0$$

so, daß

$$\|y - y_0\| < \delta \to |J[y] - J[y_0]| < \varepsilon$$

mit $y, y_0 \in \Sigma$.
Man wähle ein $\varepsilon > 0$. Aus der Definition vom Infimum folgt, daß ein Element $u^* \in \Sigma$ existiert, so daß:

$$\mu \leq J[u^*] < \mu + \varepsilon.$$

Man wähle nun δ so, daß:

$|J[u] - J[u^*]| < \varepsilon$, wenn $\|u - u^*\| < \delta$.

Aus der Vollständigkeit von $\{\varphi_n\}$ folgt, daß es Konstante N, $\alpha_1, \alpha_2, \ldots, \alpha_N$ dergestalt gibt, daß:

$$\|u_N^* - u^*\| < \delta \quad \text{mit } u_N^* = \sum_{i=1}^{N} \alpha_i \varphi_i;$$

u_N ist dergestalt, daß $J[u_N]$ minimal ist, d.h.:

$$\mu \leq J[u_N] \leq J[u_N^*] < \mu + 2\varepsilon,$$

ε ist beliebig, also:

$$\lim_{n \to \infty} J[u_n] = \lim_{n \to \infty} \mu_n = \mu. \qquad \square$$

Die Frage, ob die Ritzsche Minimalfolge tatsächlich konvergiert (so, daß der Grenzwert eine Lösung von (7.7) wäre), ist nicht allgemein zu beantworten; wir werden uns darum auch auf die Klasse von Differentialoperatoren beschränken, die mit denen aus Satz 4.1 übereinstimmen.

Zuerst werden Existenz und Eindeutigkeit der Lösung des Problems untersucht. Dazu wird das Problem umformuliert.

7.2 Das abstrakte Minimierungsproblem

Das abstrakte Minimierungsproblem wird in Termen eines Hilbert-Raums V_0 (mit Skalarprodukt $(\bullet,\bullet)_0$ und Norm $\|\bullet\|_0$) und eines Teilraumes V_1 formuliert. In den meisten Fällen wird V_0 $L_2(\Omega)$ sein mit dem inneren Produkt

$$(u,v)_0 = \int_\Omega uv \, d\Omega, \tag{7.13}$$

und V_1 ist abhängig vom konkreten Problem.

Auf V_1 ist eine bilineare Form $a(\bullet,\bullet)$ definiert mit den folgenden Eigenschaften:

(i) $\quad a(u,v+w) = a(u,v) + a(u,w);$

(ii) $\quad a(\lambda u, v) = \lambda a(u,v) \quad \forall \lambda \in \mathbb{R};$

(ii) $\quad$ (Selbstadjungiertheit) $a(u,v) = a(v,u);$ \hfill (7.14)

(iii) \hspace{2cm} (Koerzivität) $a(u,u) \geq \gamma(u,u)_0$.

Beispiel 7.2
Für das Poisson-Problem $-\Delta u = f$ auf Ω, $u = 0$ auf Γ, ist die bilineare Form (siehe Satz 5.4)

$$a(u,v) = \int_\Omega \nabla u \cdot \nabla v \, d\Omega,$$

und V_1 besteht aus dem Teilraum von $L_2(\Omega)$, für den gilt

$$\int_\Omega \left(\frac{\partial u}{\partial x}\right)^2 + \left(\frac{\partial u}{\partial y}\right)^2 d\Omega < \infty. \hspace{2cm} \triangle$$

Das abstrakte Minimierungsproblem lautet nun

$$\min_{u \in V_1} J[u] = \tfrac{1}{2} a(u,u) - (u,f)_0. \hspace{2cm} (7.15)$$

7.2.1 Existenz und Eindeutigkeit der Lösung

Satz 7.2
Es gibt genau ein $u_0 \in V_1$, das $J[u]$ in (7.15) minimiert.

Beweis
Zunächst bemerken wir, daß die bilineare Form $a(u,v)$ mit den Eigenschaften von (7.14) genau den Definitionen eines inneren Produkts (siehe (7.3)) genügt. Im besonderen sorgt die Koerzivitätsforderung dafür, daß aus $a(u,u) = 0$ auch $u = 0$ folgt.
Mit diesem inneren Produkt $(u,v)_1 = a(u,v)$ ist V_1 ein Hilbert-Raum. Die Norm $\|u\|_1 = (u,u)_1^{1/2}$ ist genau die *Energienorm*, der wir auch schon in (6.8) begegneten.
Weiterhin ist für feste $f \in V_0$ der Ausdruck $(u,f)_0$ ein beschränktes lineares Funktional in V_1, denn schließlich gilt für alle $u \in V_1$

$$(u,f)_0 \leq \|u\|_0 \|f\|_0, \hspace{2cm} (7.16)$$

und wegen

$$\|u\|_0^2 \leq \frac{1}{\gamma} \|u\|_1^2 \quad \text{(Koerzivität)} \hspace{2cm} (7.17)$$

gilt

$$(u,f)_0 \leq \frac{1}{\sqrt{\gamma}} \|u\|_1 \|f\|_0. \tag{7.18}$$

Wir wenden nun den Darstellungssatz von Rieß an, der besagt, daß für jedes beschränkte, lineare, auf einem Hilbert-Raum H definierte Funktional $l(u)$ genau ein Element u_0 in H existiert, so daß

$$l(u) = (u,u_0)_H \quad \forall u \in H \tag{7.19}$$

(siehe [bac, p. 209]).
In unserem Fall gibt es folglich genau ein Element $u_0 \in V_1$ so, daß

$$(u,f)_0 = (u,u_0)_1 \quad \forall u \in V_1.$$

Betrachten wir nun das Minimierungsproblem (7.15). Wir sehen, daß gilt:

$$\begin{aligned} J[u] &= \tfrac{1}{2}(u,u)_1 - (u,u_0)_1 \\ &= \tfrac{1}{2}(u, u - u_0)_1 - \tfrac{1}{2}(u - u_0, u_0)_1 - \tfrac{1}{2}(u_0, u_0)_1 \\ &= \tfrac{1}{2}(u - u_0, u - u_0)_1 - \tfrac{1}{2}(u_0, u_0)_1. \end{aligned} \tag{7.20}$$

Weil $(v,v)_1 > 0$ für $v \neq 0$ ist, nimmt $J[u]$ sein Minimum für $u = u_0$ an. Weil u_0 eindeutig war, ist hiermit der Satz bewiesen. □

Das *abstrakte* Minimierungsproblem hat demzufolge immer eine eindeutige Lösung. Diese braucht jedoch nicht die Lösung des *konkreten* Problems zu sein. Dies wird durch den Übergang von der Differentialgleichung $Lu = f$ zu der bilinearen Form $\tfrac{1}{2}a(u,u) - (f,u)$ verursacht. Im allgemeinen ist das Definitionsgebiet von $a(\bullet,\bullet)$ (der Raum V_1) größer als das Definitionsgebiet des Differentialoperators L. Man vergleiche dazu den Übergang in Beispiel 7.2.
Man spricht daher von einer verallgemeinerten Lösung.

7.3 Konvergenz der Ritzschen Methode

Die Ritzsche Methode wird auf das abstrakte Problem (7.15) angewandt. Dazu wählen wir eine Basis $\{\varphi_k\} \in V_1$. Eine Näherungslösung u_n wird wie folgt definiert:

142   Numerik partieller Differentialgleichungen für Ingenieure

$$u_n = \sum_{k=1}^{n} a_k^{(n)} \varphi_k. \tag{7.21}$$

Das System von Ritz-Gleichungen wird gegeben durch:

$$\sum_{k=1}^{n} a_k^{(n)} (\varphi_k, \varphi_j)_1 = (f, \varphi_j)_0, \quad j = 1, 2, \ldots, n. \tag{7.22}$$

(Man vollziehe dies nach!)

Eine notwendige Bedingung für die Existenz einer eindeutigen Lösung von (7.22) ist, daß die Koeffizientenmatrix S nicht singulär ist. Es gilt:

$$S = \begin{bmatrix} (\varphi_1,\varphi_1)_1 & (\varphi_2,\varphi_1)_1 & \cdots & (\varphi_n,\varphi_1)_1 \\ (\varphi_1,\varphi_2)_1 & (\varphi_2,\varphi_2)_1 & \cdots & (\varphi_n,\varphi_2)_1 \\ \vdots & \vdots & & \vdots \\ (\varphi_1,\varphi_n)_1 & (\varphi_2,\varphi_n)_1 & \cdots & (\varphi_n,\varphi_n)_1 \end{bmatrix}.$$

Dies ist eine sogenannte Grammsche Matrix für das Funktionensystem $\varphi_1, \varphi_2, \ldots, \varphi_n$ im Raum V_1.

Satz 7.3
S ist nicht singulär.

Beweis
Man nehme an, daß es einen Vektor $\alpha = (\alpha_1, \alpha_2, \ldots, \alpha_n)$ so gibt, daß $S\alpha = 0$. Dann ist auch $(\alpha, S\alpha) = 0$ und

$$\sum_i \sum_j \alpha_i \alpha_j (\varphi_i, \varphi_j)_1 = 0 \tag{7.23}$$

und folglich wegen der Bilinearität von $(\bullet, \bullet)_1$:

$$\left(\sum_i \alpha_i \varphi_i, \sum_j \alpha_j \varphi_j \right)_1 = 0. \tag{7.24}$$

Dies bedeutet jedoch, daß $\|\sum_i \alpha_i \varphi_i\| = 0$ und demzufolge auch $\sum_i \alpha_i \varphi_i = 0$ ist.

Wegen der Unabhängigkeit der Basisfunktionen (Definition 7.1) impliziert dieses Resultat jedoch, daß alle α_i gleich null sind. Also $S\alpha = 0$ impliziert $\alpha = 0$, und S ist nicht singulär. □

Mathematischer Hintergrund der FEM 143

Satz 7.4
Die Näherungslösung (7.21) nach Ritz konvergiert in der Energienorm gegen die Lösung u_0 von (7.20)

Beweis

$$J[u] = \tfrac{1}{2}\|u - u_0\|_1^2 - \tfrac{1}{2}\|u_0\|_1^2$$

ist stetig in der Energienorm.

Nach Satz 7.1 gilt also:

$$\lim_{n \to \infty} J(u_n) = -\tfrac{1}{2}\|u_0\|_1^2;$$

aus

$$J[u_n] = \tfrac{1}{2}\|u_n - u_0\|_1^2 - \tfrac{1}{2}\|u_0\|_1^2$$

folgt:

$$\lim_{n \to \infty} \|u_n - u_0\|_1^2 = 0. \qquad \square$$

Übung 7.3
Man beweise mit Hilfe der Koerzivität von $a(u,v)$, daß die Ritzsche Methode auch in der Norm des Hilbert-Raumes V_0 konvergiert. △

7.4 Konkretisierung von V_1; Sobolew-Räume

Der Raum V_1 ist als abstrakter Hilbert-Raum im Abschnitt 7.2 eingeführt worden, und dieser Abschnitt enthielt auch ein Beispiel:

$$u \in L_2(\Omega), \text{ so daß } \int_\Omega \left(\frac{\partial u}{\partial x}\right)^2 + \left(\frac{\partial u}{\partial y}\right)^2 d\Omega < \infty.$$

Was für Elemente findet man in einem solchen Raum? Über die Ableitungen wird (quadratisch) integriert, folglich brauchen sie z.B. nicht überall zu existieren oder sogar endlich zu sein. (Man denke z.B. an lineare Interpolation auf Dreiecken, über die Elementränder hinweg sind die Normalableitungen unstetig.) Antworten auf diese Fragen findet man in der *Distributionstheorie* und der Theorie der *Sobolew-Räume*. Hierauf können wir in diesem Kapitel nur

144 Numerik partieller Differentialgleichungen für Ingenieure

am Rande eingehen. Für eine ausführlichere Übersicht schlage man in [sob, S. 5] nach.

7.4.1 Verallgemeinerte Ableitungen

Grundlage dieser Theorie ist der Begriff der verallgemeinerten Ableitung. Bevor wir ihn einführen, geben wir jedoch noch einige Definitionen.

Definition 7.2
Ω ist ein beschränktes offenes Gebiet im $\mathbb{R}^n$ mit Rand Γ.

1. Ein *beschränkter Streifen* in Ω ist die Menge aller Punkte aus Ω, für die der Abstand zu Γ nicht größer als eine gegebene positive Zahl δ ist.
2. Ein *offenes Gebiet* Ω' heißt ein Teilgebiet von Ω, wenn alle Punkte aus Ω' zu Ω gehören. Ω' heißt ein *inneres Teilgebiet*, wenn Ω außerdem den Rand Γ' enthält. Dann gibt es folglich einen beschränkten Streifen in Ω, der keine Punkte von Ω' enthält.
3. Eine *Testfunktion* φ_k ist eine Funktion, die in Ω k-mal differenzierbar und auf einem beschränkten Streifen gleich null ist. Für ein Beispiel einer eindimensionalen Testfunktion φ_k siehe Abbildung 7.1.
4. Ein *Testraum* Φ_k ist die Menge aller Testfunktionen φ_k.

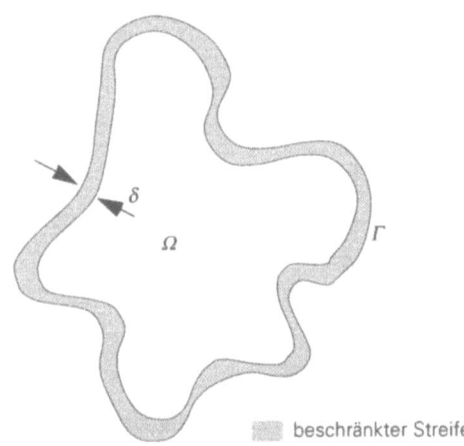

Abbildung 7.1. Beispiel einer Testfunktion.

Für jede Funktion $u(x)$ in $\overline{\Omega}$, die eine stetige k-te partielle Ableitung $\partial^k u/(\partial x_{i_1}\partial x_{i_2}\ldots \partial x_{i_k})$ besitzt, gilt nach einem Greenschen Satz (siehe Anhang 1):

$$\int_\Omega u \frac{\partial^k \varphi}{\partial x_{i_1}\partial x_{i_2}\ldots\partial x_{i_k}} \, d\Omega = (-1)^k \int_\Omega \frac{\partial^k u}{\partial x_{i_1}\partial x_{i_2}\ldots\partial x_{i_k}} \varphi \, d\Omega \quad \forall \varphi(x) \in \Phi_k \qquad (7.25)$$

Mathematischer Hintergrund der FEM 145

Formel (7.25) wird als Ausgangspunkt für den Begriff der verallgemeinerten Ableitung dienen. Hiermit ist sofort der Greensche Satz für diese Ableitungen anwendbar geworden.

Definition 7.3
Es sei $u(x)$ eine Funktion, die in jedem Teilgebiet von Ω summierbar (d.h. L^1-integrierbar) ist, und $w(x)$ sei eine Funktion, die in jedem inneren Teilgebiet von Ω summierbar ist. Dann gilt: $w(x)$ heißt die *verallgemeinerte k-te Ableitung* bezüglich $x_{i_1}, x_{i_2}, \ldots, x_{i_k}$ der Funktion $u(x)$ in Ω, wenn für jede Funktion $\varphi(x) \in \Phi_k$ die Identität gilt:

$$\int_\Omega u \frac{\partial^k \varphi}{\partial x_{i_1} \partial x_{i_2} \ldots \partial x_{i_k}} \, d\Omega = (-1)^k \int_\Omega \varphi w \, d\Omega.$$

Die verallgemeinerte Ableitung wird auf dieselbe Weise wie die klassische bezeichnet.

Satz 7.5
Falls die verallgemeinerte Ableitung existiert, ist sie im Sinne von L^2 eindeutig.

Beweis

siehe [sob, S. 5] □

Übung 7.4
Man zeige, daß die verallgemeinerte Ableitung der Funktion

$$f(x) = \begin{cases} 0 & \text{für } x \leq 0, \\ x & \text{für } 0 \leq x \leq \frac{1}{2}, \\ 1-x & \text{für } \frac{1}{2} \leq x \leq 1, \\ 0 & \text{für } x \geq 1 \end{cases}$$

gegeben wird durch

$$f'(x) = \begin{cases} 0 & \text{für } x < 0 \text{ oder } x > 1, \\ 1 & \text{für } 0 < x < \frac{1}{2}, \\ -1 & \text{für } \frac{1}{2} < x < 1. \end{cases}$$

Warum ist $f(x)$ nicht im klassischen Sinn differentierbar? Warum ist die

Definition von $f'(x)$ arbiträr in den Punkten $0, \frac{1}{2}$ und 1? Stimmt dies mit Satz 7.5 überein? △

Satz 7.6
Falls $u(x)$ und $w(x)$ in jedem inneren Teilgebiet Ω' von Ω summierbar sind und $w(x)$ eine verallgemeinerte k-te Ableitung von $u(x)$ ist, dann existiert eine Funktionenfolge $u_n(x)$, die in Ω k-mal stetig differenzierbar ist, so daß:

$$\lim_{n \to \infty} \int_{\Omega'} |u_n(x) - u(x)| \, d\Omega = 0$$

und

$$\lim_{n \to \infty} \int_{\Omega'} \left| \frac{\partial^k u_n}{\partial x_{i_1} \partial x_{i_2} \ldots \partial x_{i_k}} - w(x) \right| d\Omega = 0$$

für *jedes* innere Teilgebiet Ω' von Ω gelten.
Andererseits folgt aus der Existenz einer solchen Folge, daß die Grenzfunktion der Ableitungen die Ableitung von $u(x)$ liefert.

Beweis
siehe [sob, S. 43]. □

7.5 Sobolew-Räume

Sehr wichtig für die Theorie der Differentialgleichungen sind die Sobolew-Räume. Zunächst führen wir eine vereinfachte Schreibweise ein.

Schreibweise
$D^p u$ ist die p-te Ableitung von u:

$$D^p u = \frac{\partial^{|p|} u}{\partial x_1^{p_1} \partial x_2^{p_2} \ldots \partial x_m^{p_m}} \tag{7.26}$$

mit $x, p \in \mathbb{R}^m$,

$$|p| = \sum_{i=1}^{m} p_i \quad p = [p_1, p_2, p_3, \ldots, p_m].$$

Mathematischer Hintergrund der FEM

Definition 7.4
Ein Sobolew-Raum $H^k(\Omega)$ ist der Raum aller Funktionen, die in Ω alle verallgemeinerten Ableitungen der Ordnung $\leq k$ besitzen, während sowohl die Funktionen als auch die Ableitungen p-ter Ordnung ($p \leq k$) über Ω quadratisch integrierbar sind. In den Räumen $H^k(\Omega)$ wird das folgende innere Produkt definiert:

$$(u,v)_{H^k(\Omega)} = \int_\Omega \sum_{|p|\leq k} D^p u \, D^p v \, d\Omega \qquad (7.27)$$

mit dazugehörender Norm

$$\|u\|^2_{H^k(\Omega)} = \int_\Omega \sum_{|p|\leq k} (D^p u)^2 \, d\Omega. \qquad (7.28)$$

Im folgenden wird oft die verkürzte Schreibweise benutzt:

$$\|u\|_m = \|u\|_{H^m(\Omega)},$$

$$\|u\|_0 = \|u\|_{L^2(\Omega)}. \qquad (7.29)$$

Satz 7.7
Der Raum $H^k(\Omega)$ ist in der Norm (7.28) vollständig und folglich ein Hilbert-Raum.
Die Räume $C^\infty(\Omega)$ und $C^k(\Omega)$ sind dicht in $H^k(\Omega)$.

Definition 7.5
Der Raum $C_0^\infty(\Omega)$ ist der Raum beliebig oft differenzierbarer Funktionen, die in einem beschränkten Streifen gleich null sind.

Der Raum $H_0^k(\Omega)$ ist der Abschluß von $C_0^\infty(\Omega)$ in der Norm (7.28) oder des Raumes $C_0^k(\Omega)$.

Satz 7.8
Falls der Rand Γ von Ω regulär (ausreichend glatt) ist, genügen alle Funktionen aus $C^{k-1}(\overline{\Omega})$, die in $H_0^k(\Omega)$ liegen, den Randbedingungen

$$u|_\Gamma = \frac{\partial u}{\partial n}\Big|_\Gamma = \ldots = \frac{\partial^{k-1} u}{\partial n^{k-1}}\Big|_\Gamma = 0.$$

Beispiel 7.3
Man betrachte den Raum $H_0^1(0,1)$. Nach Definition 7.5 ist dies der Abschluß

von $C_0^1(0,1)$ in der H^1-Norm.
Gemäß Satz 7.8 genügen alle stetigen Funktionen in $H_0^1(0,1)$ den Randbedingungen $u(0) = u(1) = 0$.
Es hat keinen Sinn, Funktionen in $H^1(0,1)$ natürliche Randbedingungen des Typs $u'(0) = u'(1) = 0$ aufzuerlegen. Dies folgt aus der Tatsache, daß der Grenzwert $u(x)$ einer Folge von C^∞-Funktionen $u_n(x)$ mit $u_n'(0) = u_n'(1) = 0$ im H^1-Sinn zwar in H^1 liegt, aber nicht $u'(0) = u'(1) = 0$ zu genügen braucht. Man kann sagen, daß eine solche Randbedingung nicht 'stabil' ist. Wir werden dies anhand von zwei Übungen demonstrieren.

Übung 7.5
Man mache glaubhaft, daß die Funktion $u(x) \equiv 1$ nicht in $H_0^1(0,1)$ liegt.
Hinweis: Man nähere $u(x)$ durch Funktionen $f_n \in C_0^\infty$ mit den folgenden Eigenschaften an:

$$\begin{cases} f_n(x) = 0, f_n'(x) = 0 & \text{für } 0 \leq x \leq \frac{1}{2n}, \\ f_n(x) \text{ ist wachsend} & \text{für } \frac{1}{2n} \leq x \leq \frac{1}{n}, \\ f_n(x) = 1 & \text{für } \frac{1}{n} \leq x \leq \frac{1}{2}, \\ f_n(x) \text{ ist symmetrisch bezüglich } x = \frac{1}{2} \end{cases}$$

Man zeige, daß

$$\lim_{n \to \infty} \int_0^1 ((u(x) - f_n(x))^2 \, dx = 0,$$

aber

$$\lim_{n \to \infty} \int_{\frac{1}{2n}}^{\frac{1}{2}} (u'(x) - f_n'(x))^2 \, dx = \infty.$$

Der letzte Grenzwert folgt aus der Ungleichung:

$$\int_a^b \{f'(x)\}^2 \, dx \geq \frac{1}{b-a}, \text{ wenn } f(a) = 0 \text{ und } f(b) = 1.$$

Man beweise dies dadurch, daß man $\int_a^b \{f'(x)\}^2 \, dx$ minimiert. △

Mathematischer Hintergrund der FEM   149

Übung 7.6
Man weise nach, daß die Funktion $u(x)$:

$$u(x) = \begin{cases} x & \text{für } 0 \leq x \leq \frac{1}{2}, \\ 1-x & \text{für } \frac{1}{2} \leq x \leq 1 \end{cases}$$

in $H_0^1(0,1)$ liegt. Man beachte, daß $u(x)$ zwar $u(0) = 0$ und $u(1) = 0$, aber nicht $u'(0)$ und $u'(1) = 0$ genügt.
Hinweis: Man wähle eine Folge von Funktionen $f_n(x)$, die so definiert sind:

$$f_n(x) = 0 \text{ für } 0 \leq x \leq \tfrac{1}{2n};$$

$f_n(x)$ ist ein Hermitepolynom dritten Grades, das den folgenden Bedingungen genügt:

$$\left. \begin{array}{l} f_n(\tfrac{1}{2n}) = 0, \ f_n'(\tfrac{1}{2n}) = 0 \\ f_n(\tfrac{1}{n}) = \tfrac{1}{n}, \ f_n'(\tfrac{1}{n}) = 1 \end{array} \right\} \text{ für } \tfrac{1}{2n} \leq x \leq \tfrac{1}{n},$$

$$f_n(x) = x \text{ für } \tfrac{1}{n} \leq x \leq \tfrac{1}{2} - \tfrac{1}{n}$$

$f_n(x)$ ist ein quadratisches Polynom mit

$$f_n(\tfrac{1}{2} - \tfrac{1}{n}) = \tfrac{1}{2} - \tfrac{1}{n}, \ f_n'(\tfrac{1}{2} - \tfrac{1}{n}) = 1, \ f_n'(\tfrac{1}{2}) = 0, \ \tfrac{1}{2} - \text{ für } \tfrac{1}{n} \leq x \leq \tfrac{1}{2};$$

$f_n(x)$ ist symmetrisch bez. $x = \tfrac{1}{2}$.

Warum darf diese Folge so gewählt werden?   △

Bemerkung
Die 'δ-Funktion' liegt nicht in H^1, weil sie nämlich nicht L^2-integrierbar ist. Stückweise glatte Funktionen liegen in H^1, falls sie in einer endlichen Anzahl Punkten stetig (differenzierbar ist nicht gefordert) sind (vergleiche Übung 7.6.).

7.6 Der Energieraum

Mit Hilfe der Definitionen von verallgemeinerten Ableitungen und Sobolew-Räumen ist es möglich zu betrachten, welche Art von Elementen der Energieraum V_1 enthält. Das ist nur möglich, falls der Differentialoperator L in $Lu = f$ bekannt ist. Wir werden uns auf elliptische Gleichungen der zweiten Ordnung beschränken.

150 Numerik partieller Differentialgleichungen für Ingenieure

Man betrachte die PDG:

$$Lu = -\sum_{i,j=1}^{n} \frac{\partial}{\partial x_i}\left(a_{ij}\frac{\partial u}{\partial x_j}\right) + cu = f. \qquad (7.30)$$

Der Operator L ist definiert für

$$D(L): \{u \in C^2(\Omega), u\,|_\Gamma = 0, \Omega \subset \mathbb{R}^n\},$$

und die Matrix $A = (a_{ij})$ ist positiv definit und symmetrisch; $c \geq 0$.

Zunächst wird gezeigt, daß, wenn A gleich der Einheitsmatrix ist, L über dem Raum $D(L)$ (falls $c = 0$) positiv definit ist. Anders gesagt, der Laplace-Operator mit Dirichlet-Randbedingungen ist definit.

Satz 7.9 Poincaré-Ungleichung;-(Friedrichs-)Ungleichung
Es sei $\Omega \in \mathbb{R}^m$, $u \in C^1(\Omega)$ und $u\,|_\Gamma = 0$. Dann gilt

$$\int_\Omega \sum_{i=1}^{m} \left(\frac{\partial u}{\partial x_i}\right)^2 d\Omega \geq K\int_\Omega u^2\, d\Omega,\ K > 0.$$

Beweis

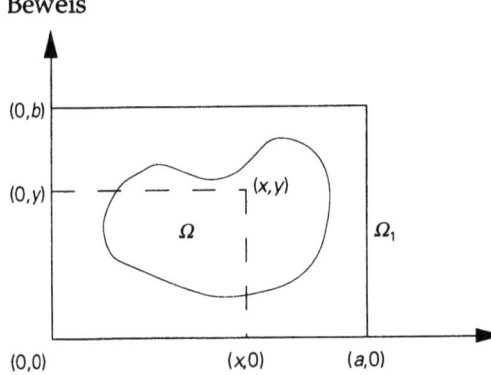

Wir werden den Satz für $m = 2$ beweisen.
Das Gebiet Ω wird durch ein Rechteck Ω_1 der Länge a und der Breite b einge–schlossen. $u(x,y) \in C^1(\Omega)$ und $u(x,y) = 0$ auf $\partial\Omega$.
$u(x,y)$ wird stetig auf dem ganzen Gebiet Ω_1 dadurch fortgesetzt, daß wir definieren:

$$u(x,y) = 0, \quad (x,y) \in \Omega_1 \setminus \Omega.$$

Man wähle einen beliebigen Punkt $(x_1,y_1) \in \Omega_1$.
Dann gilt:

$$\int_0^{x_1} \frac{\partial u(x,y_1)}{\partial x}\, dx = u(x_1,y_1) - u(0,y_1),$$

$$u(0,y_1) = 0 \quad \text{(folgt aus der Abbildung).}$$

Aus der Ungleichung von Cauchy-Schwarz folgt:

$$\left[\int_\Omega uv\, d\Omega\right]^2 \leq \int_\Omega u^2\, d\Omega \int_\Omega v^2\, d\Omega.$$

Folglich ist

$$u^2(x_1,y_1) = \left\{\int_0^{x_1} \frac{\partial u(x,y_1)}{\partial x}\, dx\right\}^2 \leq x_1 \int_0^{x_1} \left\{\frac{\partial u(x,y)}{\partial x}\right\}^2 dx$$

$$\leq a \int_0^a \left(\frac{\partial u(x,y_1)}{\partial x}\right)^2 dx. \tag{7.31}$$

Integrieren von (7.31) über Ω_1 ergibt:

$$\int_{\Omega_1} u^2(x,y)\, d\Omega \leq a^2 \int_{\Omega_1} \left(\frac{\partial u}{\partial x}\right)^2 d\Omega \leq a^2 \int_{\Omega_1} \left(\frac{\partial u}{\partial x}\right)^2 + \left(\frac{\partial u}{\partial y}\right)^2 d\Omega.$$

Hiermit ist der Satz mit $K = 1/a^2$ bewiesen. □

Übung 7.7
Man beweise, daß der Satz auch mit $K = 1/b^2$ gilt, so daß $K = \max(1/a^2, 1/b^2)$. △

Bemerkung
Das Resultat von Satz 7.9 wurde schon im Beweis von Satz 5.1 benutzt.

Satz 7.10
Der Energieraum V_1, der zum Operator (7.30) gehört, ist äquivalent zum Raum $H_0^1(\Omega)$ (d.h. besitzt dieselben Elemente).

Beweis
V_1 ist der Abschluß des Raumes $C^2(\Omega)$ in der Norm

$$\|u\|_{V_1}^2 = \int_\Omega \left\{\sum_{i,j=1}^n a_{ij} \frac{\partial u}{\partial x_i} \frac{\partial u}{\partial x_j} + cu^2\right\} dx \quad \text{(man überprüfe dies!)}.$$

Die Matrix A ist positiv definit und hat folglich positive Eigenwerte μ_i. Man ordne diese wie folgt:

$$0 \leq \mu_1 \leq \mu_2 \leq \ldots \leq \mu_n,$$

dann gilt

152 Numerik partieller Differentialgleichungen für Ingenieure

$$\|u\|_{V_1}^2 \leq \max_{\Omega}(\mu_n) \iint_\Omega \sum_{i=1}^n \left(\frac{\partial u}{\partial x_i}\right)^2 d\Omega + \max_{\Omega}(c) \iint_\Omega u^2 d\Omega$$

und

$$\|u\|_{V_1}^2 \geq \min_{\Omega}(\mu_1) \iint_\Omega \sum_{i=1}^n \left(\frac{\partial u}{\partial x_i}\right)^2 d\Omega.$$

(Man beweise dies mit dem Rayleigh-Quotienten

$$\mu_n \geq \frac{x^T A x}{x^T x} \geq \mu_1 \quad \forall x \in \mathbb{R}^n.)$$

Zusammen mit der Poincaré-Ungleichung folgt also:

$$k_2 \|u\|_{H^1(\Omega)} \leq \|u\|_{V_1} \leq k_1 \|u\|_{H^1(\Omega)}. \qquad \square$$

Bemerkung

Es ist zu beweisen, daß für elliptische, positiv definite Operatoren der Ordnung $2m$ der Energieraum V_1 dieselben Elemente besitzt wie der Sobolew-Raum $H^m(\Omega)$ oder der Raum $H_0^m(\Omega)$, abhängig von der Tatsache, ob die Randbedingungen natürlich oder aufgezwungen sind. Die Lösung der biharmonischen Gleichung muß folglich in $H^2(\Omega)$ gesucht werden.

In der PDG-Theorie wird die Lösung von elliptischen Problemen fast immer in Sobolew-Räumen gesucht, auch wenn die PDG nicht symmetrisch oder positiv definit ist.

7.7 Konvergenz der FEM für Minimierungsprobleme

Im Kapitel 5 wurde abgeleitet, daß die FEM ein Spezialfall der Ritzschen Methode ist. Um Konvergenz nachzuweisen, ist es ausreichend zu beweisen, daß die FEM-Basis–funktionen der Definition 7.1 genügen.

Beweis

(i) $$\varphi_k \in V_1. \qquad (7.32)$$

Aus der Definition der verallgemeinerten Ableitungen folgt, daß *konforme* Elemente dieser Bedingung genügen. Nicht-konforme Elemente genügen ihr jedoch bei elliptischen Gleichungen der Ordnung $2m$ nicht.

(ii) $\quad\quad\quad\quad\quad\quad\quad\varphi_1,\ldots,\varphi_n$ linear unabhängig. $\quad\quad\quad\quad\quad$ (7.33)

Diese Eigenschaft folgt sofort aus der speziellen Konstruktion der Basisfunktionen (man vergleiche mit Übung 5.9).

Übung 7.8
Man weise nach, daß die Hermite-Interpolation dritten Grades im $\mathbb{R}^1$ linear unabhängige Basisfunktionen ergibt.
Tip: Man wende die Methode der Übung 5.9 an und differenziere den Ausdruck

$$\sum_{k=1}^{n} \alpha_k \varphi_k(x) = 0. \quad\quad\quad \triangle$$

(iii) Das System $\{\varphi_k\}$ ist in V_1 vollständig. Für eine elliptische Gleichung der Ordnung $2m$ ist es ausreichend zu beweisen, daß $\{\varphi_k\}$ vollständig im Raum $C^\infty(\Omega)$ im Sinn der Sobolew-Norm $\|\bullet\|_{H^m(\Omega)}$ ist, d.h. $\forall \varphi \in C^\infty(\Omega)$ und $\forall \varepsilon > 0$ existieren Konstanten $N, \alpha_1, \alpha_2, \ldots, \alpha_N$ dergestalt, daß

$$\left\|\varphi - \sum_{k=1}^{N} \alpha_k \varphi_k\right\|_{H^m(\Omega)} < \varepsilon. \quad\quad (7.34)$$

Aus Satz 6.7, der im folgenden Abschnitt bewiesen werden wird, folgt, daß der Fehler bei einer Interpolation k-ten Grades $O(h^{k+1-m})$ ist.
Daraus folgt, daß für jedes $\varepsilon > 0$ eine Elementenverteilung so zu finden ist, daß (7.34) erfüllt wird. (Man nehme z.B. für

$$\sum_{k=1}^{N} \alpha_k \varphi_k$$

die Interpolation von φ.)

7.8 Approximationstheorie

In diesem Abschnitt wird Satz 6.7 bewiesen. Zunächst wird eine verkürzte Schreibweise eingeführt.

Die Basisfunktionen werden mit $\varphi_i(x)$ bezeichnet. Sie werden definiert durch

$$\varphi_i(x_j) = \delta_{ij} \quad \text{(Lagrange-Interpolation)}$$

oder z.B. für Hermite-Interpolation durch Bedingungen der Form:

154   Numerik partieller Differentialgleichungen für Ingenieure

$$\left.\begin{array}{l}\varphi_i(x_j) = \delta_{ij} \\ D^1\varphi_i(x_j) = 0\end{array}\right\} \ i,j = 1(1)n,$$

$$\left.\begin{array}{l}\varphi_i(x_j) = 0 \\ D^1\varphi_i(x_j) = \delta_{ij}\end{array}\right\} \begin{array}{l}i = n+1(1)2n, \\ j = 1(1)n.\end{array}$$

(7.35)

Allgemein kann folglich bei jeder der Basisfunktionen eine Ableitung D_i (z.B. die 0-te) gefunden werden, so daß:

$$D_i\varphi_i(x_j) = \delta_{ij} \quad \forall i,j \tag{7.36}$$

und

$$u_{\text{int}} = \Sigma\, D_j u_j \varphi_j(x).$$

Hierbei können die Knotenpunkte x_j unter mehreren Indizes vorkommen.

Beispiel 7.4

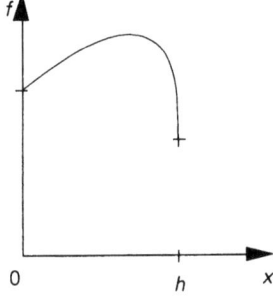

Man interpoliere $f(x)$ aus der Abbildung mit Hilfe eines Hermite-Polynoms dritten Grades, wobei sowohl die Funktionswerte als auch die Ableitungen in den Punkten 0 und h gegeben sind.
Die 4 Interpolationsfunktionen mit den dazugehörenden Punkten x_i und den Ableitungen D_i sind:

$$x_1 = 0, \ \varphi_1(x) = 1 - \frac{3x^2}{h^2} + 2\frac{x^3}{h^3}, \qquad D_1 = D^0;$$

$$x_2 = h, \ \varphi_2(x) = 3\frac{x^2}{h^2} - 2\frac{x^3}{h^3}, \qquad D_2 = D^0;$$

$$x_3 = 0, \ \varphi_3(x) = x - 2\frac{x^2}{h} + \frac{x^3}{h^2}, \qquad D_3 = D^1;$$

$$x_4 = h, \ \varphi_4(x) = -\frac{x^2}{h} + \frac{x^3}{h^2}, \qquad D_4 = D^1.$$

Man überprüfe, daß (7.36) erfüllt ist.

Vorschrift (7.36) definiert die Interpolationsfunktionen $\varphi_i(x)$ mit einem linearen Gleichungssystem. Eine notwendige Bedingung für die Existenz von Basisfunktionen ist die Lösbarkeit dieses Systems.

7.8.1 Fehlerabschätzung bei Interpolation

Man nehme an, daß die Interpolationspolynome $\varphi_i(x)$ alle Terme bis zum Grad k enthalten, so daß jedes Polynom des Grades $\leq k$ exakt interpoliert wird. Man nehme an, daß die Funktion $u(x) \in C^{k+1}(\Omega)$ ist, dann kann der Fehler bei der Interpolation auf die folgende Weise geschätzt werden:

Man entwickle $u(x)$ pro Element e_i um einen Punkt $x_0 \in e_i$ (z.B. den Schwerpunkt) in eine Taylor-Reihe:

$$u(x) = P(x) + R(x), \tag{7.37}$$

$P(x)$ ist ein Polynom k-ten Grades und $R(x)$ der Restterm. Man beschreibe die Interpolation von $f(x)$ mit $f_{\text{int}}(x)$, dann gilt:

$$u_{\text{int}}(x) = P_{\text{int}}(x) + R_{\text{int}}(x). \tag{7.38}$$

Subtraktion ergibt $u(x) - u_{\text{int}}(x) = R(x) - R_{\text{int}}(x)$
Nach (7.36) gilt:

$$D^p R_{\text{int}}(x) = \sum_j D_j R(x_j) \, D^p \varphi_j(x), \tag{7.39}$$

so daß der Fehler in der p-ten Ableitung der Interpolation gegeben wird durch

$$D^p(u(x) - u_{\text{int}}(x)) = D^p R(x) - \sum_j D_j R(x_j) \, D^p \varphi_j(x). \tag{7.40}$$

Der Restterm der Taylor-Reihe kann wie folgt abgeschätzt werden (siehe [strang]):

$$\max_{x \in e_i} |D^\alpha R(x)| \leq C \, h^{k-|\alpha|+1} \max_{x \in e_i} |D^{k+1} f(x)|. \tag{7.41}$$

Um den Term $\sum_j D_j R(x_j) \, D^p \varphi_j(x)$ abzuschätzen, ist eine Uniformitätsbedingung (vergleichbar mit der maximalen Winkelbedingung, siehe Abschnitt 6.3) nötig. Wir geben diese Uniformitätsforderung in einer etwas geänderten Form an.

Definition 7.6
Es sei h_i der Durchmesser des Elementes e_i und $h = \max_i(h_i)$.

Die Basisfunktionen $\varphi_i(x)$ heißen *uniform der Ordnung q*, falls die Konstanten c_s für alle h, i, und j existieren:

156 Numerik partieller Differentialgleichungen für Ingenieure

$$\max_{\mathbf{x} \in e_i} |D^s \varphi_j(\mathbf{x})| \leq c_s h_i^{|D_j|-|s|} \quad \forall\, s \leq q \tag{7.42}$$

mit $|D_j|$ der Ordnung der Ableitung D_j, die zu der Basisfunktion φ_j gehört (man vergleiche mit (7.36)).

Bemerkung

Die Exponenten von h in (7.42) stimmen mit den in der Praxis auftretenden (vergleiche z.B. Beispiel 7.4) überein. Die Forderung, daß Konstanten c_s existieren, bedeutet eine Bedingung für die Gestalt der Elemente, die stärker ist als die maximale Winkelbedingung. Mit Hilfe der Uniformitätskondition kann der Fehler (7.40) einfach so abgeschätzt werden, wie im folgenden Satz gegeben.

Satz 7.11
Man nehme an, daß die Interpolationspolynome $\varphi_i(\mathbf{x})$ pro Element alle Terme bis einschließlich des Grades k enthalten. Man nehme weiterhin an, daß $u \in C^{k+1}(\Omega)$ und daß die Basisfunktionen $\varphi_i(\mathbf{x})$ uniform der Ordnung p sind mit $p \leq k$. Dann gilt:

$$\max_{\mathbf{x} \in e_i} |D^p(u(\mathbf{x}) - u_{\text{int}}(\mathbf{x}))| \leq C\, h_i^{k-|p|+1} \max_{\mathbf{x} \in e_i} |D^{k+1} u|.$$

Bemerkung

Die Uniformitätsbedingung (7.42) ist in vielen Fällen eine viel zu starke Forderung. Für Dreiecke bedeutet sie unter anderem, daß der kleinste Winkel nach unten beschränkt sein muß. Aus den Betrachtungen in Abschnitt 6.3 folgt, daß es eine ausreichende Forderung ist, den größten Winkel nach oben zu beschränken.
In praktischen Situationen ist es demzufolge vernünftig, dem Term
$\sum_j D_j R(\mathbf{x}_j) D^p \varphi_j(\mathbf{x})$ Aufmerksamkeit zu schenken. △

Aus Satz 7.11 folgt sofort eine Fehlerabschätzung für C^{k+1}-Funktionen in der Solobew-Norm $H^s(\Omega)$ ($s \leq k$).

Satz 7.12
Falls die Bedingungen von Satz 7.11 erfüllt sind, gilt:

$$\|u - u_{\text{int}}\|_s \leq C_s h^{k-s+1} \|u\|_{k+1}.$$

Bemerkung

In [strang, S.144] wird Satz 7.12 unter der Bedingung bewiesen, daß $u \in H^{k+1}(\Omega)$. (Dies ist eine weniger strenge Forderung.)

7.8.2 Variationsformulierung

In Abschnitt 7.2 ist das abstrakte Minimierungsproblem formuliert:

$$\min_{u \in V_1} J[u] = \tfrac{1}{2} a(u,u) - (u,f)_0. \qquad (7.43)$$

Man kann einfach beweisen, daß für das Element u_0, wofür J sein Minimum annimmt, gilt:

$$a(u_0, v) = (f, v)_0 \quad \forall v \in V_1. \qquad (7.44)$$

Gleichung (7.44) wird auch die *Variationsformulierung* von (7.43) genannt. Ein Analogon in der Mechanik ist die Äquivalenz des Minimalseins der potentiellen Energie und des Prinzips von d'Alembert (eine virtuelle Verschiebung im Gleichgewicht ver–richtet keine Arbeit).
In der Theorie der PDG ist es üblich, diese Formulierung (auch *schwache* oder *ver–allgemeinerte* Form genannt) als Ausgangspunkt der Betrachtung zu nehmen. (Siehe z.B. Satz 6.1, wo (7.44) für einen speziellen Fall abgeleitet wird.) Wir werden dieser schwachen Formulierung auch noch in Kapitel 8 begegnen.

Übung 7.9
Man leite (7.44) aus (7.43) ab. Dazu wähle man $u = u_0 + \varepsilon v$ und fordere, daß $J[u_0] \leq J[u_0 + \varepsilon v]$ für jedes beliebige $\varepsilon \in \mathbb{R}$ und $v \in V_1$ gilt. △

Auch die Ritzsche Methode kann mit Hilfe dieser Variationsformulierung beschrieben werden. Das System von Ritz-Gleichungen wird nämlich gegeben durch

$$\sum_{k=1}^{n} a_k^{(n)} a(\varphi_k, \varphi_j) = (f, \varphi_j)_0 \quad (j = 1, 2, \ldots, n) \qquad (7.45)$$

(man vergleiche mit (7.22)).

Es sei Σ_n der durch $\varphi_1\ \varphi_2 \ldots \varphi_n$ aufgespannte Raum. Dann ist (7.45) äquivalent zu:

$$a(u_n, v_n) = (f, v_n)_0 \quad u_n, \ \forall v_n \in \Sigma_n \qquad (7.46)$$

mit

$$u_n = \sum_{k=1}^{n} a_k^{(n)} \varphi_k.$$

Die Variationsformulierung wird als Ausgangspunkt für die Fehlerabschätzungen dienen.

158 Numerik partieller Differentialgleichungen für Ingenieure

7.8.3 Fehlerabschätzung in der Energienorm

Weil nun die Konvergenz der FEM für konforme Elemente bewiesen und auch eine Fehlerabschätzung für die Interpolation abgeleitet worden ist, ist es möglich, eine Fehlerabschätzung in der Energienorm zu geben.

Übung 7.10
Man zeige, wenn $a(u,v)$ (7.14) erfüllt, $\tilde{u}$ die Interpolation der Lösung u_0 von (7.15) und u^h die FEM-Näherung ist, dann gilt

$$a(u_0 - u^h, u_0 - u^h) \leq a(u_0 - v^h, u_0 - v^h) \quad \forall v^h \in S^h,$$

also $a(u_0 - u^h, u_0 - u^h) \leq a(u_0 - \tilde{u}, u_0 - \tilde{u})$.
Hierbei ist S^h der durch $\varphi_1 \varphi_2 \ldots \varphi_n$ aufgespannte Raum.
Hinweis: Man folge der Methode aus Satz 6.1 und benutze (7.46). △

Übung 7.11
Man zeige, daß die FEM die beste Näherung in der Energienorm im Raum S^h ist, vergleiche Satz 6.2. △

Aus dem Resultat von Übung 7.11 kann zusammen mit dem Approximationssatz 7.12 einfach die folgende Abschätzung gegeben werden:

Satz 7.13
Die bilineare Form $a(\bullet, \bullet)$ erfülle die Eigenschaften (7.14). Es sei $V_1 = H^m(\Omega)$. Dann gilt für den Fehler in der Energienorm (oder der äquivalenten Sobolew-Norm)

$$a(u - u^h, u - u^h)^{1/2} \leq C\, h^{k-m+1}\, \|u\|_{k+1},$$

falls die Bedingungen von Satz 7.11 erfüllt sind.

Man beweise diesen Satz selbst.

7.8.4 Fehlerabschätzung in der L^2-Norm

Außer einer Fehlerabschätzung in der Energienorm ist es auch möglich, eine derartige Schätzung so in der L^2-Norm zu geben, daß die Faustregel 5.1 glaubhaft gemacht wird. Dies geht mit Hilfe eines berühmten Kunstgriffes, der als der *Trick von Nitsche* bekannt ist.

Wir machen hierfür die folgenden Annahmen:
(i) Es seien alle Bedingungen von Satz 7.12 erfüllt.
(ii) $\sigma_1 \|v\|_m^2 \leq a(v,v) \leq \sigma_2 \|v\|_m^2$, $\sigma_1, \sigma_2 > 0$.

Diese Bedingung bedeutet, daß der Energieraum V_1 mit dem Sobolew-Raum $H^m(\Omega)$ äquivalent ist (vergleiche Abschnitt 7.6).
(iii) Die Koeffizienten des Differentialoperators L und das Gebiet Ω sind so glatt, daß, falls u die Lösung von $a(u,v) = (f,v) \; \forall v \in H^m(\Omega)$ ist, u für jedes beliebige $f \in L^2(\Omega)$ in $H^{2m}(\Omega)$ liegt und daß gleichzeitig

$$\|u\|_{2m} \leq C \|f\|_0$$

gilt. Bedingung (iii) sagt, daß für $f \in L^2(\Omega)$ die Lösung der PDG $2m$ mal so glatt ist, d.h. $u \in H^{2m}(\Omega)$. Intuitiv liegt eine solche Bedingung auf der Hand, nur bewiesen ist sie nur für eine beschränkte Anzahl von Fällen.

Satz 7.14
Unter obenstehenden Annahmen (i – iii) gilt für den Fehler $u - u^h$ in der L^2-Norm:

$$\|u - u^h\|_{L^2} \leq \begin{cases} C\,h^{k+1}\|u\|_{k+1} & \text{für } 2m - k - 1 \leq 0, \\ C\,h^{2(k-m+1)}\|u\|_{k+1} & \text{für } 2m - k - 1 \geq 0. \end{cases}$$

Beweis
Wir wenden den Trick von Nitsche an, d.h. wir betrachten die Lösung w von

$$a(w,v) = (u - u^h, v) \quad \forall v \in H^m(\Omega). \tag{7.47}$$

Daraus folgt, daß w die verallgemeinerte Lösung von $Lw = u - u^h$ ist.
Man wähle $v = u - u^h$, dann ist

$$a(w, u - u^h) = \|u - u^h\|_0^2. \tag{7.48}$$

Weil $\forall v^h \in S^h$ gilt $a(v^h, u - u^h) = 0$, ergibt dies

$$|a(w, u - u^h)| = |a(w - v^h, u - u^h)|$$

(Cauchy-Schwarz)

$$\leq K \|w - v^h\|_m \|u - u^h\|_m \quad \forall v^h \in S^h, \tag{7.49}$$

Man wähle für v^h die FEM-Näherung von w. Dann gilt gemäß Satz 7.13

$$\|w - v^h\|_m \leq C_1 \, h^{k-m+1} \|w\|_{k+1} \tag{7.50}$$

$$\leq C_2 \, h^{k-m+1} \|w\|_{2m}, \text{ wenn } k + 1 \leq 2m.$$

Wenn $k + 1 \geq 2m$, gilt

$$\|w - v^h\|_m \leq C_1 \, h^m \, \|w\|_{2m}. \tag{7.51}$$

Zusammen mit Bedingung (iii), (7.48) und (7.49) folgt für $k + 1 \geq 2m$:

$$\|u - u^h\|_0^2 \leq C \, h^{k-m+1} \, \|u\|_{k+1} \, h^m \|u - u_h\|_0,$$

folglich

$$\|u - u^h\|_0 \leq C \, h^{k+1} \, \|u\|_{k+1}.$$

Analog findet man für $k + 1 < 2m$

$$\|u - u^h\|_0 \leq C \, h^{2(k-m+1)} \, \|u\|_{k+1}. \qquad \square$$

Bemerkung

Die Exponenten von h sind optimal (siehe [**strang**]). In der Praxis gilt meistens $k \geq 2m - 1$, so daß Faustregel 5.1 i.allg. gültig ist.

8 Die Galerkin-Methode

In den vorherigen Kapiteln wurde beschrieben, wie die FEM für die Lösung von Minimierungsproblemen und damit zusammenhängenden DG benutzt wird. Für eine große Anzahl von DG existiert jedoch kein äquivalentes Minimierungsproblem, so daß auf sie die Ritzsche Methode nicht anwendbar ist. Betrachten wir daher eine Verallgemeinerung, die Galerkin-Methode, die eine Anzahl angenehmer Eigenschaften der Ritzschen Methode beibehält. Zudem ergeben die beiden Methoden dieselben Gleichungssysteme, falls ein äquivalentes Minimierungsproblem existiert.

8.1 Eine schwache Formulierung

Eine der angenehmen Eigenschaften von Minimierungsproblemen ist das Auftreten einer Ordnungsreduktion: wenn die zu lösende PDG Ableitungen bis zur Ordnung $2m$ besitzt, hat das dazugehörende Minimierungsproblem nur Ableitungen bis zur Ordnung m. An die zu wählende FEM-Basis brauchen folglich weniger strenge Kompatibilitätsforderungen gestellt zu werden.

Um diese Ordnungsreduktion auch für allgemeinere Probleme zu erreichen, betrachten wir eine andere Formulierung. Diese läßt eine größere Lösungsklasse (d.h. die Menge, in der die Lösung gesucht wird) als die klassische Formulierung zu.

Beispiel 8.1
Man betrachte die DG

$$-u'' = f, \quad u(0) = u(1) = 0. \tag{8.1}$$

Klassisch muß f stückweise stetig und u stetig differenzierbar und zweimal stückweise differenzierbar sein.

Multiplizieren wir (8.1) links und rechts mit einer beliebigen glatten Funktion v mit $v(0) = v(1) = 0$ und integrieren wir von 0 bis 1, dann geht diese über in

$$-\int_0^1 u''v \, dx = \int_0^1 fv \, dx. \tag{8.2}$$

Integrieren wir partiell, so ergibt das

$$\int_0^1 u'v'\,dx = \int_0^1 fv\,dx. \tag{8.3}$$

Die Menge glatter Funktionen mit $v(0) = v(1) = 0$ nennen wir Σ. Die Formel (8.3) gilt folglich für jedes $v \in \Sigma$.

Wir können uns auch fragen, welche der Funktionen u (8.3) für *jedes* $v \in \Sigma$ erfüllen. Man kann beweisen, daß genau ein u existiert und außerdem daß, wenn f stückweise stetig ist, dieses u mit der Lösung von (8.1) übereinstimmt.

Die Lösungsklasse von (8.3) ist jedoch wesentlich größer als die von (8.1): auch einmal stückweise differenzierbare Funktionen gehören z.B. dazu.

Diese Lösungsklasse, die wir mit U angeben, besteht aus den Funktionen u, für die das Integral auf der linken Seite von (8.3) definiert ist und die außerdem $u(0) = u(1) = 0$ erfüllen.

Die Formulierung "Man suche ein $u \in U$ so, daß (8.3) für jedes $v \in \Sigma$ erfüllt ist," heißt eine *schwache Formulierung* des Problems (8.1).

8.2 Andere schwache Formulierungen; Testfunktionen

Formel (8.3) ist nicht die einzige schwache Formulierung von (8.1). Wir hätten auch bei (8.2) das Problem aufwerfen können: Man suche ein $u \in \tilde{U}$ so, daß jedes $v \in \Sigma$ (8.2) erfüllt, wobei $\tilde{U}$ die Menge von Funktionen u ist, für die das Integral auf der linken Seite von (8.2) definiert und $u(0) = u(1) = 0$ ist.

Auch hätten wir nochmals partiell integrieren können:

$$-\int_0^1 u\,v''\,dx = \int_0^1 fv\,dx \quad \text{für jedes } v \in \Sigma. \tag{8.4}$$

Diese Formulierungen sind weniger nützlich, weil der Vorteil der Ordnungsreduktion nicht auftritt.

Bis jetzt haben wir für die Klasse Σ glatte Funktionen gewählt. Dies ist jedoch nicht notwendig, sondern ist von der rechten Seite von f abhängig. Es ist (mehr oder weniger) einfach zu zeigen, daß, falls (8.3) für glatte Funktionen v gilt, (8.3) *auch* für jedes v gilt, wofür der Ausdruck sinnvoll ist. Dies gilt auch für (8.2) und die Formulierung (8.4). Die Funktionen v werden *Testfunktionen* genannt. In der Statik nennt man sie auch *Variationen* und schreibt sie als δu.

8.3 Inhomogene Randbedingungen

Man betrachte das folgende Problem im $\mathbb{R}^2$:

$$-\Delta u = f \text{ auf } \Omega, \quad (8.5)$$

$$u = g_1 \text{ auf } \Gamma_1, \quad \frac{\partial u}{\partial n} = g_2 \text{ auf } \Gamma_2.$$

Um zu einer schwachen Formulierung zu kommen, wählen wir eine Menge Σ von Testfunktionen, die glatt und auf Γ_1 gleich null sind. Die physikalische Interpretation der Testfunktion macht dies auf einfache Weise plausibel: Wenn u auf Γ_1 gegeben ist, kann man nicht variieren, folglich muß die Variation δu dort gleich null sein.

Man multipliziere (8.5) links und rechts mit einem beliebigen $v \in \Sigma$ und wende den Greenschen Satz an. Dies ergibt

$$\int_\Omega \left[\frac{\partial u}{\partial x}\frac{\partial v}{\partial x} + \frac{\partial u}{\partial y}\frac{\partial v}{\partial y}\right] d\Omega - \int_\Gamma v \frac{\partial u}{\partial n} d\Gamma = \int_\Omega fv \, d\Omega. \quad (8.6)$$

Mit Hilfe der Randbedingungen und $v = 0$ auf Γ_1 wird dies zu der folgenden schwachen Formulierung: Es sei U die Menge von Funktionen u, für die die Integrale in (8.6) sinnvoll sind für alle $v \in \Sigma$ und $u = g_1$ auf Γ_1.

Man suche ein $u \in U$ so, daß

$$\int_\Omega \left[\frac{\partial u}{\partial x}\frac{\partial v}{\partial x} + \frac{\partial u}{\partial y}\frac{\partial v}{\partial y}\right] d\Omega - \int_{\Gamma_2} v g_2 \, d\Gamma = \int_\Omega fv \, d\Omega \quad (8.7)$$

für jedes $v \in \Sigma$.

Aus dieser Form einer schwachen Formulierung folgt:
1. Dirichlet-Randbedingungen erfordern eine Beschränkung der Klasse von Testfunktionen und der Lösungsklasse auf den Teil des Randes, auf dem die Dirichlet-Randbedingungen gelten.
2. Neumann- (und auch Robbins-) Randbedingungen beschränken nicht die Lösungsklasse und die Testfunktionen, sondern erscheinen als Randintegrale in der schwachen Formulierung (in eindimensionalen Problemen als Differenz der Funktionswerte der Intervallgrenzen).

164 Numerik partieller Differentialgleichungen für Ingenieure

8.4 Probleme höherer Ordnung

Für Probleme höherer Ordnung ist diese Sache schwieriger. Verdeutlichen wir dies an einem Beispiel:

Beispiel 8.2
Man betrachte $Lu = f$ auf Ω mit

$$L = \sum_{i=1}^{2}\sum_{j=1}^{2}\sum_{k=1}^{2}\sum_{l=1}^{2} \frac{\partial^2}{\partial x_i \partial x_j}\left\{a_{ijkl}\frac{\partial^2}{\partial x_k \partial x_l}\right\},$$

kurz bezeichnet als

$$L = \sum \frac{\partial^2}{\partial x_i \partial x_j}\left\{a_{ijkl}\frac{\partial^2}{\partial x_k \partial x_l}\right\}.$$

Man betrachte die schwache Formulierung:

$$\sum \int_\Omega v \frac{\partial^2}{\partial x_i \partial x_j} a_{ijkl} \frac{\partial^2 u}{\partial x_k \partial x_l}\, d\Omega - \int_\Omega fv\, d\Omega = 0.$$

Einmal partiell integrieren ergibt (siehe Anhang 1)

$$-\sum \int_\Omega \frac{\partial v}{\partial x_i}\frac{\partial}{\partial x_j} a_{ijkl}\frac{\partial^2 u}{\partial x_k \partial x_l}\, d\Omega + \sum \int_\Gamma vn_i \frac{\partial}{\partial x_j} a_{ijkl}\frac{\partial^2 u}{\partial x_k \partial x_l}\, d\Gamma = \int_\Omega fv\, d\Omega.$$

Durch partielle Integration tritt ein Randintegral auf.
Wenn eine sinnvolle schwache Formulierung möglich sein soll, muß

$$\sum n_i \frac{\partial}{\partial x_j} a_{ijkl}\frac{\partial u}{\partial x_k \partial x_l}$$

gegeben sein auf Γ oder auch $v = 0$ auf Γ sein. (Das Randintegral verschwindet dann.)
Die Bedingung

$$\sum n_i \frac{\partial}{\partial x_j} a_{ijkl}\frac{\partial u}{\partial x_k \partial x_l} = g_1$$

auf Γ heißt eine natürliche Randbedingung für diese schwache Formulierung. Diese wird dann:

$$-\sum \int_\Omega \frac{\partial v}{\partial x_i}\frac{\partial}{\partial x_j} a_{ijkl}\frac{\partial^2 u}{\partial x_k \partial x_l}\, d\Omega + \int_\Gamma v g_1\, d\Gamma = \int_\Omega fv\, d\Omega.$$

Die Galerkin-Methode 165

Nochmals partiell integrieren ergibt:

$$\sum \int_\Omega a_{ijkl} \frac{\partial^2 v}{\partial x_i \partial x_j} \frac{\partial^2 u}{\partial x_k \partial x_l} \, d\Omega - \sum \int_\Gamma \frac{\partial v}{\partial x_i} a_{ijkl} \frac{\partial^2 u}{\partial x_k \partial x_l} n_j \, d\Gamma$$
$$+ \int_\Gamma v g_1 \, d\Gamma = \int_\Omega fv \, d\Omega.$$

Hier muß wieder gelten

entweder
$$\sum a_{ijkl} \frac{\partial^2 u}{\partial x_k \partial x_l} n_j = g_{2i},$$

gegeben auf Γ (natürliche Randbedingung),

oder
$$\frac{\partial v}{\partial x_i} = 0 \quad \text{auf } \Gamma.$$

Diesen Prozeß kann man im Prinzip noch fortsetzen, dies wird aber in der Praxis selten getan.

Man sieht, daß die Wahl der Randbedingungen für die *Testfunktionen* immer so geschieht, daß mit den Randintegralen etwas sinnvolles gemacht werden kann. Ist dies aus einem anderen Grund bereits möglich (z.B. weil natürliche Randbedingungen gegeben sind), dann stehen die Randbedingungen der Testfunktionen frei. Es sei $2m$ die Ordnung des Differentialoperators und k die durchgeführte Ordnungsreduktion. Ableitungen der *Testfunktionen* der Ordnung $\geq k$ sind auf dem Rand immer frei.

Randbedingungen für die *Lösungsklasse*, die ausschließlich Ableitungen der Ordnung $< 2m - k$ enthalten, sind aufgezwungen. Sie beschränken die Lösungsklasse.

Bemerkung

Die in der Technik gebräuchliche Variationsinterpretation ist nur möglich, wenn die Testfunktionen und die Lösungsklasse aufgezwungenen Randbedingungen desselben Typs genügen.
Dies ist nur möglich, wenn
1. die Ordnungsreduktion k genau die Hälfte der Ordnung des Differentialoperator L ($k = m$) ist;
2. auf demselben Stück von Γ zugleich $\partial^l u / \partial n^l$ und $\partial^l v / \partial n^l$ vorgeschrieben werden.

Physikalische Probleme, die eine Minimierungsformulierung zulassen, erfüllen i.allg. diese Bedingungen.

166 Numerik partieller Differentialgleichungen für Ingenieure

Bemerkung
Ob eine Randbedingung natürlich oder aufgezwungen ist, hängt von der durchgeführten Ordnungsreduktion ab. Bei der schwachen Formulierung, wie sie im allgemeinen verstanden wird ($k = m$), sind alle Randbedingungen der Form $\partial^l u / \partial n^l$ ($l \leq m - 1$) aufgezwungen, der Rest ist natürlich.

Übung 8.1
a) Man gebe eine schwache Formulierung des gebogenen Balkens:

$$u^{iv} + u = f, \quad u''(0) = u''(1) = 0, \quad u(0) = u(1) = 0$$

(frei aufgelegt).
Man integriere zweimal partiell, so daß die Ableitungen in der kleinstmöglichen Ordnung auftreten.
Welche Randbedingungen sind aufgezwungen und welche natürlich?
Welche Beschränkung muß den Testfunktionen auferlegt werden?
Gibt es eine Variationsinterpretation?
b) Dieselben Fragen für die Randbedingungen
$u'(0) = u(0) = 0$ (eingeklemmt),
$u''(1) = u'''(1) = 0$ (frei hängend).
c) Dieselben Fragen für die Randbedingungen
$u'''(0) = 0, \quad u(0) = 1$,
$u''(1) = 1, \quad u'(1) = 4$.
Dieser Fall hat keine physikalische Interpretation. △

8.5 Galerkin-Methode

Die schwache Formulierung einer PDG gibt auf natürliche Weise einen numerischen Algorithmus. Es sei eine genäherte Funktion gegeben durch

$$u^h = u^r + \sum_{i=1}^{N} u_i \, \varphi_i,$$

wobei u^r die aufgezwungenen Randbedingungen erfüllt und φ_i Basisfunktionen sind, die die aufgezwungenen homogenen Randbedingungen erfüllen, so daß u^h die aufgezwungenen Randbedingungen für jede Wahl von u_i, $i = 1, 2, \ldots, N$, erfüllt.
Wenn wir nun N unabhängige Testfunktionen ψ_j in Σ wählen und diese nacheinander in der schwachen Formulierung substituieren, bekommen wir ein System von N Gleichungen mit N Unbekannten.
Hierzu kann Σ mit allen Funktionen erweitert werden, die die aufgezwunge-

nen homogenen Randbedingungen erfüllen und wofür die Integrale Sinn haben.

Beispiel 8.3

$$-u'' = f, \quad u'(0) = 0, \quad u'(1) = 0.$$

Man wähle für φ_i stückweise Polynome dritten Grades wie in Übung 5.18:

$$u^h = \sum_{i=1}^{N} u_i \, \varphi_i^{(0)} + u_{xi} \, \varphi_i^{(1)}$$

und betrachte die schwache Formulierung

$$\int_0^1 -(u^h)'' \, \psi_j \, dx = \int_0^1 f \, \psi_j \, dx.$$

Die zweite Ableitung von u^h ist noch stückweise stetig, und die Integrale haben folglich Sinn für jedes integrierbare ψ_j, z.B. ψ_j stückweise konstant.
Wenn man nacheinander $2N - 2$ linear unabhängige ψ_j nimmt, bekommt man ein $(2N - 2) \times (2N - 2)$-System, und man kann u_i und u_{xi} lösen.

Beide Randbedingungen sind bezüglich *dieser* schwachen Formulierung (Beispiel 8.2) aufgezwungen (sie führen zu $u_1 = 0$ und $u_{xN} = 0$).
Diese Methode ist unter dem Namen *Methode der gewogenen Residuen* bekannt.
Der Grund hierfür ist, daß man den Rest (= Residuum):

$$R(u^h) \stackrel{\text{def}}{=} -u^{h''} - f$$

bezüglich der 'Gewichte' ψ_j gleich null setzt.
Benutzt man jedoch eine schwache Formulierung eines anderen Typs, ist der Zusammenhang nicht mehr so deutlich. △

Man betrachte einen allgemeineren Fall:

$$Lu = f \quad \text{auf } \Omega \text{ mit dazugehörenden Randbedingungen.}$$

Um zu einer schwachen Formulierung zu kommen, multiplizieren wir links und rechts mit v und integrieren

$$\int_\Omega v \, Lu \, d\Omega = \int_\Omega f v \, d\Omega. \tag{8.8}$$

Wir können nun (8.8) genau solange partiell integrieren, bis die Ableitungen in

168 Numerik partieller Differentialgleichungen für Ingenieure

v und u derselben Ordnung sind.
Man schreibe

$$u^h = \sum_{i=1}^{N} u_i \, \varphi_i$$

und wähle $N - p$ ψ_j's aus Σ, wobei p die Anzahl aufgezwungener Randbedingungen ist, und substituiere in (8.8).
Dies gibt:

$$\int_\Omega \psi_j \, Lu^h \, d\Omega = \int_\Omega f \, \psi_j \, d\Omega.$$

Man kann nun für die schwache Formulierung aus einer Reihe von Möglichkeiten wählen:
1. (8.8) wird nicht partiell integriert, und für $\psi_j(x)$ nehmen wir δ-Funktionen in x_j: dies ist die Kollokationsmethode. Soll (8.8) sinnvoll sein, müssen Lu^h und f stetig in x_j sein.
   Alle Randbedingungen sind aufgezwungen.
   Es müssen hohe Stetigkeitsforderungen an u^h gestellt werden.
2. (8.8) wird solange partiell integriert, bis Ableitungen der kleinstmöglichen Ordnung auftreten (also m-mal für einen Differentialoperator der Ordnung $2m$).
   Alle Randbedingungen des Types $\partial^l u/\partial n^l = g$, $0 \le l \le m - l$, auf $\partial\Omega$ sind aufge–zwungen.
   Für ψ_j nimmt man die Basisfunktionen ψ_j, die die homogenen aufgezwungenen Randbedingungen erfüllen, wie in Beispiel 8.2: wenn $\partial^l u/\partial n^l$ nicht gegeben ist ($l \ge m$), dann muß gelten

$$\frac{\partial^{2m-l-1} \varphi_j}{\partial n^{2m-l-1}} = 0.$$

Dies ist die *Galerkin-Methode*

Andere Auswahlmöglichkeiten von ψ_j sind möglich. Dies führt zu Methoden, die als Petrow-Galerkin bekannt sind. Wir werden hierauf nicht eingehen. Siehe z.B. [ciar].

Bemerkungen
1. In der Praxis wird man im Zusammenhang mit den Kompatibilitätsforderungen der Galerkin-Methode den Vorzug vor der Kollokationsmethode geben.
2. Die Galerkin-Methode führt zu einem abstrakten Problem des Types: Man

suche ein $u \in \Sigma$ so, daß $a(u,v) = (f,v)$ für alle $v \in T$ (Testraum) gilt.
Wenn $a(u,v)$ eine *symmetrische*, koerzive Form ist, dann liefert Galerkin folglich dasselbe Problem wie die Variationsformulierung des Minimierungsproblems (siehe (7.44)). De Galerkin-Methode ist jedoch allgemeiner, denn $a(u,v)$ braucht nicht symmetrisch zu sein (aber koerziv, siehe Kapitel 9).

Die FEM und Galerkin

Die FEM bietet eine praktische Möglichkeit, um Basisfunktionen φ_i zu erzeugen (siehe Kapitel 5). Sie ist folglich geeignet, um zusammen mit der Galerkin-Methode DG zu lösen.

Beispiel 8.4
Man betrachte das Problem (8.7) und nehme für φ_i lineare Basisfunktionen. Es sei

$$u^h = \sum_{i=1}^{N} u_i \, \varphi_i.$$

Da $u = g_1$ auf Γ_1 ist, muß für die Knotenpunkte, die auf Γ_1 liegen, $u_i = g(x_i)$, $i \in J$, gelten.
J ist hierbei die Indexmenge der Knotenpunkte auf Γ_1.
Wir können folglich schreiben:

$$u^h = \sum_{\substack{i=1 \\ i \notin J}}^{N} u_i \, \varphi_i + \sum_{i \in J} u_i \, \varphi_i.$$

Die letzte Summe sorgt dafür, daß u^h die aufgezwungenen Randbedingungen erfüllt. Die φ_i erfüllen in der ersten Summe die homogenen aufgezwungenen Randbedingungen (d.h. sie sind gleich null auf Γ_1).

Das Galerkinsche Gleichungssystem lautet:

$$\int_{\Omega} [(\sum_{i=1}^{N} u_i \, \varphi_{ix}) \, \varphi_{jx} + (\sum_{i=1}^{N} u_i \, \varphi_{iy}) \, \varphi_{jy}] \, d\Omega - \int_{\Gamma_2} \varphi_j g \, d\Gamma = \int f \varphi_j \, d\Omega, \qquad (8.9)$$
$$j = 1, 2, \ldots, N, \, j \notin J.$$

Man beachte, daß es hier genau soviele Gleichungen wie Unbekannte gibt. Man beachte auch, daß dieses Gleichungssystem tatsächlich mit dem Ritzschen System für die Lösung des dazugehörenden Minimierungsproblems identisch ist.

170 Numerik partieller Differentialgleichungen für Ingenieure

Man überprüfe, ob die Forderungen der Randbedingungen der Testfunktionen erfüllt sind, und ob auch eine Variationsinterpretation möglich ist.

Übung 8.2
Es sei der Operator L wie in (4.24) mit den Randbedingungen wie in Satz 4.5 gegeben. Man weise nach, daß die Anwendung der Ritz-Methoden auf das Minimierungsproblem (4.34) und der Galerkin-Methode auf die Gleichung $Lu = f$ zu demselben Gleichungssystem führen. △

Übung 8.3
Von einem Problem zweiter Ordnung ist immer eine Variationsinterpretation möglich. Man beweise dies. △

8.6 Einige Beispiele des Gebrauchs der Galerkin-Methode

8.6.1 Eine in ihrer Fläche belastete Platte

Wir betrachten das Problem 2.1.1.4. In 5.3.4 ist dies mit dem Prinzip von minimaler potentieller Energie gelöst worden. Ein andere Möglichkeit, die eher in Statikkreisen gebräuchlich ist, ist die des Prinzips der *virtuellen Verschiebungen*.

Angenommen wird, daß die Platte einer virtuellen Verschiebung δu, δv unterliegt. Das Prinzip der virtuellen Verschiebungen (siehe [**breb**], 1.3) fordert, daß die Arbeit δW_E, die durch die externen Kräfte verrichtet wird, gleich der Arbeit δW_i ist, die während der virtuellen Verschiebung durch die inneren Kräfte (Spannungen) verrichtet wird, also

$$\delta W_E = \delta W_i.$$

In Integralform geschrieben wird dies:

$$\int_\Omega [\sigma_x\, \delta \varepsilon_x + \sigma_y\, \delta \varepsilon_y + 2\tau_{xy}\, \delta \gamma_{xy}]\, d\Omega$$
$$= \int_\Omega [\rho\, b_1\, \delta u + \rho\, b_2\, \delta v]\, d\Omega + \int_{BDA} [t_1\, \delta u + t_2\, \delta v]\, d\Gamma, \qquad (8.10)$$

$\delta\varepsilon_x$, $\delta\varepsilon_y$ und $\delta\gamma_{xy}$ sind die virtuellen Deformationen als Folge der virtuellen Verschiebungen. Anwendung von $\delta\varepsilon_x = (\partial/\partial x)\,\delta u$ usw. ergibt für (8.10) einen Ausdruck in δu und δv.

Die Galerkin-Methode 171

Übung 8.4
Man zeige, daß (8.10) erfüllt ist, falls die Differentialgleichungen mit Randbedingungen aus 2.1.1.4 erfüllt sind. Man benutze die Eigenschaft, daß δu und δv beliebig sind. △

Das Standardverfahren, um mit Hilfe der FEM (8.10) zu lösen, ist das folgende:
(i) Man ersetze alle Unbekannten in (8.10) durch Ausdrücke in den Verschiebungen u und v und den virtuellen Verschiebungen δu und δv.
(ii) Man interpoliere u und v auf FEM-Weise unter Benutzung von

$$u = \sum u_i \varphi_i, \quad v = \sum v_i \varphi_i$$

und mache dasselbe mit δu und δv:

$$\delta u = \sum \delta u_i \varphi_i, \quad \delta v = \sum \delta v_i \varphi_i.$$

(iii) δu_i und δv_i sind beliebig. Schreibt man sie nacheinander auf:

$$\delta u_1 = 1, \quad \delta u_2 = \delta u_3 = \ldots = \delta u_n = 0, \quad \delta v_1 = \delta v_2 = \ldots = \delta v_n = 0,$$

$$\delta u_2 = 1, \quad \delta u_1 = \delta u_3 = \ldots = \delta u_n = 0, \quad \delta v_1 = \delta v_2 = \ldots = \delta v_n = 0,$$

$$\vdots$$

$$\delta u_1 = \delta u_2 = \ldots = \delta u_n = 0, \quad \delta v_1 = \delta v_2 = \ldots = \delta v_{n-1} = 0, \quad \delta v_n = 1,$$

entstehen $2n$ Gleichungen mit $2n$ Unbekannten. Durch diese Wahl von δu_i und δv_i sind alle mögliche Variationen durchgespielt. (Warum?)

Übung 8.5
Man zeige, daß die obenstehenden Schritte (i), (ii) und (iii) genau die Galerkin-Methode liefern. Außerdem zeige man, daß mit dieser Methode dieselbe Elementenmatrix und derselbe Elementenvektor entstehen wie in Übung 5.15. △

8.6.2 Die Membrangleichung

Übung 8.6
Man zeige, daß das Galerkinsche Gleichungssystem für die Gleichung in Abschnitt 2.1.1.5 gegeben wird durch:

$$\sum_{i=1}^{n} z_i \int_{\Omega} \text{grad } \varphi_i \text{ grad } \varphi_j \, d\Omega = \lambda \sum_{i=1}^{n} z_i \int_{\Omega} \varphi_i \varphi_j \, d\Omega, \quad j = 1, \ldots, n. \quad (8.11)$$

△

Die Matrix mit Elementen $\int_{\Omega} \varphi_i \varphi_j \, d\Omega$ wird Massenmatrix genannt. (8.11) bildet

172 Numerik partieller Differentialgleichungen für Ingenieure

ein sogenanntes verallgemeinertes Eigenwertproblem.

Übung 8.7
Man zeige, daß die Elementenmassenmatrix für das lineare konforme dreieckige Element im $\mathbb{R}^2$ gegeben wird durch:

$$M^{ek} = \frac{|\Delta|}{24}\begin{bmatrix} 2 & 1 & 1 \\ 1 & 2 & 1 \\ 1 & 1 & 2 \end{bmatrix}.$$

△

8.6.2.1 Das Diagonalisieren der Massenmatrix (lumping)

Im allgemeinen wird die Berechnung der Eigenwerte einfacher, wenn die Massenmatrix m eine Diagonalmatrix ist. Daher wird M oft mit so einer Matrix genähert. Eine Methode, um das zu erreichen, ist, die Integrale

$$\int_\Omega \varphi_i\, \varphi_j\, d\Omega$$

nicht exakt, sondern mit einer Newton-Côtes-Formel auszurechnen.

Übung 8.8
Man zeige, daß die Elementenmassenmatrix aus Aufgabe 8.7 durch numerische Integration zu einer Diagonalmatrix umgeformt werden kann:

$$M^{ek} = \frac{|\Delta|}{6} I \quad (I \text{ ist Einheitsmatrix}).$$

△

Das Diagonalisieren der Massenmatrix wird *lumping* genannt. Es wird sozusagen alle Masse auf die Hauptdiagonale geschoben. Dieser Prozeß hat keinen Einfluß auf den Fehler bei der linearen Interpolation, der Fehler bei quadratischer Interpolation kann mit einem Faktor zunehmen, während bei einer Interpolation höheren Grades ein Ordungsverlust auftritt. Man vergleiche mit Faustregel 5.2. Daß der Lumping-Prozeß nicht bei jedem quadratischen Element angewendet werden kann, zeigt die folgende Aufgabe.

Übung 8.9
Man zeige, daß die Elementenmatrix M^{ek} für das quadratische Element im $\mathbb{R}^2$ die folgende Form hat:

$$M^{ek} = \frac{|\Delta|}{6} \operatorname{diag}(0,1,0,1,0,1),$$

wobei die Nullen Bezug auf die Eckpunkte und die Einsen auf die Mitte der Seiten haben. △

Der Lumping-Prozeß liefert folglich eine nicht-invertierbare Diagonalmatrix und ist daher für Eigenwertprobleme im Fall quadratischer Basisfunktionen nicht geeignet.

8.6.3 Die Konvektions-Diffusionsgleichung

Man betrachte die DG

$$\alpha \frac{d^2c}{dx^2} - u \frac{dc}{dx} = 0 \tag{8.12}$$

mit den Randbedingungen $c(0) = 0$ und $c(1) = 1$.

Gleichung (8.12) gibt eine einfache mathematische Beschreibung der Konzentration eines Stoffes in einem strömenden Medium. α ist die Diffusionskonstante (> 0), u ist die Geschwindigkeit der Flüssigkeit.

Übung 8.10
Man gebe die Elementenmatrix und den -vektor für dieses Problem an. Man löse c mit $\alpha = 0{,}1$ und $u = 5$. Wie muß die Elementenverteilung gewählt werden? Vergleiche Abschnitt 3.1.3. △

8.7 Die gemischte Methode für Probleme höherer Ordnung

Man betrachte das Problem eines Balkens, der an beiden Seiten eingeklemmt wird und unter Einfluß des eigenen Gewichtes und einer Belastung $q(x)$ durchhängt.
Die Abweichung w von der neutralen Linie bezüglich des Gleichgewichtszustandes erfüllt

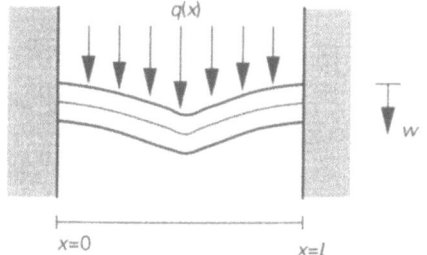

$$\begin{cases} EI \dfrac{d^4w}{dx^4} = q, \\ w(0) = w'(0) = 0, \quad w(l) = w'(l) = 0. \end{cases} \tag{8.13}$$

174   Numerik partieller Differentialgleichungen für Ingenieure

Bei der Lösung dieses Problems mit einer Minimierungsformulierung müssen wir die Stetigkeit der ersten Ableitung fordern. (Man vergleiche 5.5.2.) Insbesondere in zwei und drei Dimensionen ist das eine starke Forderung.

Eine alternative Methode, die in der Literatur über Statik oft unter den Namen *gemischte Methode* vorkommt, ist die folgende.

Man setze $M = w''$. Dann gilt:

$$w'' - M = 0,$$

$$M'' - f = 0 \quad \text{mit } f = q/EI, \tag{8.14}$$

Randbedingungen $w(0) = w(l) = 0$ und $w'(0) = w'(l) = 0$.

Als Parameter werden nun sowohl die Abweichung w als auch das Moment M mitgenommen. Diese werden folglich als unabhängige Variablen betrachtet.

Bei der Betrachtung der Galerkin-Methode werden sowohl M als auch w durch Basisfunktionen genähert, folglich

$$\tilde{M} = \sum_j M_j \, \psi_j,$$

$$\tilde{w} = \sum_j w_j \, \varphi_j. \tag{8.15}$$

Anwendung der Galerkin-Methode ergibt (Multiplikation der ersten Gleichung von (8.14) mit ψ_i und der zweiten mit φ_i):

$$\int_0^l \{\tilde{w}'' \, \psi_i - \tilde{M} \, \psi_i\} \, dx = 0,$$

$$\int_0^l \{\tilde{M}'' \, \varphi_i - f \, \varphi_i\} \, dx = 0.$$

Partielle Integration liefert:

$$-\int_0^l \{\tilde{w}' \, \psi_i' + \tilde{M} \psi_i\} \, dx + [\tilde{w}' \, \psi_i]_0^l = 0 \quad \forall i,$$

$$-\int_0^l \{\tilde{M}' \, \varphi_i' + f \, \varphi_i\} \, dx + [\tilde{M}' \, \varphi_i]_0^l = 0 \quad \forall i.$$

Die Galerkin-Methode 175

Wegen der Randbedingungen muß φ_i $\varphi_i(0) = \varphi_i(l) = 0$ erfüllen, so daß der zweite Term wegfällt.
Die Randbedingungen $w'(0) = w'(l) = 0$ lassen die ersten Terme verschwinden.
Die Randbedingungen $w(0) = w(l) = 0$ werden folglich als aufgezwungene, die Randbedingungen $w'(0) = w'(l) = 0$ als natürliche Randbedingungen benutzt.

Falls wir sowohl für ψ_i als auch φ_i lineare Basisfunktionen λ_i nehmen, bekommen wir:

$$\sum_{j=1}^{N} w_j \int_0^l \lambda_j' \lambda_i' \, dx + \sum_{j=0}^{N+1} M_j \int_0^l \lambda_j \lambda_i \, dx = 0, \quad i = 0, 1, \ldots, N+1,$$

$$\sum_{j=0}^{N+1} M_j \int_0^l \lambda_j' \lambda_i' \, dx = -\int_0^l f \lambda_i \, dx, \quad i = 1, 2, \ldots, N,$$

(8.16)

oder in Matrixschreibweise:

$$\begin{bmatrix} S & D \\ D^T & 0 \end{bmatrix} \begin{bmatrix} \mathbf{M} \\ \mathbf{w} \end{bmatrix} = \begin{bmatrix} \mathbf{0} \\ \mathbf{f} \end{bmatrix}$$

D ist die $((N+2) \times N)$-Matrix mit den Elementen

$$d_{ij} = \int_0^l \lambda_j' \lambda_i' \, dx.$$

Ein Vorteil für die Lösung des System (8.16) ist, daß sowohl M als auch w mit linearen (oder i.allg. ausschließlich stetigen) Basisfunktionen genähert werden können.
Ein Nachteil ist, daß $\begin{bmatrix} S & D \\ D^T & 0 \end{bmatrix}$ nicht positiv definit ist, so daß meistens partielle Pivoti–sierung angewendet werden muß.

Bemerkung

Falls die Gleichungen (8.14) mit φ_i und ψ_i anstelle von ψ_i und φ_i (man beachte die Reihenfolge) multipliziert werden, können die Randbedingungen nicht gut berücksichtigt werden. Falls jedoch $M = 0$ und $w = 0$ auf dem Rand gegeben ist, ist die Reihenfolge gut.

Die Idee der gemischten Methode in mehreren Dimensionen wird oft auf senkrecht auf ihrer Fläche belasteten Platten angewandt. Man nutzt hier oft allgemeine Variations–prinzipien und das Prinzip von Reisner. Siehe unter anderem [**pian**].

8.8 Nichtkonforme Elemente

Wenn L ein Differentialoperator der Ordnung $2m$ ist, dann ergibt die Galerkin-Methode für die PDG $Lu = f$

$$\int_\Omega v\,Lu\,d\Omega = \int_\Omega v f\,d\Omega. \tag{8.17}$$

Die linke Seite dieser Gleichung ist eine bilineare Form $a(u,v)$ (nicht notwendig symmetrisch). Integrieren wir m-mal partiell (oder wenden wir m-mal den Greenschen Satz an), finden wir für das Problem:

Suche $u \in \Sigma$

so, daß $a(u,v) = (f,v)$ für alle $v \in T$. (8.18)

Hierbei sind Σ und T die Funktionsräume. Die m-ten Ableitungen müssen existieren und quadratisch integrierbar sein. Das bedeutet, daß die Basisfunktionen bis zu den Ableitungen der Ordnung $m - 1$ stetig sein müssen.

Für Probleme mit $m > 1$ ist dies sicher in mehreren Dimensionen eine starke Forderung, denn ein konformes Element mit $m = 2$ erfordert ein vollständiges Polynom fünften Grades. Aus diesem Grund nimmt man Zuflucht in nichtkonforme Elemente. (Eine bessere Alternative ist die gemischte Methode aus 8.7.)

Für nichtkonforme Elemente ist die normale Galerkin-Methode nicht anwendbar, denn die Basisfunktionen sind unzureichend glatt, und der Ausdruck $a(\varphi_j, \varphi_k)$, den die Elemente aus der Steifigkeitsmatrix liefern müßten, ist undefiniert. Die Probleme entstehen auf den *Rändern* der Elemente. Innerhalb genau eines Elementes ist φ_k schon ausreichend glatt, folglich ist der Ausdruck

$$a_{el}(\varphi_j, \varphi_k), \tag{8.19}$$

wobei man die Integration über nur ein Element ausdehnt, wohldefiniert. Man macht nun eine Diskretisierung von (8.18) durch Summation über alle Elemente von (8.19), also

$$s_{jk} = \sum_l a_{el}(\varphi_j, \varphi_k); \tag{8.20}$$

eine andere Betrachtungsweise ist, daß man eine neue bilineare Form $a_h(u,v)$ definiert, gegeben durch

Die Galerkin-Methode

$$a_h(u,v) = \sum_l a_{e_l}(u,v). \tag{8.21}$$

Übung 8.11
Man überprüfe, daß Ω vollständig durch die Elemente e_l überdeckt wird,

$$a_h(u,v) = a(u,v),$$

wenn $u \in \Sigma$ und $v \in T$.

Beispiel 8.5
Man betrachte die Poisson-Gleichung mit Dirichlet-Randbedingungen im $\mathbb{R}^2$.
Als Element wird das Dreieck aus Abbildung 8.1 gewählt. Die Basispunkte sind die Seitenmittelpunkte, und die Interpolation ist linear. Dies ist ein nichtkonformes Element. (Warum?)

$$a(u,v) = \int_\Omega \nabla u \cdot \nabla v \, d\Omega, \tag{8.22}$$

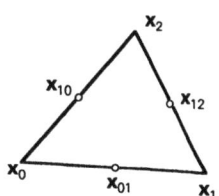

Abbildung 8.1. Nichtkonformes Element im $\mathbb{R}^2$ für die Poisson-Gleichung.

$$a_h(u,v) = \sum_l \int_{e_l} \nabla u \cdot \nabla v \, de. \tag{8.23}$$

Die Steifigkeitsmatrix wird:

$$s_{jk} = a_h(\varphi_j, \varphi_k) = \sum_l \int_{e_l} \nabla \varphi_j \cdot \nabla \varphi_k \, de. \tag{8.24}$$

△

Die Basisfunktionen φ_j sind über den Elementrändern unstetig, und $\nabla \varphi_j$ ist eine δ-Funktion über die Elementränder hinweg. Die Beiträge dieser δ-Funktionen werden in (8.24) einfach weggelassen.

Es leuchtet ein, daß die Konvergenzbetrachtungen von Kapitel 6 und 7 nicht mehr stimmen, schließlich ist $\varphi_j \notin \Sigma$, und folglich gilt $\Sigma_h \subset \Sigma$ nicht mehr.

Eine Konvergenz der numerischen Lösung gegen die Lösung des stetigen Problems braucht folglich nicht aufzutreten und ist auch i.allg. schwierig zu untersuchen.

8.8.1 Der Patchtest

Man kann schon eine notwendige Bedingung für das Auftreten von Konvergenz formulieren. Diese Bedingung heißt der Patchtest und wurde zuerst durch Irons publiziert.

Definition 8.1
Es sei L ein Differentialoperator der Ordnung $2m$ und $a(u,v)$ die dazugehörende bilineare Form der schwachen Formulierung. (Hierin treten maximal Ableitungen der Ordnung m auf.)
Es seien $E_0, E_1, \ldots, E_{m-1}$ die zu L gehörenden aufgezwungenen Randbedingungen. Man wähle ein beliebiges Polynom P_m vom Grad $\leq m$.
Dann erfüllt eine Diskretisierung wie (8.23) den *Patchtest*, falls für die Lösung u_h von

$$a_h(u_h, v_h) = (LP_m, v_h) \quad \forall v_h \in \Sigma_{h'} \qquad (8.25)$$

$$E_0(u_h) = E_0(P_m), \quad E_1(u_h) = E_1(P_m), \quad \ldots, E_{m-1}(u_h) = E_{m-1}(P_m)$$

gilt

$$u_h = P_m. \qquad \triangle$$

Anders gesagt, die diskrete Lösung ist exakt für Polynome bis zum Grad m.
Ein konformes Element erfüllt immer den Patchtest. Die bilineare Form $a(u,v)$ ist schließlich dieselbe wie (Lu,v).
Es gilt folglich

$$a(P_m, v) = (LP_m, v) \quad \forall v \in T, \qquad (8.26)$$

und weil für konforme Elemente $T_h \subset T$ ist, gilt folglich auch

$$a(P_m, v_h) = (LP_m, v_h) \quad \forall v_h \in T_h. \qquad (8.27)$$

Weil P_m auch in T_h ist, ist P_m folglich die eindeutige Lösung von (8.27) in T_h.

8.8.2 Praktische Ausführung des Patchtests

Auf den ersten Blick sieht es danach aus, als ob man das System (8.25) lösen muß, um den Patchtest ausführen zu können. Das ist jedoch nicht der Fall. Man kann einfach überprüfen, ob (8.25) für jede der Basisfunktionen erfüllt ist.

Satz 8.1
Falls die Basisfunktionen $\{\varphi_k\}$ unabhängig sind, $a(u,v)$ koerziv ist und es

Die Galerkin-Methode 179

gilt

$$a_h(P_m, \varphi_k) = (LP_m, \varphi_k), \quad k = 1, 2, \ldots, N, \tag{8.28}$$

dann erfüllt die Diskretisierung den Patchtest.

Beweis

Wenn (8.28) erfüllt ist, ist $u_h = P_m$ eine Lösung von (8.25), denn jedes v_h ist eine lineare Kombination von φ_k's. Wegen der Koerzivität von a und der Unabhängigkeit von $\{\varphi_k\}$ ist die Steifigkeitsmatrix S nicht singulär (siehe Satz 7.3), folglich ist P_m auch die einzige Lösung. □

Beispiel 8.6

Wir zeigen, daß das nichtkonforme Element aus Beispiel 8.4 den Patchtest für die Poisson-Gleichung erfüllt.
Für ein beliebiges Polynom ersten Grades muß dann gelten:

$$a_h(P_1, \varphi_k) = (LP_1, \varphi k), \quad k = 1, 2, \ldots, N,$$

folglich

$$\sum_l \int_{el} \nabla P_1 \cdot \nabla \varphi_k \, de = -\int_\Omega \varphi_k \Delta P_1 \, d\Omega = -\sum_l \int_{el} \varphi_k \Delta P_1 \, d\Omega. \tag{8.29}$$

Da eine Basisfunktion nur auf zwei Elementen verschieden von null ist, geht dies über in

$$\int_{ek1 \cup ek2} \nabla P_1 \cdot \nabla \varphi_k \, de = -\int_{ek1 \cup ek2} \varphi_k \Delta P_1 \, d\Omega. \tag{8.30}$$

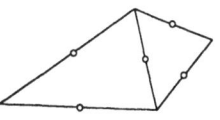

Anwendung des Satzes von Green auf die rechte Seite ergibt:

$$\int_{ek1 \cup ek2} \nabla P_1 \cdot \nabla \varphi_k \, de = \int_{ek1 \cup ek2} \nabla P_1 \cdot \nabla \varphi_k - \oint_\Gamma \varphi_k \mathbf{n} \cdot \nabla P_1 \, d\Gamma. \tag{8.31}$$

Abbildung 8.2. Zwei angrenzende Dreiecke. Die Basisfunktion, die in dem Mittelpunkt der gemeinschaftlichen Seite gleich eins ist, ist gleich null auf dem Rest von Ω.

Offensichtlich muß gelten

$$\oint_\Gamma \varphi_k \mathbf{n} \cdot \nabla P_1 \, d\Gamma = 0. \tag{8.32}$$

Daß dies wirklich erfüllt ist, kann man einfach durch die Bemerkung einsehen, daß $\mathbf{n} \cdot \nabla P_1$ auf einer Seite des Drachenvierecks in Abbildung 8.2 konstant ist und daß das φ_k eine ungerade Funktion auf einer solchen Seite ist, folglich ist das Integral gleich null. □

Daß die Basisfunktionen aus Beispiel 8.5 den Patchtest erfüllen, beruht folglich auf einem Zufall. Tatsächlich sind die Basisfunktionen aus diesem Beispiel nicht gut genug für einen allgemeinen Differentialoperator zweiter Ordnung

$$L = \sum_{ij} \frac{\partial}{\partial x^i} a_{ij} \frac{\partial n}{\partial x^j}, \qquad (8.33)$$

denn dann wird (8.32) so etwas wie

$$\oint_\Gamma \varphi_k(n, A\nabla P_1) \, d\Gamma,$$

wobei A noch von den Ortskoordinaten abhängt.

9 Mathematischer Hintergrund der Galerkin-Methode

Auf dieselbe Weise, wie wir die Ritzsche Methode in einem allgemeinen Rahmen dargestellt haben, betrachten wir nun die Galerkin-Methode.
Dazu bemerken wir, daß eine PDG des Typs

$$Lu = f \qquad (9.1)$$

mit L einem Differentialoperator der Ordnung $2m$ in eine schwache Formulierung des Typs

$$a(u,v) = (f,v) \qquad (9.2)$$

übergeht, worin $a(u,v)$ eine bilineare Form ist. Da mit partieller Integration eine Ordnungsreduktion erzielt wurde, enthält a (verallgemeinerte) Ableitungen der m-ten Ordnung von u und v. Es liegt folglich auf der Hand, die Lösungen und die Testfunk–tionen im Sobolew-Raum $H^m(\Omega)$ zu verwenden.

Da auch noch aufgezwungene Randbedingungen eine Rolle spielen können, kann ein Teilraum von $H^m(\Omega)$ existieren, der mit $H_E^m(\Omega)$ bezeichnet und definiert wird durch

$$H_E^m(\Omega): \{u \in H^m(\Omega) \mid E_0(u) = 0, E_1(u) = 0, ..., E_{m-1}(u) = 0\}, \qquad (9.3)$$

wobei E_i die (formelle) Beschreibung der aufgezwungenen Randbedingung der Ordnung i ist. Besteht eine Variationsinterpretation, dann ist der Testraum $H_E^m(\Omega)$, wenn nicht, ist der Testraum

$$H_{E'}^m(\Omega): \{v \in H^m(\Omega) \mid E'_0(v) = 0, E'_1(v) = 0, ..., E'_{m-1}(v) = 0\},$$

wobei die aufgezwungenen Randbedingungen E'_k von v dadurch induziert werden, ob die natürlichen Randbedingungen $N_{2m-k-1}(u)$ gegeben sind oder nicht. Der Einfachheit halber nehmen wir im Folgenden an, daß der Testraum und der Lösungsraum zusammenfallen.

Wir geben zuerst eine abstrakte Formulierung, die stark der im Kapitel 7 gleicht.

182 Numerik partieller Differentialgleichungen für Ingenieure

Satz 9.1
Es sei V_0 ein Hilbert-Raum mit einem inneren Produkt $(\bullet,\bullet)_0$, V_1 ein geschlossener Teilraum von V_0 mit einem inneren Produkt $(\bullet,\bullet)_1$ und $a(u,v)$ ein stetige bilineare Form $V_1 \times V_1 \to \mathbb{R}$, die positiv ist, d.h.

(i) $\quad a(u,v + w) = a(u,v) + a(u,w),$
$\quad\quad a(u + w,v) = a(u,v) + a(w,v),$ $\quad$ Linearität,

(ii) $\quad a(\lambda u,v) = a(u,\lambda v) = \lambda a(u,v),$

(iii) $\quad |a(u,v)| \leq K \|u\|_1 \|v\|_1,$ $\quad$ Stetigkeit, $\quad\quad$ (9.4)

(iv) $\quad a(u,u) \geq \gamma_1 \|u\|_1^2,$ $\quad$ Positivität,

(v) $\quad \|u_1\| \geq \gamma_0 \|u\|_0.$

Es sei f ein festes Element aus V_0. Dann hat das Variationsproblem

$$\text{man suche } u \in V_1 \text{ so, daß } a(u,v) = (f,v)_0 \quad \forall v \in V_1 \quad (9.5)$$

genau eine Lösung in V_1.

Vergleichen wir (9.4) mit (7.14), dann gibt es oberflächlich gesehen ziemliche Unterschiede. Das hat jedoch nur den Anschein. Der wichtigste Unterschied ist das Fehlen der Symmetrie. Diese ist zwar notwendig für die Existenz einer Minimierungsformulierung, aber nicht für die Existenz einer Lösung des Variationsproblemes (9.5). Die anderen zwei Forderungen bestehen, um zu garantieren, daß $(a(u,u))^{1/2}$ eine äquivalente Norm von $\|\bullet\|_1$ ist. In (7.14) ließen wir $a(\bullet,\bullet)$ V_1 selbst so entstehen, daß $(a(u,u))^{1/2}$ die Norm auf V_1 war. Dann ist (iii) und (iv) automatisch erfüllt. (Man vergleiche mit Übung 7.1.) Man beachte auch den Unterschied zwischen Positivität und Koerzivität.
Die Formulierung, die man am häufigsten in der Literatur antrifft, ist (9.1). Sie ist aber auch anders möglich, mehr im Geist von Abschnitt 7.2.
Für die Vollständigkeit:

Satz 9.1a
Es sei V_0 ein Hilbert-Raum mit einem inneren Produkt $(\bullet,\bullet)_0$ und $a(\bullet,\bullet)$ eine bilineare Form, definiert auf einem Teilraum von V_0, mit den Eigenschaften

(i)
(ii) $\quad$ Linearität,

Mathematischer Hintergrund der Galerkin-Methode

(iii) $\quad a(u,v) \leq K\, a(u,u)^{1/2}\, a(v,v)^{1/2},\quad$ Stetigkeit, $\quad$ (9.6)

(iv) $\quad a(u,u) \geq \gamma \|u\|_0^2,\quad$ Koerzivität.

Es sei V_1 gegeben durch

$$V_1 : \{v \in V_0 \mid a(v,v) < \infty\}.$$

Dann hat das Variationsproblem (9.5) genau eine Lösung in V_1.

Im Vergleich mit (7.14) ist in (9.6) die Symmetriebedingung durch die Stetigkeitsbedingung ersetzt. Symmetrie garantiert die Erfüllung von (iii) mit $K = 1$ (man vergleiche mit Übung 7.2, diese heißt die Schwarzsche Ungleichung). Satz 7.2 ist folglich ein spezieller Fall von Satz 9.1a.

Übung 9.1
Man beweise, daß in der Formulierung von Satz 9.1
1. $\frac{1}{2}a(u,v) + \frac{1}{2}a(v,u) = (u,v)_1$ ein inneres Produkt auf V_1 ist.
2. V_1 in der Norm vollständig ist, die durch dieses innere Produkt induziert wird.

Tip: Man mache von der folgenden Bemerkung Gebrauch. $\quad\triangle$

Bemerkung
An der Bedingung (9.6) und auch an (7.14) fehlt eigentlich ein technisches Detail, das im Kontext von Sobolew-Räumen immer erfüllt ist, nämlich die bilineare Form muß in der $\|\bullet\|_0$-Norm *geschlossen* sein, d.h., wenn

(i) $\quad \lim_{n \to \infty} \|u_n - u^*\|_0 = 0$

und

(ii) ein beschränktes lineares Funktional l existiert so, daß

$$\lim_{n \to \infty} |a(v,u_n) - l(v)| = 0 \quad \forall v \in V_1,$$

dann existiert $a(v,u^*)$ und $a(v,u^*) = l(v)$.
Dies gilt entsprechend auch für das erste Argument von a.

Beweis von Satz 9.1

Satz 9.1 ist eine direkte Folge des Lax-Milgram-Satzes, der sagt, daß unter den Bedingungen (i) - (iv) für jedes lineare Funktional $F(v)$ auf V_1 genau ein Element $w \in V_1$ so existiert, daß

184 Numerik partieller Differentialgleichungen für Ingenieure

$$a(w,v) = F(v), \quad \forall v \in V_1 \tag{9.7}$$

(siehe [yos], S. 92).
Wegen (9.4.(v)) ist für feste $f \in V_0$ das innere Produkt $(f,v)_0$ ein beschränktes lineares Funktional auf V_1, schließlich gilt

$$(f,v)_0 \le \|f\|_0 \|v\|_0 \le \frac{1}{\gamma_0} \|f\|_0 \|v\|_1. \tag{9.8}$$

Hieraus folgt Satz 9.1 sofort. □

Mit Hilfe der Variationsformulierung (9.5) können wir direkt in der V_1-Norm eine Schätzung für den Fehler einer endlich dimensionalen Näherung geben. Dies ist genau dieselbe Schätzung wie (6.11).

Satz 9.2
Es seien V_0, V_1 und $a(\bullet,\bullet)$ wie im Satz 9.1 und es sei V_{1h} ein endlich-dimensionaler Teilraum von V_1. u sei die Lösung des Problems

$$a(u,v) = (f,v)_0 \quad \forall v \in V_1 \tag{9.9}$$

und u_h die Lösung des endlichdimensionalen Problems

$$a(u_h,v_h) = (f,v_h)_0 \quad \forall v_h \in V_{1h}. \tag{9.10}$$

Dann gilt:

$$\|u - u_h\|_1 \le \frac{K}{\gamma_1} \min_{v_h \in V_{1h}} \|u - v_h\|_1. \tag{9.11}$$

Beweis
Weil V_{1h} ein Teilraum von V_1 ist, gilt

$$a(u,v_h) = (f,v_h)_0 \quad \forall v \in V_{1h}$$

und folglich wegen (9.10)

$$a(u - u_h, v_h) = 0 \quad \forall v_h \in V_{1h}. \tag{9.12}$$

Aus (9.4) folgt

$$\gamma_1 \|u - u_h\|_1^2 \le a(u - u_h, u - u_h) \tag{9.13}$$

$$= a(u - u_h, u),$$

denn $a(u - u_h, u_h) = 0$ wegen (9.12).
Weil $a(u - u_h, v_h) = 0 \ \forall v_h \in V_{1h}$, bekommen wir

$$\gamma_1 \|u - u_h\|_1^2 \leq a(u - u_h, u - v_h) \quad \forall v_h \in V_{1h} \tag{9.14}$$

und wegen der Stetigkeit von a (9.4.(iii))

$$\gamma_1 \|u - u_h\|_1^2 \leq K \|u - u_h\|_1 \|u - v_h\|_1 \quad \forall v_h \in V_{1h}. \tag{9.15}$$

Folglich ist

$$\|u - u_h\|_1 \leq \frac{K}{\gamma_1} \|u - v_h\|_1 \quad \forall v_h \in V_{1h},$$

und der Satz folgt. □

Aus Satz 9.2 folgt, daß der Fehler in der Lösung in der Energienorm kleiner ist als eine Konstante multipliziert mit dem Interpolationsfehler in der Energienorm. Es gelten also dieselben Typen von Schätzungen wie in Kapitel 7.

9.1 Die Konvektions-Diffusionsgleichung

Man betrachte auf $\Omega \subset \mathbb{R}^2$ mit dem Rand Γ:

$$-\varepsilon \Delta u + \mathbf{b} \cdot \nabla u = f,$$

$$u = 0 \text{ auf } \Gamma_1, \ \frac{\partial u}{\partial n} = 0 \text{ auf } \Gamma_2, \ |b| < M \quad \forall x \in \overline{\Omega}.$$

Wir betrachten den speziellen Fall eines inkompressiblen konvektierenden Mediums (div $\mathbf{b} = 0$), und Γ_2 sei der Ausstromrand, d.h. $\mathbf{b} \cdot \mathbf{n} \geq 0$ auf Γ_2. Für dieses Problem ist

$$V_0 = L_2(\Omega),$$

$$V_1 : \{u \in H^1(\Omega) \mid u = 0 \text{ auf } \Gamma_1\},$$

$$a(u,v) = \int_\Omega \varepsilon \nabla u \cdot \nabla v + (\mathbf{b} \cdot \nabla u) v \, d\Omega,$$

a ist nicht symmetrsich, denn $a(u,v) \neq a(v,u)$.
Wir überprüfen die Eigenschaften (i) - (v) aus Satz 9.1.
9.4.(i) und 9.4.(ii) sind trivial.

9.4.(iii):

$$|a(u,v)| = \varepsilon \int_\Omega \nabla u \cdot \nabla v \, d\Omega + M \int_\Omega \left|\frac{\partial u}{\partial x}\right| v + \left|\frac{\partial u}{\partial y}\right| v \, d\Omega \qquad (9.16)$$

$$\leq \varepsilon \|\nabla u\|_0 \, \|\nabla v\|_0 + M \|\nabla u\|_0 \, \|v\|_0 \quad \text{(Schwarz)}$$

Es gilt
$$\|u\|_1^2 = \|\nabla u\|_0^2 + \|u\|_0^2 \quad \forall u \in V_1,$$

folglich
$$|a(u,v)| \leq (M + \varepsilon) \|u\|_1 \, \|v\|_1. \qquad (9.17)$$

Folglich ist die Stetigkeit erfüllt.
9.4.(iv):
Man betrachte

$$a_0(u,u) = \int_\Omega (b \cdot \nabla u) u \, d\Omega \quad \text{(Green)}$$

$$= -\int_\Omega u \, \text{div}\,(u\,\mathbf{b}) \, d\Omega + \int_\Gamma u^2 \, \mathbf{b} \cdot \mathbf{n} \, d\Gamma.$$

Durchführen der Differentiation und Addition ergibt:

$$a_0(u,u) = \tfrac{1}{2}\int_\Omega u^2 \, \text{div}\,\mathbf{b} \, d\Omega + \tfrac{1}{2} \int_{\Gamma_2} u^2 \, \mathbf{b} \cdot \mathbf{n} \, d\Gamma$$

$$= \tfrac{1}{2} \int_{\Gamma_2} u^2 \, \mathbf{b} \cdot \mathbf{n} \, d\Gamma;$$

folglich ist
$$a(u,u) = \int_\Omega \varepsilon \|\nabla u\|^2 \, d\Omega + \tfrac{1}{2} \int_{\Gamma_2} u^2 \, \mathbf{b} \cdot \mathbf{n} \, d\Gamma$$

$$\geq \varepsilon \|\nabla u\|_0^2 \qquad (9.18)$$

mit dem Poincaré-Lemma (Satz 7.9):
$$\|\nabla u\|_0^2 \geq c \|u\|_0^2,$$

folglich gilt

Mathematischer Hintergrund der Galerkin-Methode 187

$$a(u,u) \geq \varepsilon c \, \|u\|_0^2. \tag{9.19}$$

Kombinieren wir (9.18) und (9.19), dann bekommen wir

$$a(u,u) + \frac{1}{c} a(u,u) \geq \varepsilon \|u\|_1^2$$

oder auch

$$a(u,u) \geq \frac{c\varepsilon}{1+c} \|u\|_1^2.$$

9.4.(v) ist trivial, denn

$$\|u\|_1^2 = \|\nabla u\|_0^2 + \|u\|_0^2 \geq \|u\|_0^2.$$

Satz 9.1 garantiert folglich die Existenz einer Lösung in V_1, und Satz 9.3 gibt eine Schätzung des maximalen Fehlers in der $\|\bullet\|_1$ Norm.

Übung 9.2
Man zeige, daß $a(u,v)$ 9.6.(iii) erfüllt. △

Übung 9.3
Man zeige, daß der Nitsche-Trick (7.8.4) auch für nicht-symmetrische $a(u,v)$ funktioniert, wenn die Bedingungen von Satz 9.1 erfüllt sind. Leite hieraus ab, daß für eine Interpolation k-ten Grades für die Konvektions-Diffusionsgleichung gilt

$$\|u - u_h\|_0 \leq Ch^{k+1} \|u\|_{k+1}. \qquad △$$

Bemerkung
Satz 9.1 (und 9.1a) geben *hinreichende* Bedingungen für die Existenz einer Lösung, aber diese Bedingungen sind nicht *notwendig*. In der Praxis trifft man auch nicht-positive bilineare Formen, die doch eine Lösung haben und die auch noch die Genauigkeitsfaustregel erfüllen.
Die hier entwickelte Theorie trifft darüber keine Aussage.

10 Einige in der Literatur oft vorkommende Elemente

Elemente werden danach klassifiziert, ob sie auf Simplizes definiert sind oder nicht.
Für Elemente auf Simplizes können die Basisfunktionen unmittelbar in linearen Basisfunktionen ausgedrückt werden, und die Elementenmatrizen und -vektoren sowie die Newton-Côtes-Formeln können mit der Formel aus Satz 5.2 direkt berechnet werden. Elemente auf komplizierteren Gebieten werden mit isoparametrischen Transformationen berechnet (siehe Kapitel 5, Abschnitt 6).

10.1 Elemente auf Simplizes

Simplizes sind: Linienstücke im $\mathbb{R}^1$, Dreiecke im $\mathbb{R}^2$ und Tetraeder im $\mathbb{R}^3$.
Da ein Element durch die Beschreibung der Basisfunktionen vollständig festgelegt ist, werden wir eine Aufzählung der Elemente und der dazugehörenden Basisfunktionen, *ausgedrückt in den linearen* Basisfunktionen, geben.

10.1.1 Elemente im $\mathbb{R}^1$

10.1.1.1 C^0-Element ersten Grades

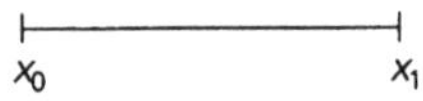

Lineare Basisfunktionen

$$\lambda_0 = \frac{x_1 - x}{x_1 - x_0}, \quad \lambda_1 = \frac{x - x_0}{x_1 - x_0}. \tag{10.1}$$

Abbildung 10.1. Element im $\mathbb{R}^1$ mit zwei Knotenpunkten.

Man setze $l_{01} = x_1 - x_0$, dann ist

$$\frac{\partial \lambda_0}{\partial x} = \frac{-1}{l_{01}}, \quad \frac{\partial \lambda_1}{\partial x} = \frac{1}{l_{01}}. \tag{10.2}$$

Newton-Côtes-Regel:

$$\int_e f \, dx = \tfrac{1}{2} l_{01}[f(x_0) + f(x_1)]. \tag{10.3}$$

10.1.1.2 C^0-Element zweiten Grades
Basisfunktionen

$$\varphi_0 = \lambda_0(2\lambda_0 - 1),$$

$$\varphi_1 = \lambda_1(2\lambda_1 - 1), \qquad (10.4)$$

$$\varphi_{12} = 4\lambda_1\lambda_2.$$

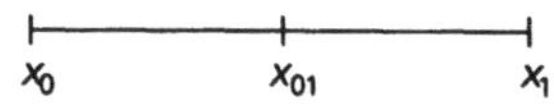

Abbildung 10.2. Element im $\mathbf{R}^1$ mit drei Knotenpunkten. Der Knotenpunkt x_{01} liegt in der Mitte zwischen x_0 und x_1: $x_{01} = \frac{1}{2}(x_0 + x_1)$.

Newton-Côtes-Regel:

$$\int_e f\,dx = \tfrac{1}{6} l_{01}\, [f(x_0) + 4f(x_{01}) + f(x_1)]. \qquad (10.5)$$

10.1.1.3 C^0-Element dritten Grades
Basisfunktionen

$$\varphi_i = \frac{\lambda_i}{2}(3\lambda_i - 1)(3\lambda_i - 2), \quad i = 0, 1,$$

$$\varphi_{01} = \tfrac{9}{2} \lambda_0\lambda_1 (3\lambda_0 - 1), \qquad (10.6)$$

$$\varphi_{10} = \tfrac{9}{2} \lambda_1\lambda_0 (3\lambda_1 - 1).$$

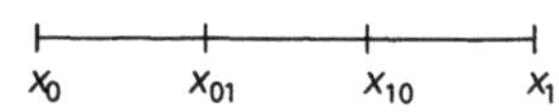

Abbildung 10.3. Element im $\mathbf{R}^1$ mit vier Knotenpunkten. Die Knotenpunkte x_{01} und x_{10} werden gegeben durch:
$x_{01} = \tfrac{2}{3}x_0 + \tfrac{1}{3}x_1$ und
$x_{10} = \tfrac{1}{3}x_0 + \tfrac{2}{3}x_1$.

Für eine numerische Integration muß der Grad der Genauigkeit $\geq 2k - 2m$ sein (siehe Faustregel 5.2). Für konforme C^0-Elementen ist $m = 1$, und in diesem Fall ist $k = 3$. Die Newton-Côtes-Regel

$$\int_e f\,dx = \tfrac{1}{8} l_{01}\, [f(x_0) + 3f(x_{01}) + 3f(x_{10}) + f(x_1)] \qquad (10.7)$$

ist jedoch nicht für Polynome vierten Grades erfüllt. Man muß folglich eine Gauß-Regel benutzen. Um eine Gauß-Regel zu beschreiben, erstellt man eine Tabelle mit *Integrationsgewichten* w, *Stützpunktgewichten* ζ und *Mehrfachheiten* m, in diesem Fall:

k	$w^{(k)}$	$\zeta_0^{(k)}$	$\zeta_1^{(k)}$	$m^{(k)}$	
1	$\tfrac{4}{9}$	$\tfrac{1}{2}$	$\tfrac{1}{2}$	1	(10.8)
2	$\tfrac{5}{18}$	$\tfrac{1}{2} - \tfrac{1}{2}\sqrt{\tfrac{3}{5}}$	$\tfrac{1}{2} + \tfrac{1}{2}\sqrt{\tfrac{3}{5}}$	2	

190 Numerik partieller Differentialgleichungen für Ingenieure

Die Gauß-Regel hat nun die folgende Form:

$$\int_e f \, dx = l_{01} \, [w^{(1)} f(\zeta_0^{(1)} x_0 + \zeta_1^{(1)} x_1) + w^{(2)} f(\zeta_0^{(2)} x_0 + \zeta_1^{(2)} x_1)$$
$$+ w^{(2)} f(\zeta_1^{(2)} x_0 + \zeta_0^{(2)} x_1)]. \tag{10.9}$$

Folglich kommen Gewichte mit der Mehrfachheit 2 zweimal vor, wobei die Stütz–punktgewichte ausgetauscht werden.

Übung 10.1
Man überprüfe, daß für die C^0-Basisfunktionen dritten Grades (10.6) wirklich gilt:

$$\varphi_\alpha(x_\beta) = \delta_{\alpha\beta}, \quad \alpha, \beta = 0, 1, 01, 10. \qquad \triangle$$

Übung 10.2
Man überprüfe, daß die Gauß-Integration (10.9) für Polynome bis zum fünften Grad exakt ist.
Tip: Man wähle $x_0 = -1$, $x_1 = 1$ und betrachte nacheinander $1, x, x^2, x^3, x^4$ und x^5.
Warum ist das ausreichend? $\qquad \triangle$

10.1.1.4 C^1-Element dritten Grades

Wir wählen das Element mit zwei Knotenpunkten, aber in beiden Knotenpunkten wählen wir *zwei* Basisfunktionen φ_i^0 und φ_i^1 so, daß

$$\varphi_i^0(x_j) = \delta_{ij}, \qquad \frac{d\varphi_i^0}{dx_j} = 0, \quad i, j = 0, 1,$$

$$\varphi_i^0(x_j) = 0, \qquad \frac{d\varphi_i^1}{dx_j} = \delta_{ij}. \tag{10.10}$$

Dies gibt

$$\varphi_i^0 = 3\lambda_i^2 - 2\lambda_i^3,$$
$$\varphi_i^1 = (-1)^i (1 - \lambda_i) \lambda_i^2 \, l_{01}. \tag{10.11}$$

Die hierzu gehörende numerische Integrationsregel ist von der Ordnung des Problems abhängig. Ist $m = 2$ (d.h. ein Problem vierter Ordnung), dann müssen Polynome des Grades $6 \, (= 2k) - 4 \, (= 2m) \, (= 2)$ noch genauer integriert werden. Dazu kann man die Integrationsregel (10.5) anwenden.
Ist $m = 1$, dann muß auch hier die Gauß-Regel (10.9) benutzt werden.

10.1.2 Elemente im $\mathbb{R}^2$ und $\mathbb{R}^3$

10.1.2.1 C^0-Element ersten Grades im $\mathbb{R}^2$
Lineare Basisfunktionen (siehe auch ab (5.22))

$$\lambda_i(x) = a_0^i + a_1^i x + a_2^i y \qquad (10.12)$$

mit

$$a_0^i = \frac{x_{i+}y_{i-} - x_{i-}y_{i+}}{\Delta},$$

$$a_1^i = \frac{y_{i+} - y_{i-}}{\Delta}, \qquad (10.13)$$

$$a_2^i = \frac{x_{i-} - x_{i+}}{\Delta},$$

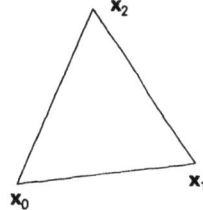

Abbildung 10.4. Dreieck im $\mathbb{R}^2$ mit drei Knotenpunkten.

worin i_+ die zyklischen Nachfolger und i_- der zyklische Vorgänger von i ist (folglich $0_- = 2$, $1_+ = 2$, $2_+ = 0$).

$$\Delta = \det\begin{pmatrix} 1 & x_0 & y_0 \\ 1 & x_1 & y_1 \\ 1 & x_2 & y_2 \end{pmatrix}, \qquad (10.14)$$

$$\frac{\partial \lambda_i}{\partial x} = a_1^i, \qquad \frac{\partial \lambda_i}{\partial y} = a_2^i. \qquad (10.15)$$

Newton-Côtes-Regel

$$\int_e f\, d\Omega = \frac{|\Delta|}{6} \{f(x_0) + f(x_1) + f(x_2)\}.$$

10.1.2.2 C^0-Element ersten Grades im $\mathbb{R}^3$
Die linearen Basisfunktionen

$$\lambda_i(x) = a_0^i + a_1^i x + a_2^i y + a_3^i z \qquad (10.16)$$

folgen aus der Forderung, daß

$$\lambda_i(x_j) = \delta_{ij}, \qquad (10.17)$$

und folglich müssen die a_j^i die folgende Matrixgleichung erfüllen:

192 Numerik partieller Differentialgleichungen für Ingenieure

$$\begin{pmatrix} 1 & x_0 & y_0 & z_0 \\ 1 & x_1 & y_1 & z_1 \\ 1 & x_2 & y_2 & z_2 \\ 1 & x_3 & y_3 & z_3 \end{pmatrix} \begin{pmatrix} a_0^0 & a_0^1 & a_0^2 & a_0^3 \\ a_1^0 & a_1^1 & a_1^2 & a_1^3 \\ a_2^0 & a_2^1 & a_2^2 & a_2^3 \\ a_3^0 & a_3^1 & a_3^2 & a_3^3 \end{pmatrix} = \begin{pmatrix} 1 & 0 & 0 & 0 \\ 0 & 1 & 0 & 0 \\ 0 & 0 & 1 & 0 \\ 0 & 0 & 0 & 1 \end{pmatrix} \quad (10.18)$$

oder

$$XA = I,$$

worin X die Koordinatenmatrix und A die Matrix der a_j^i ist. Der einfachste Weg, A zu berechnen, ist, X zu invertieren. Wenn das Erfolg haben soll, müssen die Reihen unabhängig sein, mit anderen Worten, die vier Punkte dürfen nicht *koplanar* sein, d.h. in einer Ebene liegen. Ein geschlossener Ausdruck für die a_j^i kann auch gegeben werden, aber dessen Gebrauch ist weniger handlich.

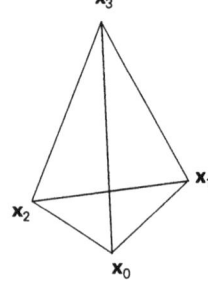

Abbildung 10.5. Tetraeder im R^3 mit vier Knotenpunkten.

Der Vollständigkeit halber geben wir jedoch diese Ausdrücke. Man führe die folgende Schreibweises ein:

$$\Delta = \det(X),$$

$$[i,j,k] = \det \begin{pmatrix} x_i & y_i & z_i \\ x_j & y_j & z_j \\ x_k & y_k & z_k \end{pmatrix},$$

$$\{\zeta,\eta;i,j,k\} = \det \begin{pmatrix} 1 & \zeta_i & \eta_i \\ 1 & \zeta_j & \eta_j \\ 1 & \zeta_k & \eta_k \end{pmatrix}, \quad (10.19)$$

$$i_+ = i+1 \quad \text{(zyklisch)},$$

$$i_- = i-1 \quad \text{(zyklisch)},$$

$$i_{++} = (i_+)_+.$$

Dann gilt

$$a_0^i = \frac{[i_+,i_{++},i_-]}{\Delta} (-1)^i,$$

Einige in der Literatur oft vorkommende Elemente 193

$$a_1^i = \frac{\{z,y;i_+,i_{++},i_-\}}{\Delta}(-1)^i,$$

$$a_2^i = \frac{\{x,z;i_+,i_{++},i_-\}}{\Delta}(-1)^i,$$ (10.20)

$$a_3^i = \frac{\{y,x;i_+,i_{++},i_-\}}{\Delta}(-1)^i,$$

$$\frac{\partial \lambda_i}{\partial x} = a_1^i, \quad \frac{\partial \lambda_i}{\partial y} = a_2^i, \quad \frac{\partial \lambda_i}{\partial z} = a_3^i. \quad (10.21)$$

Aus Kapitel 5, Satz 5.2, finden wir

$$V = \int_e de = \int_e \lambda_0^0 \lambda_1^0 \lambda_2^0 \lambda_3^0 \, de = \frac{1}{3!}|\Delta| = \frac{1}{6}|\Delta| \quad (10.22)$$

und die Newton-Côtes-Regel

$$\int_e f\, de = \frac{|\Delta|}{4!}\{f(\mathbf{x}_0) + f(\mathbf{x}_1) + f(\mathbf{x}_2) + f(\mathbf{x}_3)\}. \quad (10.23)$$

10.1.2.3 Quadratisches Element im $\mathbb{R}^2$

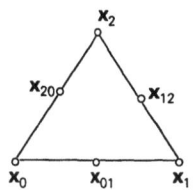

Für die Punkte $\mathbf{x}_{i\,i+}$ gilt, genau wie im $\mathbb{R}^1$:

$$\mathbf{x}_{i\,i+} = \tfrac{1}{2}(\mathbf{x}_i + \mathbf{x}_{i+}). \quad (10.24)$$

Basisfunktionen:

$$\varphi_i = \lambda_i(2\lambda_i - 1), \quad i = 0, 1, 2, \quad (10.25)$$

Abbildung 10.6. Dreieck im $\mathbb{R}^2$ mit 6 Knotenpunkten.

$$\varphi_{ii+} = 4\lambda_i \lambda_{i+}$$

(man vergleiche auch (10.4)).

Newton-Côtes-Regel:

$$\int_e f\, dx = \frac{|\Delta|}{6}\{f(\mathbf{x}_{01}) + f(\mathbf{x}_{12}) + f(\mathbf{x}_{20})\}. \quad (10.26)$$

10.1.2.4 C^0-Element dritten Grades im $\mathbb{R}^2$

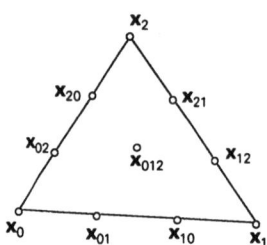

Abbildung 10.7. Dreieck im $\mathbb{R}^2$ mit 10 Knotenpunkten.

Für die Zwischenpunkte x_{ij} gilt:

$$x_{ij} = \tfrac{2}{3} x_i + \tfrac{1}{3} x_j, \tag{10.27}$$

und der Punkt x_{012} wird gegeben durch

$$x_{012} = \tfrac{1}{3}(x_0 + x_1 + x_3), \tag{10.28}$$

Basisfunktionen (man vergleiche auch (10.6)):

$$\varphi_i = \frac{\lambda_i}{2}(3\lambda_i - 1)(3\lambda_i - 2), \quad i = 0, 1, 2,$$

$$\varphi_{ij} = \tfrac{9}{2}\lambda_i\lambda_j(3\lambda_i - 1), \quad i, j = 0, 1, 2, \quad i \neq j, \tag{10.29}$$

$$\varphi_{012} = 27\lambda_0\lambda_1\lambda_2.$$

Eine Newton-Côtes-Regel ist nicht genau genug, aber die folgende Gauß-Regel ([strang], S. 184) ist exakt für Polynome vierten Grades:

k	$w^{(k)}$	$\zeta_0^{(k)}$	$\zeta_1^{(k)} (= \zeta_2^{(k)})$	$m^{(k)}$
1	0,10995 17436	0,81684 75729	0,09157 62135	3
2	0,22338 15896	0,10810 30181	0,44594 84909	3

Die Gauß-Formel muß wie folgt gelesen werden:

$$\int_e f \, dx = \frac{|\Delta|}{2} \sum_{k=1}^{2} w^{(k)} \sum_{m=0}^{2} f(\zeta_0^{(k)} x_{0+m} + \zeta_1^{(k)} x_{1+m} + \zeta_2^{(k)} x_{2+m}), \tag{10.30}$$

wobei die Indizes der Punkte x modulo 3 genommen werden müssen.

10.1.2.5 Hermite-C^0-Element dritten Grades im $\mathbb{R}^2$

Als Unbekannte werden u, u_x und u_y in den Eckpunkten und u im Schwerpunkt genommen.
Zu diesen Unbekannten gehören die Basisfunktionen φ_j^0, φ_j^x, φ_j^y bzw. φ_{012}^0

$$\varphi_j^0 = \lambda_j(3\lambda_j - 2\lambda_j^2 - 7\lambda_{j-}\lambda_{j+}),$$

$$\varphi_j^x = \lambda_j[a_2^{j-}\lambda_{j+}(\lambda_j - \lambda_{j-}) + a_2^{j+}\lambda_{j-}(\lambda_{j+} - \lambda_j)], \tag{10.31}$$

$$\varphi_j^y = \lambda_j[a_1^{j-}\lambda_{j_+}(\lambda_{j_-} - \lambda_j) + a_1^{j+}\lambda_{j_-}(\lambda_j - \lambda_{j_+})]$$

(siehe (10.13) und (10.15)) (j_+ und j_- zyklische Nachfolger/Vorgänger)

$$\varphi_{012}^0 = 27\lambda_0\lambda_1\lambda_2.$$

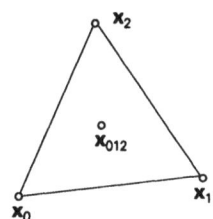

Achtung! Diese Basisfunktionen sind nicht C^1 über den Rändern, sondern nur C^0.

Abbildung 10.8. Dreieck mit vier Knotenpunkten und zehn Unbekannten, nämlich drei pro Eckpunkt.

10.1.2.6 Hermite-C^1-Element fünften Grades im $\mathbb{R}^2$

Wir besprachen dieses Element schon in Kapitel 5, Abschnitt 5.1. In diesem Abschnitt werden wir sehen, wie wir die Basisfunktionen dieses Elementes berechnen können. Wir erinnern uns daran, daß dieses Element sechs Knotenpunkte besitzt, nämlich die drei Eckpunkte und die drei Seitenmittelpunkte. In den Eckpunkten gibt es sechs Parameter (und folglich auch sechs Basisfunktionen), und zwar die Funktionwerte und alle ersten und zweiten Ableitungen. In den Seitenmittelpunkten gibt es die Normalableitung der Parameter. Das sind 21 Parameter, und dies korrespondiert mit einem vollständigen Polynom fünften Grades. Wir führen noch die folgende Schreibweise ein:

$$D^{\alpha\beta} = \frac{\partial^{(\alpha+\beta)}}{\partial x^\alpha \partial y^\beta}, \tag{10.32}$$

und ferner ist $u_j^{\alpha\beta}$ die Näherung von $D^{\alpha\beta}u(x_j)$ und $\varphi_j^{\alpha\beta}$ die dazugehörende Basisfunktion. In den Seitenmittelpunkten sind die Parameter $u_{jj_+}^n$, (j_+ ist hier der zyklische Nachfolger von j) und die Basisfunktionen $\varphi_{jj_+}^n$. Dies gibt auf einem Element eine FEM-Näherung des Typs

$$\tilde{u} = \sum_{j=0}^{2}\sum_{\alpha=0}^{2}\sum_{\beta=\alpha}^{2} u_j^{\alpha\beta}\varphi_j^{\alpha\beta} + \sum_{j=0}^{2} u_{jj_+}^n \varphi_{jj_+}^n. \tag{10.33}$$

Für die Basisfunktionen in den Eckpunkten muß gelten:

$$D^{\alpha\beta}\varphi_j^{\rho\sigma}(\mathbf{x}_i) = \delta_{\alpha\rho}\delta_{\beta\sigma}\delta_{ij}, \tag{10.34}$$

$$\frac{\partial}{\partial n}\varphi_j^{\rho\sigma}(\mathbf{x}_{ii_+}) = 0, \tag{10.35}$$

für die Basisfunktionen in den Seitenmittelpunkten:

196 Numerik partieller Differentialgleichungen für Ingenieure

$$D^{\alpha\beta}\varphi_{ii+}^n(\mathbf{x}_j) = 0, \tag{10.36}$$

$$\frac{\partial}{\partial n}\varphi_{jj+}^n(\mathbf{x}_{ii+}) = \delta_{ij}. \tag{10.37}$$

Um die Indizierung zu vereinfachen, führen wir eine *relative* Indizierung auf die folgende Weise ein.
- Alle Indizes zwischen den Klammern sind relativ bezüglich des Knotenpunktes j, d.h., um die echte Indizerung zu bekommen, muß j zu diesem Index addiert und das Resultat modulo 3 genommen werden. Folglich wenn $\mathbf{x}_j$ mit $\mathbf{x}_{(0)}$ korrespondiert, dann korrespondiert $\mathbf{x}_{j+}$ mit $\mathbf{x}_{(1)}$ und $\mathbf{x}_{j-}$ mit $\mathbf{x}_{(2)}$.
- Doppelte Indizes zwischen Klammern werden *jeweils* mit j erhöht. Folglich, wenn $\mathbf{x}_j$ mit $\mathbf{x}_{(0)}$ korrespondiert, dann korrespondiert $\mathbf{x}_{jj+}$ mit $\mathbf{x}_{(01)}$.
- Indizes, die nicht zwischen Klammern stehen, sind *absolut* und sind für alle Knotenpunkte dieselben.

Zunächst bemerken wir, daß der Ausdruck:

$$\psi_{(01)}^n = \lambda_{(0)}^2 \lambda_{(1)}^2 \lambda_{(2)} \tag{10.38}$$

die folgende Eigenschaften hat, was einfach zu überprüfen ist:
1. In allen Eckpunkten des Dreiecks sind von $\psi_{(01)}^n$ sowohl der Funktionwert als auch alle Ableitungen der ersten und zweiten Ordnung gleich null.
2. In den Punkten $\mathbf{x}_{(20)}$ und $\mathbf{x}_{(12)}$ verschwinden die beiden ersten Ableitungen, folglich ist da auch die Normalableitung gleich null.

Übung 10.3
Man überprüfe dies. △

Folglich ist, abgesehen von der Normierungskonstante $C_{(01)}$, $\psi_{(01)}^n$ genau die gesuchte Basisfunktion $\varphi_{(01)}^n$. Die Wahl dieser Normierungskonstante ist nicht ganz trivial: Weil die Richtungsableitung senkrecht auf der Dreiecksseite stehen muß, muß das Vorzeichen von φ^n in angrenzenden Dreiecken unterschiedlich sein. Da ψ^n immer positiv ist, muß die Normierungskonstante folglich ein unterschiedliches Vorzeichen in angrenzenden Dreiecken haben. Wir müssen folglich eine Vorzeichenabsprache machen, und die einfachste ist die folgende:
- alle Eckpunkte in den Elementen werden *entgegen dem Uhrzeigersinn* numeriert, d.h., wenn wir von $\mathbf{x}_{k0}$ über $\mathbf{x}_{k1}$ und $\mathbf{x}_{k2}$ nach $\mathbf{x}_{k0}$ gehen, halten wir das Dreieck links. Hier sind k_0, k_1 und k_2 die *aktuellen* Knotenpunktindizes, die mit 0, 1 und 2 in dem Standardelement korrespondieren.
- sign $C_{(01)}$ = sign $(k_{(1)} - k_{(0)})$, anders gesagt, das Vorzeichen der Differentiationsrichtung wird durch die aktuellen Knotenpunktindizes bestimmt und

Einige in der Literatur oft vorkommende Elemente 197

ist für angrenzende Elemente auf der gemeinschaftlichen Seite gleich.
Um den Betrag von $C_{(01)}$ zu finden, berechnen wir $\nabla \psi^n_{(01)}(x_{(01)})$:

$$\frac{\partial \psi^n_{(01)}}{\partial x}(x_{(01)}) = \lambda^2_{(0)}(x_{(01)})\lambda^2_{(1)}(x_{(01)})\frac{\partial \lambda_{(2)}}{\partial x}$$

$$= \frac{1}{16}\frac{\partial \lambda_{(2)}}{\partial x}, \qquad (10.39)$$

$$\frac{\partial \psi^n_{(01)}}{\partial y}(x_{(01)}) = \lambda^2_{(0)}(x_{(01)})\lambda^2_{(1)}(x_{(01)})\frac{\partial \lambda_{(2)}}{\partial y}$$

$$= \frac{1}{16}\frac{\partial \lambda_{(2)}}{\partial y}. \qquad (10.40)$$

Für die Normalableitung finden wir, da

$$n(x_{01}) = 1/l_{(01)}(y_{(1)} - y_{(0)}, x_{(0)} - x_{(1)})^T = -\frac{\Delta}{l_{(01)}}\nabla \lambda_{(2)}, \qquad (10.41)$$

daß

$$\frac{\partial \psi^n}{\partial n}(x_{(01)}) = -\frac{1}{16 l_{(01)}\Delta}[(y_{(0)} - y_{(1)})^2 + (x_{(0)} - x_{(1)})^2] \qquad (10.42)$$

$$= -\frac{l_{(01)}}{16\Delta} \qquad (10.43)$$

ist, wobei $l_{(01)}$ die Länge der Dreiecksseite gegenüber $x_{(2)}$ ist. Für die Konstante $C_{(01)}$ finden wir folglich

$$|C_{(01)}| = \frac{16\Delta}{l_{(01)}} \qquad (10.44)$$

und für $\varphi^n_{(01)}$

$$\varphi^n_{(01)} = \text{sign}(C_{(01)})\frac{16\Delta}{l_{(01)}}\lambda_{(0)}\lambda^2_{(1)}\lambda_{(2)}, \qquad (10.45)$$

wobei für das Vorzeichen die obengemachte Absprache gilt. Hiermit sind die Basisfunktionen für die Seitenmittelpunkte gefunden.

Übung 10.4
Man überprüfe, daß für jeden Punkt x der Form $x = \alpha x_{(0)} + (1 - \alpha)x_{(1)}$ mit $0 < \alpha < 1$ gilt, daß $\partial \varphi^n_{(01)}/\partial n(x)$ ausschließlich von $\lambda_{(0)}(x)$, $\lambda_{(1)}(x)$, $x_{(0)}$ und $x_{(1)}$ abhängt. Kann man hieraus schließen, daß $\partial \varphi^n_{(01)}/\partial n$ über den Rand (01) stetig ist?
Tip: Es geht darum, daß zwei anliegende Dreiecke denselben Ausdruck auf der

198 Numerik partieller Differentialgleichungen für Ingenieure

gemeinsamen Seite haben, folglich darf der Knotenpunkt $x_{(2)}$ nicht in dem Ausdruck vorkommen. △

Nun behandeln wir die Basisfunktionen der zweiten Ableitungen. Hierzu betrachten wir Polynome der folgenden Form:

$$\psi_{(0)}^{\alpha\beta} = \tfrac{1}{2} \lambda_{(0)}^3 (q_{(0)0}^{\alpha\beta}\lambda_{(1)}^2 + 2q_{(0)1}^{\alpha\beta}\lambda_{(1)}\lambda_{(2)} + q_{(0)2}^{\alpha\beta}\lambda_{(2)}^2), \quad \alpha+\beta = 2. \tag{10.46}$$

Wir bemerken, daß für $\psi_{(0)}^{\alpha\beta}$ gilt:
1. der Funktionswert und auch die ersten und zweiten Ableitungen sind in den Punkten $x_{(1)}$ und $x_{(2)}$ gleich null.
2. der Funktionwert und auch die erste Ableitung sind im Punkt $x_{(0)}$ gleich null.

Übung 10.5
Man überprüfe dies. △

Um diese Funktionen zu Basisfunktionen für die zweiten Ableitungen umzuschmieden, ist folglich nur nötig
1. die Koeffizienten $q_{(0)j}^{\alpha\beta}$ so zu bestimmen, daß

$$D^{\rho\sigma}\psi_{(0)}^{\alpha\beta}(x_{(0)}) = \delta_{\rho\alpha}\delta_{\sigma\beta}, \quad \alpha+\beta = 2, \quad \rho+\sigma = 2. \tag{10.47}$$

Dies ist ein (3×3)-Gleichungssystem in den Koeffizienten.
2. in den Seitenmittelpunkten soviel ψ^n zu addieren oder zu subtrahieren, daß die Normalableitung gleich null wird.

Wir differenzieren Ausdruck (10.46) zweimal, setzen $x = x_{(0)}$, (d.h. $\lambda_{(0)} = 1$, $\lambda_{(1)} = \lambda_{(2)} = 0$) und finden:

$$D^{\rho\sigma}\psi_{(0)}^{\alpha\beta}(x_{(0)}) = \tfrac{1}{2} (q_{(0)0}^{\alpha\beta} D^{\rho\sigma}\lambda_{(1)}^2 + 2q_{(0)1}^{\alpha\beta} D^{\rho\sigma}\lambda_{(1)}\lambda_{(2)} + q_{(0)2}^{\alpha\beta} D^{\rho\sigma}\lambda_{(2)}^2) \tag{10.48}$$

stets für $\rho + \sigma = \alpha + \beta = 2$. Dies gibt die folgende Matrixgleichung in den q's:

$$P_{(12)}Q_{(0)} = I, \tag{10.49}$$

wobei

$$P_{(12)} = \begin{pmatrix} (\lambda_{x(1)})^2 & 2\lambda_{x(1)}\lambda_{x(2)} & (\lambda_{x(2)})^2 \\ \lambda_{x(1)}\lambda_{y(1)} & [\lambda_{x(1)}\lambda_{y(2)}+\lambda_{x(2)}\lambda_{y(1)}] & \lambda_{x(2)}\lambda_{y(2)} \\ (\lambda_{y(1)})^2 & 2\lambda_{y(1)}\lambda_{y(2)} & (\lambda_{y(2)})^2 \end{pmatrix} \tag{10.50}$$

mit $\lambda_{x(i)} = \partial\lambda_{(i)}/\partial x$ usw.,

Einige in der Literatur oft vorkommende Elemente   199

$$Q_{(0)} = \begin{pmatrix} q^{20}_{(0)0} & q^{11}_{(0)0} & q^{02}_{(0)0} \\ q^{20}_{(0)1} & q^{11}_{(0)1} & q^{02}_{(0)1} \\ q^{20}_{(0)2} & q^{11}_{(0)2} & q^{02}_{(0)2} \end{pmatrix} \tag{10.51}$$

und I die (3×3)-Einheitsmatrix sind. Für die Bestimmung von $Q_{(0)}$ müssen wir folglich $P^{-1}_{(12)}$ bestimmen. Komischerweise existiert dafür ein einfacher geschlossener Aus–druck. Wenn man

$$D_{(12)} = (\lambda_{x(1)}\lambda_{y(2)} - \lambda_{x(2)}\lambda_{y(1)})^2 \tag{10.52}$$

setzt, ist

$$Q_{(0)} = P^{-1}_{(12)} = \frac{1}{D_{(12)}} \begin{pmatrix} (\lambda_{y(2)})^2 & -2\lambda_{x(2)}\lambda_{y(2)} & (\lambda_{x(2)})^2 \\ -\lambda_{y(1)}\lambda_{y(2)} & \lambda_{x(1)}\lambda_{y(2)} + \lambda_{x(2)}\lambda_{y(1)} & -\lambda_{x(1)}\lambda_{x(2)} \\ (\lambda_{y(1)})^2 & -2\lambda_{x(1)}\lambda_{y(1)} & (\lambda_{y(1)})^2 \end{pmatrix}, \tag{10.53}$$

womit die Koeffizienten $q^{\alpha\beta}_{(0)j}$ bestimmt sind. Da $D_{(12)} = 1/\Delta^2$ (man überprüfe dies!), existiert diese Inverse immer. Um die $\varphi^{\alpha\beta}_{(0)}$ zu bestimmen, müssen wir noch dafür sorgen, daß die Normalableitungen in den Seitenmittelpunkten gleich null sind. Das ist schon für $x_{(12)}$ erfüllt (warum?), und wir setzen deshalb

$$\varphi^{\alpha\beta}_{(0)} = \psi^{\alpha\beta}_{(0)} + A^{\alpha\beta}_{(0)1} \psi^n_{(01)} + A^{\alpha\beta}_{(0)2} \psi^n_{(20)}, \quad \alpha + \beta = 2, \tag{10.54}$$

Im Punkt $x_{(01)}$ gilt (siehe (10.43)):

$$\frac{\partial \varphi^{\alpha\beta}_{(0)}}{\partial n}(x_{(01)}) = \frac{\partial \psi^{\alpha\beta}_{(0)}}{\partial n}(x_{(01)}) - A^{\alpha\beta}_{(0)1} \frac{l_{(01)}}{16\Delta}. \tag{10.55}$$

Da $\lambda_{(2)} = 0$ in $x_{(01)}$, ergibt dies:

$$A^{\alpha\beta}_{(0)1} \frac{l_{(01)}}{16\Delta} = \frac{3}{32} q^{\alpha\beta}_{(0)0} \frac{\partial \lambda_{(0)}}{\partial n} + \frac{1}{16} q^{\alpha\beta}_{(0)0} \frac{\partial \lambda_{(1)}}{\partial n} + \frac{1}{16} q^{\alpha\beta}_{(0)1} \frac{\partial \lambda_{(2)}}{\partial n} \tag{10.56}$$

oder auch, da (siehe (5.24))

$$\frac{\partial \lambda_j}{\partial n}(x_{(01)}) = \frac{(x_{j+} - x_{j-}, x_{(1)} - x_{(0)})}{l_{(01)}\Delta}, \tag{10.57}$$

folgt

200 Numerik partieller Differentialgleichungen für Ingenieure

$$A^{\alpha\beta}_{(0)1}l_{(01)} = q^{\alpha\beta}_{(0)0}\frac{(3x_{(1)} - x_{(2)} - 2x_{(0)}, x_{(1)} - x_{(0)})}{2l_{(01)}} - q^{\alpha\beta}_{(0)1}l_{(01)} \qquad (10.58)$$

$$= q^{\alpha\beta}_{(0)0}\frac{(x_{(1)} - x_{(2)}, x_{(1)} - x_{(0)})}{2l_{(01)}} + (q^{\alpha\beta}_{(0)0} - q^{\alpha\beta}_{(0)1})l_{(01)}. \qquad (10.59)$$

Übung 10.6
Man leite $A^{\alpha\beta}_{(0)2}$ ab. △

Übung 10.7
Man bestimme $\varphi^{\alpha\beta}_1$ und $\varphi^{\alpha\beta}_2$ mit $\alpha + \beta = 2$. Achtung! Hier stehen keine Klammern um die Indizes. △

Übung 10.8
Man bestimme $\varphi^{\alpha\beta}_{(0)}$ mit $\alpha + \beta = 1$.
Tip: Man betrachte

$$\psi^{\alpha\beta}_{(0)} = \lambda^4_{(0)}(p^{\alpha\beta}_{(0)1}\lambda_{(1)} + p^{\alpha\beta}_{(0)2}\lambda_{(2)}) \qquad (10.60)$$

und überprüfe, daß die Funktionswerte und alle Ableitungen in $x_{(1)}$ und $x_{(2)}$ sowie der Funktionwerte in $x_{(0)}$ gleich null sind. Man bestimme danach $p^{\alpha\beta}_{(0)j}$ so, daß die ersten Ableitungen in $x_{(0)}$ die gestellte Forderung erfüllen. Schließlich subtrahiere man nacheinander die Basisfunktionen der zweiten Ableitung und der Normalableitung, so daß der Rest auch den Bedingungen genügt. △

Übung 10.9
Man bestimme $\varphi^{00}_{(0)}$.
Tip: Man absolviere erst Übung 10.8 und betrachte dann $\psi^{\alpha\beta}_{(0)} = \lambda^5_{(0)}$. △

10.2 Elemente auf Vierecken im $\mathbb{R}^2$

10.2.1 Bilinear isoparametrisches Element

Wir behandelten dieses Element schon in Kapitel 5, Abschnitt 6.
Doch geben wir noch die Newton-Côtes-Regel an:

$$\int_e f\,de = \sum_{i=1}^4 w_i f(x_i) = \frac{1}{4}\sum_{i=1}^4 f(\xi_i,\eta_i)\,|\,J(\xi_i,\eta_i)\,|.$$

10.2.2 Elemente höherer Ordnung

In Elementen höherer Ordnung auf Vierecken werden die Basisfunktionen i.allg. in Produkten von Basisfunktionen im $\mathbb{R}^1$ ausgedrückt, nähmlich auf den Seiten des Vierecks.
Siehe [mich] S. 78 - 81, [strang] S. 86 - 90 und [zien] S. 104 - 113.

10.3 Dreiecke mit krummem Rand im $\mathbb{R}^2$

Dieses Element haben wir schon im Abschnitt 5.6 behandelt.

11 Lösungsmethoden für diskretisierte Systeme

11.1 Direkte Methoden

Alle direkten Methoden zur Lösung der linearen Gleichungssysteme, die durch die Diskretisierung der PDG entstehen, sind Varianten der Gaußschen Eliminierungsmethode ([**schwarz**], S. 11). Die Varianten entstehen durch die spezielle Struktur der Probleme.

11.1.1 Bandmethoden

Diese benutzen die Tatsache, daß Differenz- und Elementenmethoden ein Gleichungssystem mit Bandstruktur ergeben. Die Matrixelemente, die außerhalb des Bandes liegen, brauchen nicht eliminiert zu werden. Dies bedeutet eine große Arbeitsersparnis.

Es ist klar, daß die Rechenarbeit in dem Maße weniger wird, wie die *Bandbreite* kleiner ist. Die Bandbreite wird durch die Anordnung der Unbekannten beeinflußt. Ein Beispiel möge dies verdeutlichen.

Beispiel 11.1
Man betrachte das Rechteck zwischen den Punkten (0,0) und (2,1), aufgeteilt in 200 Quadrate. Man betrachte nun die folgenden zwei Anordnungen der Knotenpunkte:

0	1	2	3	...	20		0	11			...	220
21	22	23	24	...	41		1	12			...	221
							2	13			...	
⋮							⋮					
210					230		10	21			...	230
horizontale Anordnung							vertikale Anordnung					

Lösungsmethoden für diskretisierte Systeme 203

Benutzen wir dieses Muster z.B. für das Differenzenmodell der Laplace-Gleichung, dann ist in der horizontalen Variante die i-te Gleichung

$$u_{i-21} + u_{i-1} + u_{i+1} + u_{i+21} - 4u_i = f_i \qquad (11.1)$$

und in der vertikalen Anordnung

$$u_{i-1} + u_{i-11} + u_{i+11} + u_{i+1} - 4u_i = f_i. \qquad (11.2)$$

(11.1) hat eine Bandbreite von 43 und (11.2) eine Bandbreite von 23, also gerade die Hälfte. Wie man sieht, kann man durch die Wahl einer geschickten Anordnung einiges erreichen. △

Übung 11.1
a) Man berechne die Bandbreite im Beispiel 11.1 für die folgende Anordnung:

```
·9
·5   ·8
·2   ·4   ·7
·0   ·1   ·3   ·6   ·10   usw.
```

b) Man berechne die Bandbreite in einem L-förmigen Gebiet wie in der Zeichnung angegeben

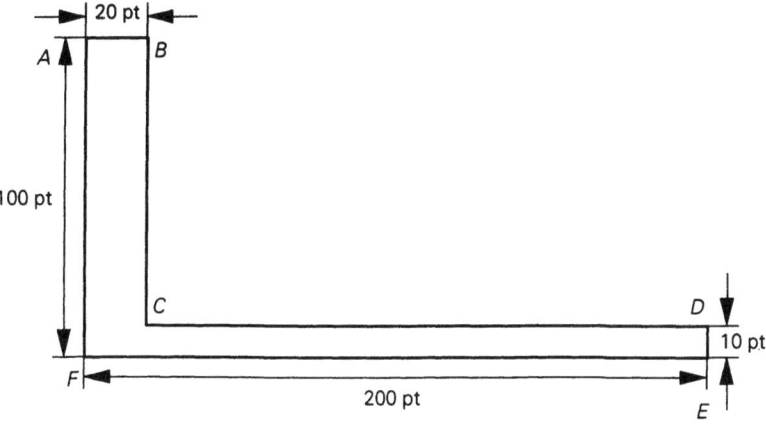

(i)   mit horizontaler Anordnung,
(ii) mit vertikaler Anordnung,
(iii) mit schräger Anordnung (wie in a), beginnend in der linken oberen Ecke (A),
(iv) schräger Anordnung, beginnend in der rechten oberen Ecke (B). △

11.1.2 Profilmethoden

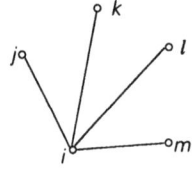

Abbildung 11.1. Knotenpunkt i mit seinen Nachbarn.

Man betrachte eine Matrix A, die das Resultat der Diskretisierung einer PDG ist, sei es mit der FEM oder mit einer Differenzenmethode. Man betrachte in der Konfiguration den Knotenpunkt i mit seinen Nachbarn $j, k, l, \ldots m$.

Der Knotenpunkt i steht 'in Verbindung' mit seinen Nachbarn, und dies bedeutet, daß in der Matrix A die Elemente a_{il}, a_{ik}, a_{ij} i.allg. ungleich null sein werden.

Steht ein Knotenpunkt n nicht in Verbindung mit i, dann gilt $a_{in} = a_{ni} = 0$. Diese Elemente werden erzwungene Nullen genannt. Nun kann man von dem Wissen profitieren, daß gewisse Elemente erzwungen Nullen sind. Ein Beispiel ist natürlich die Bandmethode, und wir behandeln nun eine zweite, die Profilmethode.

Unter dem Profil einer Matrix verstehen wir das folgende:
Man betrachte die i-te Zeile. Zum Profil gehören alle Elemente der i-ten Zeile in der unteren Dreiecksmatrix und alle Elemente in der i-ten Spalte in der oberen Dreiecksmatrix, die zwischen den äußersten 'nicht-Nullen' liegen, einschließlich dieser nicht-Nullen selbst. Unter nicht-Nullen werden dann Elemente verstanden, die nicht notwendig gleich null sind. (Sie können zwar 'zufällig' gleich null sein, aber dies folgt nicht aus der Problemstruktur). Ein Profil ist folglich ein variables Band.

Übung 11.2
Man weise nach, daß das Profil einer Matrix, die durch eine Diskretisierung einer PDG entstanden ist, symmetrisch ist. △

Beispiel 11.2
Man gebe in einer Zeile mit 0 die erzwungenen Nullen und mit x die nicht-Nullen an. Nun betrachte man die folgende Zeile:

$$0\ 0\ 0\ 0\ 0\ \boxed{x\ x\ 0\ x\ x\ x\ x\ 0\ 0\ x\ x}\ 0\ 0\ 0\ 0\ 0\ 0$$

Das Profil wird durch den umrandete Teil gegeben. Das Profil einer ganzen Matrix kann aussehen wie in Abbildung 11.2.

Übung 11.3
Man überzeuge sich, daß das Profil der Matrix, die durch die Anwendung der FEM entsteht, symmetrisch ist. (Tip: Das Muster der erzwungenen Nullen ist symmetrisch).

Man überzeuge sich, daß in einer *LR*-Zerlegung die Nullen außerhalb des Profils ungeändert bleiben, d.h. das linke Profil der *L*-Matrix ist mit dem der ursprünglichen Matrix gleich. Ebenso ist das rechte Profil der *R*-Matrix gleichfalls mit dem der ursprünglichen Matrix gleich. △

Es gibt Eliminierungsmethoden, die mit der Profilstruktur der zu zerlegender Matrix *A* arbeiten, d.h. außerhalb des Profils wird nicht eliminert. Dies kann gegenüber Bandmethoden vorteilhaft sein, insbesondere wenn das Profil nur örtlich so breit wie in Abbildung 11.3 ist.

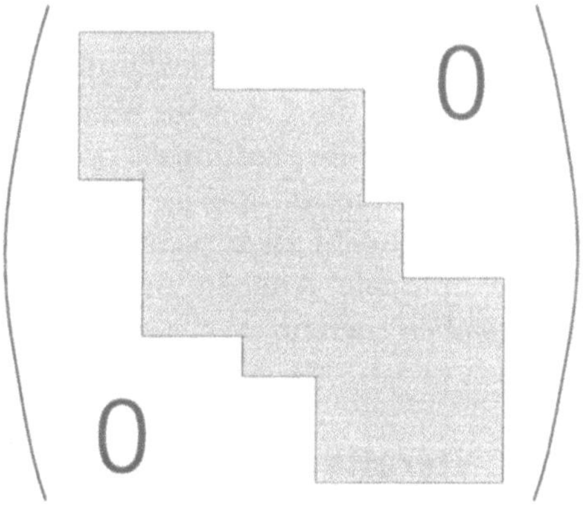

Abbildung 11.2. Beispiel eines Profils.

Mit der Kenntnis des Profils wird in diesem Fall dafür gesorgt, daß viel weniger Eliminierungen durchgeführt werden müssen als bei der Bandmethode, weil die variable Bandbreite in die Betrachtungen mit einbezogen wird. Falls man die variable Bandbreite vollständig ausnutzen will, d.h. so, daß die Speicherausnutzung optimal wird, ist es notwendig, die Matrix in

Abbildung 11.3. Beispiel eines örtlich breiten Profils.

einem eindimensionalen Array zu speichern. Für ein symmetrisches Problem ist es ausreichend, die linke Dreiecksmatrix zeilenweise zu speichern, für nichtsymmetrische Matrizen muß auch das rechte Dreieck gespeichert werden. Hierzu benutzt man dieselbe Speicherungsstruktur wie für das linke Dreieck, allerdings in transponierter Form. Die rechte Dreiecksmatrix wird folglich spaltenweise gespeichert. Neben diesem eindimensionalen Array für die Matrix sind auch noch zwei extra Index-Arrays in der Länge der Anzahl von Unbekannten notwendig. In einem davon wird die Bandbreite pro Zeile gespeichert, das andere gibt die Position des *i*-ten Diagonalelements in der eindimensionalen Speicherungsstruktur wieder.

In der Literatur begegnet man noch Namen wie *Wave-Front Method*, *Frontal-Solution Method* und *Generalized Element Method*. Dies sind alles Varianten der

Profil-Methode.
Das Profil ist wie die Bandbreite von der Anordnung der Unbekannten abhängig. Aus der Literatur sind Routinen bekannt, die die Anordnung so ausführen, daß die Profilbreite optimalisiert wird ([**king**]). Kennzeichnend für diese Algorithmen ist, daß sie nur lokal versuchen, das Profil zu optimalisieren. Hierdurch braucht zwar nicht das beste Profil zu entstehen, aber es bleibt die für die 'optimale' Anordnung benötigte Rechenzeit beschränkt. Solche Routinen bestehen auch für die Optimalisierung der Bandbreite ([**geor**]).

11.2 Iterative Methoden

In bestimmden Fällen kann es notwendig sein, das Gleichungssystem $A\mathbf{x} = \mathbf{b}$ iterativ zu lösen. Im allgemeinen kann man annehmen, daß, wenn eine direkte Methode angewendet werden kann, diese den Vorzug verdient. Es gibt jedoch drei Fälle, in denen iterative Methoden deutlich zu bevorzugen sind.
1) Lineare Probleme mit einer so großen Matrix, daß eine direkte Methode die Speicher-Kapazität der Maschine übersteigt, d.h. z.B. Gleichungen mit viel Nullen innerhalb des Profils (z.B. 3-dimensionale Probleme). Die Speicherkapazität wird durch die *fill-in* überschritten.
2) Nichtlineare Probleme.
3) Zeitabhängige Probleme (implizite Methoden).

Auf 2) werden wir nachher noch kurz eingehen. Es gibt zwei Arten von iterativen Methoden: Standard-Methoden und Gradientenmethoden. Wir behandeln hier zwei Standard-Methoden: Gauß-Seidel und SOR. Gradienten-Methoden widmen wir uns in einem eigenen Abschnitt.

11.2.1 Die Methode von Gauß-Seidel

Es sei das Gleichungssystem

$$A\mathbf{x} = \mathbf{b} \text{ mit } A = (a_{ij})$$

gegeben. Man wähle einen beliebigen Startvektor $\mathbf{x}^{(0)}$.
Die i-te Komponente des k-ten Iterationsschrittes wird wie folgt berechnet:

$$x_i^{(k)} = \frac{1}{a_{ii}} \left[b_i - \sum_{j=1}^{i-1} a_{ij} x_j^{(k)} - \sum_{j=i+1}^{n} a_{ij} x_j^{(k-1)} \right] \quad (i = 1, 2, \ldots n). \tag{11.3}$$

Dieser Iterationsprozeß ist als die Methode von Gauß-Seidel bekannt.

Lösungsmethoden für diskretisierte Systeme 207

Übung 11.4
Es sei $A = D - L - U$, wobei D die Diagonalmatrix, $-L$ die linke Dreiecks- und $-U$ die rechte Dreiecksmatrix von A ist. Man zeige, daß der Gauß-Seidel-Prozeß formal beschrieben werden kann durch

$$(D - L)\mathbf{x}^k = U\mathbf{x}^{k-1} + \mathbf{b} \tag{11.4}$$

oder auch

$$\mathbf{x}^k = M\mathbf{x}^{k-1} + \mathbf{f} \tag{11.5}$$

mit

$$M = (D - L)^{-1} U, \tag{11.6}$$

$$\mathbf{f} = (D - L)^{-1} \mathbf{b}. \qquad \triangle$$

11.2.2 Konvergenzaspekte

Wenn wir einen Iterationsprozeß durchführen, ist es wichtig zu wissen, ob dieser konvergiert und wann er abgebrochen werden muß, um eine bestimmte Genauigkeit zu erreichen. Wir werden diese Aspekte zunächst in einem verallgemeinerten Iterationsprozeß untersuchen.

Satz 11.1
Es sei der Iterationsprozeß

$$\mathbf{x}^{k+1} = M\mathbf{x}^k + \mathbf{f} \quad \text{mit } \mathbf{x}^{k+1}, \mathbf{x}^k, \mathbf{f} \in \mathbb{R}^n \tag{11.7}$$

gegeben. Dieser Prozeß konvergiert gegen einen Grenzwert ξ dann und nur dann, wenn für den dem Betrag nach größten Eigenwert λ_1 von M gilt:

$$|\lambda_1| < 1.$$

Beweis

Wir beweisen den Satz für nicht-defekte M.
Man betrachte den Unterschied zwischen dem Iterationszwischenergebnis $\mathbf{x}^k$ und der Lösung ξ:

$$\varepsilon = \xi - \mathbf{x}^k.$$

Offensichtlich gilt

$$\xi = M\xi + \mathbf{f}$$

und

208 Numerik partieller Differentialgleichungen für Ingenieure

$$x^{k+1} = Mx^k + f.$$

Subtraktion ergibt $\varepsilon^{k+1} = M\varepsilon^k$.
Dies ist eine Iteration bezüglich des Fehlers vom Powermethodetyp [**wilk**], und es gilt folglich für große k:

$$\varepsilon^{k+1} \approx \lambda_1 \varepsilon^k, \quad \lambda_1 \text{ ist der größte Eigenwert von } M.$$

Es gilt folglich:

$$\|\varepsilon^{k+1}\| \approx |\lambda_1| \|\varepsilon^k\|,$$

also

$$\lim_{k \to \infty} \|\varepsilon^{k+1}\| = 0 \quad \text{für } |\lambda_1| < 1,$$

$$\neq 0 \quad \text{für } |\lambda_1| > 1.$$

Hiermit ist der Satz bewiesen. □

Die Größe $|\lambda_1|$ wird Spektralradius genannt. Der folgende Satz trifft eine Aussage über die Genauigkeit des Iterationsergebnisses durch die Betrachtung des Unterschieds zwischen zwei aufeinanderfolgenden Iterationsschritten.

Faustregel 11.1
Für große k gilt genähert

$$\xi - x^{k+1} = \frac{\lambda_1}{1 - \lambda_1} (x^{k+1} - x^k).$$

Faustregel 11.1 kann wie folgt gerechtfertigt werden. Es gilt:

$$x^{k+1} - x^k = x^{k+1} - \xi + \xi - x^k = \varepsilon^k - \varepsilon^{k+1}. \tag{11.8}$$

Für große k gilt:

$$\varepsilon^{k+1} = \lambda_1 \varepsilon^k,$$

folglich

$$\varepsilon^k = \frac{1}{\lambda_1} \varepsilon^{k+1}.$$

Substitution hiervon in (11.8) gibt die Faustregel.

Faustregel 11.2
Es sei

$$\eta^k = x^k - x^{k-1}.$$

Lösungsmethoden für diskretisierte Systeme 209

Dann gilt für genügend große k:

$$\eta^{k+1} = \lambda_1 \eta^k,$$

wobei λ_1 reell und einfach ist.

Diese Faustregel wird wie folgt gerechtfertigt. Man betrachte zwei aufeinanderfolgende Iterationen:

$$\mathbf{x}^{k+1} = M\mathbf{x}^k + \mathbf{f}$$

und (11.9)

$$\mathbf{x}^k = M\mathbf{x}^{k-1} + \mathbf{f}.$$

Subtraktion liefert: $\eta^k = M\eta^{k-1}$, und die Faustregel folgt aus einer analogen Begründung wie bei Satz 11.2.

Übung 11.5
Mit Hilfe eines Iterationsprozesses der Form $\mathbf{x}^{k+1} = M\mathbf{x}^k + \mathbf{f}$ bestimmen wir eine Lösung eines Gleichungssystems. Der Prozeß kann abgebrochen werden, wenn $|\xi_i - x_i^k| < \varepsilon$ für alle i. Man gebe an, wie mit Hilfe beider Faustregeln ein Abbruchkriterium gefunden werden kann, das ausschließlich von berechneten oder gegeben Größen Gebrauch macht.
Anders gesagt:
Der Prozeß kann abgebrochen werden, wenn

$$|x_i^{k+1} - x_i^k| < C\varepsilon.$$

Man drücke C in berechneten Größen mit Hilfe beider Faustregeln aus. △

11.2.3 Konvergenz der Gauß-Seidel-Methode

Der wichtigste praktische Fall, in dem die Konvergenz der Gauß-Seidel-Methode von vornherein gezeigt werden kann, ist der folgende.

Satz 11.2
Es sei A eine symmetrische $(n \times n)$-Matrix mit $A = D - L - L^T$, wobei D die Diagonale von A ist und $L = (l_{ij})$ mit $l_{ij} = -a_{ij}$ für $i > j$ und $l_{ij} = 0$ für $i \leq j$ (das linke Dreieck).
Der Gauß-Seidelprozeß konvergiert, wenn A positiv definit ist.

Beweis
Es sei λ ein Eigenwert von $(D-L)^{-1}L^T$ mit einem Eigenvektor $\mathbf{v}$. Es gilt:

$$(D-L)^{-1}L^T\mathbf{v} = \lambda\mathbf{v}$$

oder auch
$$L^T\mathbf{v} = (D-L)\lambda\mathbf{v}.$$

Dieser Eigenwert kann komplex sein, und der dazugehörende Eigenvektor ist dann auch komplex. Die *konjugiert* komplexen Größen $\bar{\lambda}$ und $\bar{\mathbf{v}}$ sind dann auch Eigenwert bzw. Eigenvektor. $\mathbf{v}^*$ definieren wir als $\bar{\mathbf{v}}^T$ und $\mathbf{v}^*A\mathbf{v} > 0$, $\forall \mathbf{v} \neq 0$. (Man mache sich dies selbst klar!)

Man betrachte
$$\mathbf{v}^*A\mathbf{v} = \mathbf{v}^*(D-L-L^T)\mathbf{v}$$
$$= \mathbf{v}^*(D-L)\mathbf{v} - \lambda\mathbf{v}^*(D-L)\mathbf{v}$$
$$= (1-\lambda)\mathbf{v}^*(D-L)\mathbf{v}.$$

Auch gilt
$$\mathbf{v}^*A\mathbf{v} = \mathbf{v}^*(D-L-L^T)\mathbf{v}$$
$$= \mathbf{v}^*(D-L^T)\mathbf{v} - \mathbf{v}^*L\mathbf{v}$$
$$= \mathbf{v}^*(D-L^T)\mathbf{v} - (L^T\mathbf{v})^*\mathbf{v}$$
$$= \mathbf{v}^*(D-L^T)\mathbf{v} - (\lambda(D-L)\mathbf{v})^*\mathbf{v}$$
$$= \mathbf{v}^*(D-L^T)\mathbf{v} - \bar{\lambda}\mathbf{v}^*(D-L^T)\mathbf{v}$$
$$= (1-\bar{\lambda})\mathbf{v}^*(D-L^T)\mathbf{v}.$$

Weil A positiv definit ist, ist $\lambda \neq 1$.
Folglich:
$$\left(\frac{1}{1-\lambda} + \frac{1}{1-\bar{\lambda}}\right) \mathbf{v}^*A\mathbf{v} = \mathbf{v}^*(2D-L-L^T)\mathbf{v}$$
$$= \mathbf{v}^*A\mathbf{v} + \mathbf{v}^*D\mathbf{v},$$

und hieraus folgt
$$\left(\frac{1}{1-\lambda} + \frac{1}{1-\bar{\lambda}} - 1\right) \mathbf{v}^*A\mathbf{v} = \mathbf{v}^*D\mathbf{v}.$$

Weil die Diagonale von A nur positive Elemente enthalten kann, ist $\mathbf{v}^*D\mathbf{v} > 0$

Lösungsmethoden für diskretisierte Systeme 211

wenn $v \neq 0$.
Folglich muß

$$\frac{1}{1-\lambda} + \frac{1}{1-\bar{\lambda}} - 1 > 0$$

sein. Umformen ergibt:

$$\frac{1-\bar{\lambda}+1-\lambda}{(1-\lambda)(1-\bar{\lambda})} > 1$$

oder auch

$$\frac{2-2\,\text{Re}(\lambda)}{1-2\,\text{Re}(\lambda)+|\lambda|^2} > 1.$$

Der Nenner ist $|1-\lambda|^2$, und weil $\lambda \neq 1$, ist dieser immer positiv. Folglich gilt:

$$2 - 2\,\text{Re}(\lambda) > 1 - 2\,\text{Re}(\lambda) + |\lambda|^2$$

und folglich

$$|\lambda|^2 < 1. \qquad \square$$

11.2.4 Sukzessive Überrelaxation (SOR)

Ein großer Nachteil des Gauß-Seidel-Prozesses ist, daß er bei praktischen Problemen nur sehr langsam konvergiert. Es wurden verschiedene Bemühungen unternommen, die Konvergenz zu beschleunigen, und die folgende erwies sich als die erfolgreichste.
Man betrachte die Größe:

$$r_i^{(m)} = b_i - \sum_{j=1}^{i-1} a_{ij} x_j^{(m+1)} - \sum_{j=1}^{n} a_{ij} x_j^{(m)}. \tag{11.10}$$

Die i-te Komponente in dem $(m+1)$-ten Gauß-Seidel-Schritt wird gegeben durch:

$$x_i^{(m+1)} = x_i^{(m)} + \frac{1}{a_{ii}} r_i^{(m)}. \tag{11.11}$$

Wir betrachten nun eine Klasse von Methoden, in der nicht die Gauß-Seidel-Korrektur ausgeführt wird, sondern ein Vielfaches davon, nämlich

$$x_i^{(m+1)} = x_i^{(m)} + \frac{\omega}{a_{ii}} r_i^{(m)}. \tag{11.12}$$

Diese Art von Prozessen heißen Relaxationsprozesse. Ist $0 < \omega < 1$, spricht man von Unterrelaxation, bei $\omega > 1$ von (sukzessiver) Überrelaxation. In bestimmten, für die Praxis nicht unwichtigen Fällen kann bezüglich des Gauß-Seidel-Prozesses eine beträchtliche Konvergenzbeschleunigung erreicht werden, insbesondere mit Überrelaxation. Wir geben hier nur die wichtigsten Resultate wieder. Für den Hintergrund siehe [blum], S. 145 ff.

Satz 11.3
Unter denselben Bedingungen wie Satz 11.2 konvergiert der Relaxationsprozeß für $0 < \omega < 2$.

Beweis
Für den Beweis siehe [blum], S. 146. □

Die Wahl von ω in (11.12) ist ziemlich kritisch. Zwar tritt für $0 < \omega < 2$ für positiv definite Matrizen immer Konvergenz auf (Satz 11.3), aber signifikante Beschleunigungen finden nur in einem kleinen Bereich um einen optimalen Wert ω_{opt} statt. Dieses ω_{opt} ist nur in einem Fall theoretisch bekannt. Die Matrix A muß dann eine spezielle Struktur haben, nämlich eine *diagonal-blocktridiagonale* Struktur.

Definition 11.1
Eine Matrix A ist blocktridiagonal, wenn sie darstellbar ist als

$$\begin{bmatrix} D_1 & U_1 & & & & 0 \\ L_2 & D_2 & U_2 & & & \\ & L_3 & D_3 & U_3 & & \\ & & & & & U_{n-1} \\ 0 & & & & L_n & D_n \end{bmatrix}.$$

Die D_i sind quadratische, die L_i und die U_i rechteckige Matrizen.

Sind die D_i auch noch diagonal, ist die Matrix A diagonal-blocktridiagonal. □

Über Matrizen dieser Form kann bezüglich der optimalen Wahl des Relaxationsfaktors ω in Formel (11.12) eine Aussage getroffen werden.

11.2.5 Einige Sätze über optimale Überrelaxationswahl

Wir notieren den Prozeß (11.12) zunächst in Matrixschreibweise.
Wenn $A = D - L - U$ mit D Diagonal-, L linker und U rechter Dreiecksmatrix, dann ist der Überrelaxationsprozeß zur Bestimmung der Lösung des Systems $A\mathbf{x} = \mathbf{b}$ gegeben durch

$$(D - \omega L)\mathbf{x}^{(m+1)} = ((1 - \omega) D + \omega U)\mathbf{x}^{(m)} + \omega \mathbf{b}. \tag{11.13}$$

Definieren wir

$$Q_\omega = (D - \omega L)^{-1} ((1 - \omega) D + \omega U), \tag{11.14}$$

wird die Konvergenzgeschwindigkeit des Prozesses der sukzessiven Überrelaxation (SOR) gemäß Satz 11.1 durch den Spektralradius von Q_ω bestimmt. Man beachte, daß Q_1 die Iterationsmatrix des Gauß-Seidel-Prozesses ist.
Um den optimalen Wert von ω zu finden, brauchen wir zwei Sätze. Der erste gibt einen funktionellen Zusammenhang zwischen dem Eigenwert von Q_ω und Q_1 (die Gauß-Seidel-Iterationsmatrix) an, und der zweite drückt den optimalen Wert von ω direkt durch den Spektralradius von Q_1 aus.

Satz 11.4
Es sei $A = D - L - U$ eine diagonal-blocktridiagonale Matrix.
Es gebe ein λ, das die folgende Gleichung erfüllt:

$$\left(\frac{\lambda - 1 + \omega}{\omega}\right)^2 = \lambda \mu. \tag{11.15}$$

Wenn μ ein Eigenwert von Q_1 ist, dann ist λ ein Eigenwert von Q_ω.

Beweis
Für den Beweis siehe [Blum], S. 149. □

Satz 11.5
Es sei A wie in Satz 11.4. Man nehme an, daß alle Eigenwerte von Q_1 nicht negativ sind und < 1. Dann wird der Spektralradius von Q_ω minimiert, indem man

$$\omega_{\text{opt}} = \frac{2}{1 + \sqrt{1 - \mu}} \tag{11.16}$$

wählt, wobei μ der Spektralradius von Q_1 ist.

214 Numerik partieller Differentialgleichungen für Ingenieure

Beweis

Für den Beweis siehe [blum], S. 149.
Man beachte, daß $1 < \omega_{opt} < 2$ gilt. □

Übung 11.6

1. Gegeben ist das Laplace-Problem auf dem Quadrat $(0,1) \times (0,1)$, mit einer Schrittweite von 0,1.

```
14
 .
 9   13
 .    .
 5    8   12
 .    .    .
 2    4    7   11
 .    .    .    .
 0    1    3    6   10
 .    .    .    .    .
```

Die Anordnung der Unbekannten ist in der Zeichnung angegeben. Man zeige, daß eine diagonal-blocktridiagonale Matrix entsteht, wenn vom Differenzenmolekül (3.9) Gebrauch gemacht wird.

2. Man zeige, daß, wenn für ω der optimale Wert gewählt wird, für den Spektralradius $\rho(Q_\omega)$ gilt:

$$\rho(Q_{\omega_{opt}}) = \omega_{opt} - 1. \qquad (11.17)$$ △

11.2.6 Bestimmung des optimalen Überrelaxationsfaktors in der Praxis

Um eine gute Schätzung vom optimalen ω geben zu können, ist es ausreichend, μ (den Spektralradius von Q_1) zu kennen (falls die Matrix A die Bedingungen von Satz 11.4 erfüllt).
Weiter können wir, wenn wir den Spektralradius von Q_ω kennen, den dazugehörenden Spektralradius von Q_1 mit Hilfe von (11.15) berechnen. Nun können wir den Spektralradius einer Iterationsmatrix jeweils aus den Prozeßdaten mit Hilfe der Faustregel 11.2 schätzen. Diese Schätzung macht jedoch von der Powermethode Gebrauch und ist folglich erst nach einer großen Anzahl von Iterationen angemessen genau. Die Genauigkeit der Schätzung ist in dem Maße besser, wie der Quotient $|\lambda_2/\lambda_1|$ kleiner ist, wobei λ_2 der dem Betrag nach zweitgrößte Eigenwert ist ([wilk]). Wie wir hiervon Gebrauch machen können, folgt, wenn wir $|\lambda|$ als Funktion von ω für $\mu = 0{,}9$ und $\mu = 0{,}8$

Lösungsmethoden für diskretisierte Systeme 215

betrachten.

Gemäß Satz 11.4 sieht die Graphenschar von $|\lambda|$ als Funktion von ω für unterschiedliche Werte von μ wie in Abbildung 11.4 aus. (Man beachte, daß $\lambda = \mu$ für $\omega = 1$, also $\lambda(1) = \mu$.)

Bemerkung

Wenn $\omega \geq \omega_{opt}$ für bestimmte μ, dann gilt $|\lambda| = \omega - 1$. △

Wenn $\mu_1 = 0{,}9$ und $\mu_2 = 0{,}8$ die zwei dem Betrag nach größten Eigenwerte von Q_1 sind, ist für

$$\omega = \frac{2}{1 + \sqrt{1 - \mu_2}} = 1{,}38$$

der Quotient $|\lambda_2/\lambda_1|$ am kleinsten, so wie aus Abbildung 11.4 zu ersehen ist. An diesem Zahlenbeispiel kann man sehen, daß für die Bestimmung des Spektralradius von Q_ω das günstigste wäre, $\omega = 2/(1 + \sqrt{1 - \mu_2})$ zu wählen.

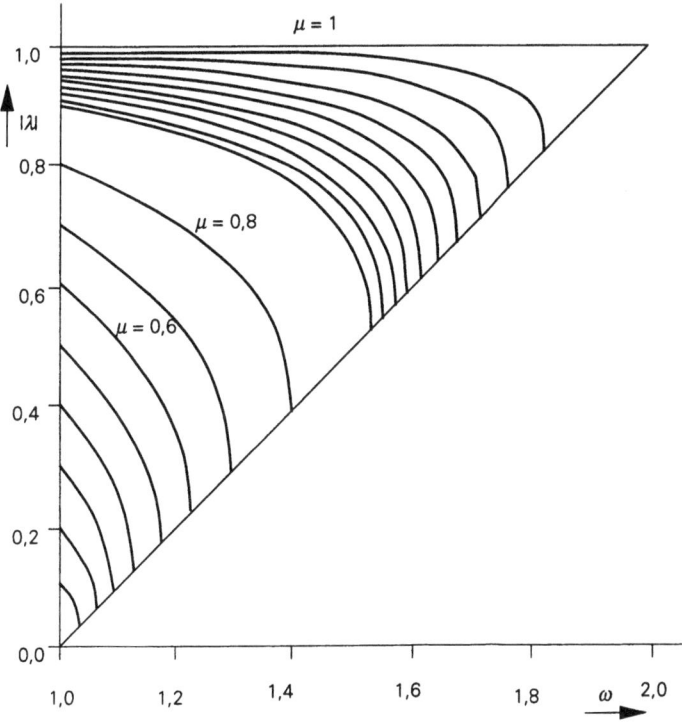

Abbildung 11.4. Graphenschar von $|\lambda|$ als Funktion von ω für unterschiedliche Werte von μ gemäß: $((\lambda - 1 + \omega)/\omega)^2 = \lambda\mu$.

Für die Konvergenz des Überrelaxationsprozesses ist es natürlich am günstigsten, $\omega = 2/(1 + \sqrt{1-\mu_1})$ zu wählen.
Die Bestimmung von ω_{opt} geschieht nun in zwei Schritten. Es sei n die Anzahl von Unbekannten in dem Gleichungssystem.
1. Man starte mit $\omega = 1$ (d.h. Gauß-Seidel).
   Man vollziehe $n^{1/d}$ Iterationen und schätze den Spektralradius von Q_1 mit Faustregel 11.2 (d ist die Dimension des Gebietes Ω in der PDG).
   Man nenne diese Schätzung $\bar{\mu}$.
2. Nun nehme man

$$\omega = 1 + \tfrac{2}{3}(\omega^* - 1) \text{ mit } \omega^* = \frac{2}{1 + \sqrt{1-\bar{\mu}}}.$$

Dies tun wir, um in das Gebiet zu kommen, wo $|\lambda_2/\lambda_1|$ klein ist. Eigentlich müßten wir $\omega = 2/(1+\sqrt{1-\mu_2})$ wählen, aber μ_2 ist unbekannt. Die Formel, die hier benutzt wird, erwies sich in der Praxis als gut brauchbar.
Man vollziehe wieder $n^{1/d}$ Iterationen, schätze den Spektralradius von Q_ω mit Faustregel 11.2 und danach μ_1 mit Hilfe von (11.15). Nun bestimme man das optimale ω mit Hilfe von (11.16). Hierbei ist es vernünftig, ω etwas zu überschätzen. Den Grund hierfür sieht man, wenn man $|\lambda|$ als Funktion von ω betrachtet (siehe Abbildung 11.4):

$$\lim_{\omega \uparrow \omega_{opt}} \frac{d|\lambda|}{d\omega} = -\infty,$$

$$\frac{d|\lambda|}{d\omega} = 1 \text{ für } \omega > \omega_{opt}.$$

Beispiel 11.3
Es sei $\mu = 0{,}99$ und das hierzu gehörende

$$\omega_{opt} = \frac{2}{1 + \sqrt{0{,}01}} = 1{,}82.$$

Wenn wir ω etwas zu groß nehmen würden, z.B. 1,83, gibt das einen Spektralradius für Q_ω von 0,83. Wählen wir ω hingegen zu klein, z.B. 1,81, dann gibt dies einen Spektralradius für Q_ω von 0,86.
Dies scheint ein kleiner Unterschied zu sein, wenn wir aber die Anzahl der Iterationen n betrachten, die für eine zusätzliche signifikante Stelle nötig sind, dann gibt

Lösungsmethoden für diskretisierte Systeme 217

$$\lambda = 0{,}83, \quad n = 12{,}35$$

und
$$l = 0{,}86, \quad l = 15{,}26$$

einen Unterschied von drei Iterationen pro Stelle.
Übrigens folgt hier schon der spektakuläre Erfolg der Überrelaxation: Gauß-Seidel mit $\mu = 0{,}99$ gibt $n = 229{,}1$! △

Übung 11.7
Es sei $\mu = 0{,}9999$.
Man bestimme ω_{opt} und die Anzahl von Iterationen, die nötig ist, eine zusätzliche signifikante Stelle zu bekommen für
1) Gauß-Seidel,
2) Überrelaxation.
Man leite hierfür selbst eine Formel ab.
Tip: Wenn n Iterationen für eine zusätzliche signifikante Stelle nötig sind, gilt für den Fehler im $(k + n)$-ten Schritt:

$$\varepsilon^{k+n} = \tfrac{1}{10}\, \varepsilon^{k}.$$

Man benutze Faustregel 11.1 und 11.2. △

11.2.7 Schlußbemerkungen zur Überrelaxation

Die Sätze 11.4 und 11.5 sind nur für diagonal-blocktridiagonale Matrizen A gültig. In der Praxis haben die Ableitungsformeln jedoch auch ihren Wert in Fällen, in denen die Matrix A nicht die gewünschte Struktur besitzt. Sie dienen dann als Näherungen für die optimale Wahl, aber werden i.allg. nicht optimal sein. In diesen Fällen kann anhand eines Modellproblems mit einem groben Netz das Verhältnis zwischen ω_1 (berechnet mit Satz (11.16)) und ω_{opt}, welches experimentell bestimmt werden muß (mit wenig Unbekannten nicht allzu teuer), bestimmt werden. Auf diese Weise kann ein Eindruck gewonnen werden, wie im 'wirklichen' Problem ω_{opt} bezüglich des mit Satz (11.16) zu bestimmenden ω_1 liegt. Dann nimmt man an, daß das Verhältnis ungefähr dasselbe bleiben wird. Es erweist sich, daß diese Methode in der Praxis ordentliche Resultate abwirft.

11.3 Gradientenmethoden

Die Methoden aus dem vorigen Abschnitt werden auch *Standard-Iterationsmethoden* genannt. Bei diesen Methoden wird das Resultat im $(i + 1)$-ten Schritt wie folgt aus dem i-ten Schritt berechnet:

$$\mathbf{x}_{i+1} = \mathbf{x}_i + P^{-1}(\mathbf{b} - A\mathbf{x}_i). \tag{11.18}$$

Die Größe $\mathbf{r}_i = \mathbf{b} - A\mathbf{x}_i$ nennt man das i-te *Residuum*, ein Maß für den Unterschied zwischen der iterativen Näherung und der exakten Lösung des Problems. Schreiben wir von diesem Prozeß die ersten paar Iterationen aus, bekommen wir

$$\begin{aligned}
\mathbf{x}_0 & \\
\mathbf{x}_1 &= \mathbf{x}_0 + (P^{-1}\mathbf{r}_0) \\
\mathbf{x}_2 &= \mathbf{x}_1 + P^{-1}(\mathbf{b} - A\mathbf{x}_0 - AP^{-1}\mathbf{r}_0) \\
&= \mathbf{x}_0 + 2P^{-1}\mathbf{r}_0 - P^{-1}AP^{-1}\mathbf{r}_0 \\
&\vdots
\end{aligned}$$

Wir sehen, daß

$$\mathbf{x}_i \in \mathbf{x}_0 + \operatorname{span}\{P^{-1}\mathbf{r}_0, P^{-1}A(P^{-1}\mathbf{r}_0), \ldots, (P^{-1}A)^{i-1}(P^{-1}\mathbf{r}_0)\}.$$

(span bezeichnet den linearen Raum, der durch die angegebenen Vektoren aufgespannt ist.) Der Raum

$$K^i(A;\mathbf{r}_0) = \operatorname{span}\{\mathbf{r}_0, A\mathbf{r}_0, \ldots, A^{i-1}\mathbf{r}_0\}$$

heißt der *Krylow-Raum* mit der Dimension i, die zu a und $\mathbf{r}_0$ gehört. Für die Standardmethoden liegt $\mathbf{x}_i$ in $\mathbf{x}_0 + K^i(P^{-1}A; P^{-1}\mathbf{r}_0)$. Wenn $A = D - L - L^T$ mit D Diagonal- und L (strikte) linke Dreiecksmatrix, dann finden wir die im Abschnitt 11.2 behandelten Iterationsprozesse durch eine bestimmte Wahl von P wieder:
- die *Gauß-Jacobi*-Methode für $P = D$,
- die *Gauß-Seidel*-Methode für $P = D - L$,
- die *SOR*-Methode für $P = ((1/\omega)D - L)$.

11.3.1 Der CG-Algorithmus

Die *Methode der konjugierten Gradienten* (engl: *conjugated gradients*, daher meistens mit CG abgekürzt) ist eine iterative Methode zur Lösung von $A\mathbf{x} = \mathbf{b}$, wobei A symmetrisch und positiv definit ist. Der Einfachheit halber nehmen wir $P = I$ und $\mathbf{x}_0 = 0$, also $\mathbf{r}_0 = \mathbf{b}$. Eine Standardmethode sollte dann Iterationspunkte im Krylow-Raum finden:

Lösungsmethoden für diskretisierte Systeme 219

$$x_i \in K^i(A;r_0). \qquad (11.19)$$

Die CG-Methode besitzt ihre Iterationspunkte auch im gleichen Krylow-Raum, aber versucht den Abstand des i-ten Iterationspunktes zur Lösung so klein wie möglich zu machen. Am schönsten wäre es natürlich, den 'echten' Abstand zu minimieren, d.h. eine Lösung des Minimierungsproblems

$$\min_{y \in K^i(A,r_0)} \|y - x\| \qquad (11.20)$$

zu finden, wobei x die Lösung von $Ax = b$ ist. Das ist natürlich unmöglich, denn dafür müßten wir die Lösung x kennen. Was wir jedoch *schon* kennen ist Ax (nämlich b), und daher liegt es auf der Hand, die folgende Norm $\|\bullet\|_A$ zu definieren:

$$\|v\|_A = (v, Av)^{1/2} \qquad (11.21)$$

und zu versuchen, den Abstand in dieser Norm zu minimieren.

Übung 11.8
Man weise nach, daß, wenn A positiv definit ist, (11.21) tatsächlich die Normeigenschaften erfüllt. Warum ist das Positiv-Definit-Sein notwendig? △

Das Problem

$$\min_{y \in K^i(A,r_0)} \|y - x\|_A \qquad (11.22)$$

ist tatsächlich lösbar und führt zur CG-Methode (siehe [gol], S. 523 ff). Wir geben eine algorithmische Beschreibung der CG-Methode in *Pseudocode*.

CG-Algorithmus

$k = 0; \; x_0 = 0; \; r_0 = b;$ *Initialisierungen*
while $r_k \neq 0$ **do** *wiederhole, bis Residuum 0 ist*
    $k = k + 1;$ *k ist Iterationsnummer*
    if $k = 1$ **then**
        $p_1 = r_0$ *p_k ist die Richtung vom*
    else *'update' von x_{k-1} zu x_k*
        $\beta = \dfrac{(r_{k-1}, r_{k-1})}{(r_{k-2}, r_{k-2})}$
        $p_k = r_{k-1} + \beta_k p_{k-1}$
    endif

$$\alpha_k = \frac{(\mathbf{r}_{k-1}, \mathbf{r}_{k-1})}{(\mathbf{p}_k, A\mathbf{p}_k)}$$

$\mathbf{x}_k = \mathbf{x}_{k-1} + \alpha_k \mathbf{p}_k$ \hfill update Iterationspunkt

$\mathbf{r}_k = \mathbf{r}_{k-1} - \alpha_k A\mathbf{p}_k$ \hfill update Residuum

endwhile

endCG-Algorithmus;

Eine Reihe von Eigenschaften dieses Algorithmus fassen wir im folgenden Satz zusammen.

Satz 11.6
Die im CG-Algorithmus definierten Vektoren haben die folgenden Eigenschaften:

1. $\quad \text{span}\{\mathbf{p}_1,\ldots,\mathbf{p}_k\} = \text{span}\{\mathbf{r}_0,\ldots,\mathbf{r}_{k-1}\} = K^k(A;\mathbf{r}_0),$ \hfill (11.23)

2. $\quad \|\mathbf{x} - \mathbf{x}_k\|_A = \min\limits_{\mathbf{y} \in K^i(A\mathbf{r}_0)} \|\mathbf{y} - \mathbf{x}\|_A,$ \hfill (11.24)

3. $\quad (\mathbf{r}_j, \mathbf{p}_i) = 0, \quad i = 1,\ldots,j, \quad j = 1,\ldots,k,$ \hfill (11.25)

4. $\quad (\mathbf{r}_j, \mathbf{r}_i) = 0, \quad i = 0,\ldots,j-1, \quad j = 1,\ldots,k,$ \hfill (11.26)

5. $\quad (\mathbf{p}_j, A\mathbf{p}_i) = 0, \quad i = 1,\ldots,j-1, \quad j = 2,\ldots,k.$ \hfill (11.27)

Beweis
Siehe [gol], Abschnitt 10.2. □

Bemerkungen
1. Die Vektoren $\mathbf{r}_0, \ldots, \mathbf{r}_{j-1}$ bilden eine orthogonale Basis für $K_j(A;\mathbf{r}_0)$. Dies folgt aus (11.23) und (11.26).
2. Theoretisch ist der CG-Algorithmus *endlich*. Weil alle Residuen untereinander orthogonal sind, spannen sie nach n Schritten den ganzen $\mathbb{R}^n$ auf. (n ist die Größe des Systems.) Folglich auch $K^n(A;\mathbf{r}_0) = \mathbb{R}^n$, und weil über dem Krylow-Raum minimiert wird (siehe (11.24)), gilt: $\|\mathbf{x} - \mathbf{x}_n\|_A = 0$ und folglich $\mathbf{x} = \mathbf{x}_n$. Hiervon hat man jedoch in der Praxis nicht viel, weil n viel größer ist als die beabsichtigte Anzahl von Iterationen.
3. Der Abstand zwischen x und $\mathbf{x}_i$, gemessen in $\|\bullet\|_A$, *fällt monoton*, d.h.

$$\|\mathbf{x} - \mathbf{x}_{i+1}\|_A \leq \|\mathbf{x} - \mathbf{x}_i\|_A.$$

Dies folgt direkt aus Punkt (11.24) und der Betrachtung, daß $K^i \subset K^{i+1}$.

4. $\mathbf{p}_j$ steht *A-orthogonal* oder *A-konjugiert* auf allen $\mathbf{p}_i$ mit einem kleineren Index

Lösungsmethoden für diskretisierte Systeme 221

als j (siehe (11.27)). Dies erklärt den Namen der Methode: Die Richtungen oder *Gradienten* der updates der Iterationspunkte sind untereinander A-konjugiert.

11.3.2 Praktischer Gebrauch der CG-Methode

Eine Reihe praktischer Aspekte der CG-Methode werden wir Revue passieren lassen: Robustheit, ein Abbruchkriterium und ihr Konvergenzverhalten.

Robustheit

In dem Algorithmus wird durch die inneren Produkte (r_{k-2}, r_{k-2}) und (p_k, Ap_k) dividiert. Dies könnte zu Probleme führen, wenn eines dieser inneren Produkte gleich null ist. Wenn jedoch $(r_{k-2}, r_{k-2}) = 0$, dann ist das System schon gelöst (und der Algorithmus abgebrochen). Somit ist das kein Problem. Ist $(p_k, Ap_k) = 0$, dann ist folglich $p_k = 0$, und aus einer einfachen Dimensionenanalyse des Krylow-Raums folgt dann sofort $r_{k-1} = 0$, folglich ist auch dann das Problem schon gelöst.

Übung 11.9
Man zeige mit Hilfe von (11.23), daß $r_{k-1} = 0$ wenn $p_k = 0$. △

Schlußfolgerung

Wenn A eine symmetrische, positiv definite Matrix ist, ist der CG-Algorithmus robust. △

Wenn A eine positiv *semi*definite Matrix ist (mit anderen Worten: A kann singulär sein), kann man auch oft ohne Probleme CG benutzen, falls sich b nur im Spaltenraum von A befindet. ($b \in \text{Rang}(A)$.) Diese Kompatibilitätsforderung ist notwendig für die Existenz einer Lösung: Wenn ihr nicht genügt wird, ist das System widersprüchlich.

Abbruchkriterium

In dem Algorithmus, wie er beschrieben ist, brechen wir den Prozeß ab, wenn $r_k = 0$. Das ist nicht so praktisch, denn durch die endliche Genauigkeit des Computers wird dies niemals exakt erfüllt sein. Außerdem braucht man $r_k = 0$ nicht exakt zu erfüllen, denn man wird mit einer gewissen, zu Beginn festgestellten Genauigkeit zufrieden sein. Es ist dann auch besser, in dem Algorithmus die Zeile

$$\text{while } r_k \neq 0 \text{ do}$$

zu ersetzen durch

$$\textbf{while } \|\mathbf{r}_k\| > \varepsilon \|\mathbf{b}\| \text{ und } k \leq k_{\max} \textbf{ do}$$

wobei ε noch gewählt werden muß. Der zweite Term sorgt dafür, daß der Algorithmus auch abbricht, wenn keine Konvergenz auftritt. Endet der Algorithmus in weniger als $k_{\max}$ Durchgängen, ist offensichtlich wegen der ersten Ungleichung abgebrochen worden, und es gilt:

$$\|A(\mathbf{x} - \mathbf{x}_k)\| \leq \varepsilon \|\mathbf{b}\| \tag{11.28}$$

oder, mit den Schätzungen $\lambda_{\min}\|\mathbf{x}\| \leq \|A\mathbf{x}\| \leq \lambda_{\max}\|\mathbf{x}\|$ (siehe [wilk]),

$$\frac{\|\mathbf{x} - \mathbf{x}_k\|}{\|\mathbf{x}\|} \leq \varepsilon \frac{\lambda_{\max}}{\lambda_{\min}} = \varepsilon K_2(A), \tag{11.29}$$

wobei $K_2(A)$ die *spektrale Konditionszahl* der Matrix A ist. Um ein korrektes Abbruchkriterium formulieren zu können, ist es folglich notwendig, eine Vorstellung von der Größe von $K_2(A)$ zu haben. Und es ist möglich, aus den Daten des CG-Algorithmus eine Schätzung für $K_2(A)$ anzugeben.

Weiter ist es noch wichtig zu bemerken, daß durch Abrundungen das 'Rechenresiduum' $\mathbf{r}_k$ manchmal noch etwas vom echten Residuum $\mathbf{b} - A\mathbf{x}_k$ abweichen kann. Das führt zu der Empfehlung, nach Ablauf der Iteration stets zu testen, ob

$$\|\mathbf{r}_k\| \approx \|\mathbf{b} - A\mathbf{x}_k\|.$$

11.3.3 Konvergenz

Eine Obergrenze für $\|\mathbf{x} - \mathbf{x}_k\|_A$ wird gegeben durch

$$\|\mathbf{x} - \mathbf{x}_k\|_A \leq 2\|\mathbf{x} - \mathbf{x}_0\|_A \left(\frac{\sqrt{K_2(A)} - 1}{\sqrt{K_2(A)} + 1}\right)^k. \tag{11.30}$$

Wir sehen an dieser Ungleichung, daß der CG-Prozeß schnell konvergiert, wenn $K_2(A)$ dicht bei 1 liegt. Die Schätzung (11.30) gibt eine gute Beschreibung des Konvergenzverhaltens von CG in den ersten Iterationen. Nach einer größeren Anzahl von Iterationen konvergiert CG oft schneller. Dies ist als superlineares Konvergenzverhalten bekannt (siehe [s&vv], 1986).

11.3.4 Vorkonditionierung

In der Beschreibung der CG-Methode haben wir $P = I$ angenommen. Es ist jedoch auch möglich, eine modifizierte Form des Algorithmus mit $P \neq I$ zu konstruieren. Die Wahl eines geeigneten P kann eine bedeutende Konvergenz-

Lösungsmethoden für diskretisierte Systeme

beschleunigung bewirken, weil damit die spektrale Konditionszahl manipuliert werden kann. P wird daher *Vorkonditionierungsmatrix* genannt. Für CG ist es notwendig daß P symmetrisch und positiv definit ist. Für so eine Matrix existiert eine Zerlegung $P = CC^T$, z.B. die Choleski-Zerlegung. Wir suchen nun eine Lösung des Systems

$$P^{-1}A\mathbf{x} = P^{-1}\mathbf{b}, \tag{11.31}$$

aber weil $P^{-1}A$ i.allg. nicht symmetrisch ist, multiplizieren wir links und rechts mit C^{T-1} und finden

$$C^{-1}AC^{T-1}C^T\mathbf{x} = C^{-1}\mathbf{b}. \tag{11.32}$$

Wenn wir nun die Schreibweisen $\tilde{A} = C^{-1}AC^{T-1}, \tilde{\mathbf{x}} = C^T\mathbf{x}$ und $\tilde{\mathbf{b}} = C^{-1}\mathbf{b}$ einführen, geht dies in ein symmetrisches System in den Größen mit Tilde über:

$$\tilde{A}\tilde{\mathbf{x}} = \tilde{\mathbf{b}}. \tag{11.33}$$

Wenn wir hierauf die CG-Methode anwenden, ergibt dies die *vorkonditionierte* CG-Methode (PCG, [**gol**], S. 529 ff). Diese kann auch geradewegs in den Größen ohne Tilden formuliert werden, und wir geben hiervon wieder den Pseudocode an.

PCG-Algorithmus

$k = 0; \mathbf{x}_0 = 0; \mathbf{r}_0 = \mathbf{b};$	*Initialisierungen*
while $\|\mathbf{r}_k\| > \varepsilon \|\mathbf{b}\|$ **und** $k \leq k_{\max}$ **do**	*das neue Abbruchkriterium*
los auf: $P\mathbf{z}_k = \mathbf{r}_k$	*bestimme $P^{-1}\mathbf{r}_k$*
$k = k + 1;$	*k ist die Iterationsnummer*
if $k = 1$ **then**	
$\quad \mathbf{p}_1 = \mathbf{z}_0$	*$\mathbf{p}_i$ ist die Richtung des*
else	*'update' von $\mathbf{x}_{i-1}$ zu $\mathbf{x}_i$*
$\quad \beta_k = \dfrac{(\mathbf{r}_{k-1}, \mathbf{z}_{k-1})}{(\mathbf{r}_{k-2}, \mathbf{z}_{k-2})}$	
$\quad \mathbf{p}_k = \mathbf{r}_{k-1} + \beta_k \mathbf{p}_{k-1}$	
endif	
$\alpha_k = \dfrac{(\mathbf{r}_{k-1}, \mathbf{z}_{k-1})}{(\mathbf{p}_k, A\mathbf{p}_k)}$	
$\mathbf{x}_k = \mathbf{x}_{k-1} + \alpha_k \mathbf{p}_k$	*update Iterationspunkt*
$\mathbf{r}_k = \mathbf{r}_{k-1} - \alpha_k A\mathbf{p}_k$	*update Residuum*
endwhile	
endPCG-Algorithmus	

224 Numerik partieller Differentialgleichungen für Ingenieure

Bemerkungen
1. In dem PCG-Algorithmus werden die innneren Produkte $(r_k, P^{-1}r_k)$ anstelle von (r_k, r_k) ausgerechnet. Dies hat zur Folge, daß die Residuen P^{-1}-orthogonal anstelle von einfach orthogonal sind.
2. In dem Algorithmus wird nur P und nicht die Zerlegung CC^T benutzt. Es ist aber so, daß die Lösung von $Pz_k = r_k$ einfach zu bestimmen sein muß, denn sonst hätte die Übung nicht viel Sinn.
3. Die Eigenwerte von $\tilde{A}$ sind mit denen von $P^{-1}A$ identisch. Wir müssen P folglich so konstruieren, daß $K_2(P^{-1}A)$ in der Nähe von 1 liegt. Ideal wäre natürlich $P = A$, aber dann würden wir A^{-1} kennen und brauchten uns nicht weiter den Kopf zu zerbrechen.
4. In der Praxis ist CG oft nur dann ansprechend, wenn die Methode mit einer guten Vorkonditionierung kombiniert wird.

Übung 11.10
Man formuliere den CG-Algorithmus in den Tilde-Größen. Man zeige, daß der resultierende Algorithmus mit dem PCG-Algorithmus äquivalent ist.   △

Eine Reihe von Vorkonditionierungen, die in der Praxis benutzt werden und mehr oder weniger befriedigen, sind:
- $P = D$ (Gauß-Jacobi),
- SSOR, symmetrische sukzessive Überrelaxation (siehe [gol], S. 530),
- unvollständiger Choleski.

Bei einer unvollständigen Choleski-Vorkonditionierung konstruiert man eine linke Dreiecksmatrix H mit den Eigenschaften:
1. H hat eine vorgeschriebene schwach-besetzte Struktur (wichtig: noch schwächer besetzt als die Choleski-Zerlegung von A);
2. H stimmt recht gut mit dem Choleski-Faktor G von A ($= GG^T$) überein;
3. $P = HH^T$ ist die Vorkonditionierungsmatrix.

Diese Methode nennt man auch ICCG [m&vv, 1977].

Übung 11.11
Warum ist $P = D - L$ (Gauß-Seidel) oder $P = (D/\omega - L)$ (SOR) keine gute Vorkonditionierung?   △

Übung 11.12
Eine Variante, um Gauß-Seidel zu einer Vorkonditionierung zu verändern, ist zu 'symmetrisieren', d.h. den Prozeß nochmals, nur von der anderen Seite, durchzuführen. Das ergibt $P = (D - L^T)(D - L)$. Was fehlt hierbei?   △

Übung 11.13
Nach all diesen Plagen finden wir also, daß $P = (D - L^T)D^{-1}(D - L)$ etwas sein

muß, das nach was aussieht. Es sieht auch wie eine unvollständige Choleski-Zerlegung aus, mit derselben schwach-besetzten Struktur wie A selbst. Der 'Fehler' in so einer Zerlegung wird gegeben durch $E = A - P$. Wie groß ist er in diesem Fall? △

Übung 11.14
Warum wird an H die Forderung gestellt, daß sie noch (viel) schwächer besetzt sein muß als die Matrix des Choleski-Faktors? △

11.3.5 Vektor- und parallelle Computer

Um eine gute iterative Methode für Vektor- und parallelle Computer zu entwickeln, ist es oft notwendig, die Architektur der benutzten Computer zu kennen. Für weiteres Material auf diesem Gebiet verweisen wir auf [**don**, 1991, Kapitel 7].

11.3.6 Krylow-Methoden für allgemeine Matrizen

Für die CG-Methode muß die Matrix A symmetrisch und positiv definit sein. Es wurden jedoch vergleichbare Methoden konstruiert, wo diese Forderungen an A abgeschwächt sind.

A symmetrisch, indefinit

Wenn man CG auf eine symmetrische indefinite Matrix anwendet, kann im Prozeßverlauf durch null dividiert werden. Die Methode wird dann abgebrochen, ohne daß die Lösung gefunden wurde. CG ist folglich nicht robust für solche Probleme. Eine robuste Methode für diesen Systemtyp ist die SYMMLQ-Methode beschrieben in [**pa&sa**, 1975].

A nicht symmetrisch

Krylow-Methoden für ein beliebiges System $Ax = b$ sind noch immer ein Forschungsgebiet. Für eine Übersicht bestehender Methoden verweisen wir auf [**gol**, 10.3] und [**vv&dek**, 1988]. Wir können diese Methoden in drei Klassen aufteilen: Normalgleichungen, kurze Rekursionen und lange Rekursionen.

Die Normalgleichungen

Eine Möglichkeit, um ein allgemeines System $Ax = b$ zu lösen, ist CG auf $A^T A x = A^T b$ anzuwenden, oder auf $AA^T y = b$, wo $x = A^T y$. Wenn A nicht singulär ist, sind sowohl $A^T A$ als auch AA^T symmetrisch und positiv definit, so daß CG angewendet werden kann. Der Nachteil dieses Ansatzes ist, daß sowohl der Verfahrensfehler als auch die Konvergenzgeschwindigkeit von $K_2(A^T A) =$

$K_2(AA^T) = K_2(A)^2$ abhängen. Das Verhalten bezüglich der Verfahrensfehler kann allerdings verbessert werden. Dies ist in der LSQR-Methode geschehen, beschrieben in [**pa&sa**, 1982]. Die Konvergenz (auch von LSQR) bleibt jedoch sehr langsam, und die Durchführung von guten Vorkonditionierungen ist auch problematisch. Eine zusätzliche Komplikation tritt wegen der Tatsache auf, daß Matrixmultiplikationen sowohl mit A als auch mit A^T nötig sind. Da die Matrizen meistens sehr schwachbesetzt sind, sind sie so gespeichert, daß nur die nicht-Null-Elemente betroffen sind. Aber dies bedeutet, daß eine Matrixmultiplikationen mit A^T eine mühsame Operation wird, weil die Koeffizienten zeilenweise gespeichert sind.

Methode mit kurzen Rekursionen

CG ist eine *optimale* Methode bezüglich der $\|\bullet\|_A$-Norm, während die Anzahl benötigter Vektoren im Speicher klein ist. Dies heißt eine *kurze Rekursion*. Notwendig ist allerdings, daß A symmetrisch und positiv definit ist. In [**fa&ma**] wird gezeigt, daß für allgemeine Matrizen keine Krylow-Methoden existieren, die zugleich optimal sind und eine kurze Rekursion haben. Es muß folglich zwischen diesen beiden eine Auswahl getroffen werden. Zunächst besprechen wir die Methoden mit kurzen Rekursionen. Die erste Methode in dieser Klasse ist die BiCG-Methode, eingeführt durch Fletcher [**fle**, 1976]. Ein Nachteil von BiCG ist, daß pro Schritt zwei Matrixmultiplikationen notwendig sind, davon eine mit A und eine mit A^T. (Das ergibt folglich dasselbe Problem wie bei LSQR.) Dieser Nachteil wird in der (vielbenutzten) CGS-Methode von Sonneveld [**son**, 1989] aufgehoben. Nachstehend geben wir den Pseudocode von einem von CGS abgeleiteten Algorithmus an, der in vielen Fällen einfacher als CGS ist, den Bi-CGSTAB-Algorithmus [**vv**, 1992].

Bi-CGSTAB

$k = 0$, $\mathbf{x}_0 = 0$, $\mathbf{r}_0 = \mathbf{b}$, $\hat{\mathbf{r}}_0 = \mathbf{b}$, $\rho = \alpha = \omega_0 = 1$, $\mathbf{v}_0 = \mathbf{p}_0 = 0$
while $\|\mathbf{r}_k\| > \varepsilon \|\mathbf{b}\|$ **und** $k \leq k_{\max}$ **do**
$\quad k = k + 1$
$\quad \rho_k = (r_0, r_{k-1})$
$\quad \beta = \dfrac{\alpha \rho_k}{\omega_{k-1} \rho_{k-1}}$
$\quad \mathbf{p}_k = \mathbf{r}_{k-1} + \beta(\mathbf{p}_{k-1} - \omega_{k-1} \mathbf{v}_{k-1})$
$\quad \mathbf{v}_k = A \mathbf{p}_k$
$\quad \alpha = \rho_k / (\hat{\mathbf{r}}_0, \mathbf{v}_k)$
$\quad \mathbf{s} = \mathbf{r}_{k-1} - \alpha \mathbf{v}_k$
$\quad \mathbf{t} = A \mathbf{s}$

Lösungsmethoden für diskretisierte Systeme

$$\omega_k = (t,s)/(t,t)$$
$$x_k = x_{k-1} + \alpha p_k + \omega s$$
$$r_k = s - \omega_k t$$
    endwhile
endBi-CGSTAB

Die Methoden mit kurzen Rekursionen können abbrechen, bevor die echte Lösung gefunden wurde und das ist ein großer Nachteil. Außerdem kann sich durch Verfahrensfehler das Rechenresiduum r_k beträchtlich vom echten Residuum $b - Ax_k$ unterscheiden. Weiter gibt es (noch) keine gute Konvergenztheorie.

Methoden mit langen Rekursionen

Es gibt eine große Anzahl von Methoden mit langen Rekursionen, die sich nur in Details voneinander unterscheiden. Wir werden nur die bekannteste und nicht für jedes Problem die beste Methode kurz besprechen. Dies ist die GMRES-Methode, beschrieben in [sa&sc, 1986], und für eine vollständige Beschreibung verweisen wir auf diese Publikation. Der Pseudocode lautet wie folgt.

GMRES

    x_0 gegeben, $r_0 = b - Ax_0$, $\beta = \|r_0\|$, $v_1 = r_0/\beta$, $k = 0$
    while not converged **do**
        $k = k + 1$
        $\omega = Av_k$
        for $i = 1,\ldots,k$ **do**
$$h_{i,k} = (\omega, v_i)$$
$$\omega = \omega - h_{i,k} v_i$$
        endfor
$$h_{k+1,k} = \|\omega\|$$
$$v_{k+1} = \omega / h_{k+1,k}$$
    endwhile
endGMRES

Dieser Algorithmus erzeugt uns eine Reihe von Vektoren $v_1, v_2, \ldots, v_m$, wobei m die Anzahl von durchgeführten Iterationsdurchgängen ist. Wir sammeln diese in einer großen $(n \times m)$-Matrix V_m. Gleichzeitig bekommen wir Matrixkoeffizienten $h_{i,k}$ und $k + 1$ Koeffizienten für den k-ten Iterationsdurchgang. Die sammeln wir in einer großen $((m + 1) \times m)$-Matrix H_m auf. H_m besitzt 'fast' eine rechte Dreiecksstruktur. Um die Lösung von $Ax = b$ zu finden, müssen wir das folgende Minimierungsproblem lösen:

Man bestimme $y_m \in \mathbb{R}^m$ so, daß

$$\|\beta e_1 - H_m y_m\| = \min_{y \in \mathbb{R}^m} \|\beta e_1 - H_m y\|. \tag{11.34}$$

Die genäherte Lösung des Problems bekommt man, indem man bildet:

$$x_m = x_0 + V_m y_m.$$

Durch die spezielle Struktur von H_m ist das 'Problem der kleinsten Quadrate' (11.34) einfach zu lösen. Es ist nicht nötig, die Matrix $H_m^T H_m$ zu bilden.
Wichtig ist weiterhin ein gutes Abbruchskriterium, so daß das Minimierungsproblem nur einmal gelöst zu werden braucht. Es muß aus den Prozeßdaten selbst ableitbar sein, denn $\|r_k\|$ ist während des Prozesses nicht verfügbar. Für weitere Details verweisen wir nach [**sa&sc**, 1986].
Ein Vorteil von GMRES ist, daß für die Iterationspunkte gilt:

$$\|b - Ax_k\| = \min_{y \in K^i(A r_0)} \|b - Ay\|.$$

Außerdem sind Konvergenztheorien verfügbar. Ein Nachteil ist, daß die Anzahl von gespeicherten Vektoren direkt proportional der Anzahl von Iterationen ist. In der Praxis werden wir Speicherprobleme bekommen. Als Lösung für diese Problematik wurde die *wiederstartende* GMRES-Methode vorgeschlagen: GMRES(m). Man vollzieht m Schritte GMRES und benutzt dann x_m als die neue Startlösung. GMRES(m) ist jedoch nicht mehr optimal. Andere Methoden: GCR und ORTHODIR haben die Möglichkeit, eine feste Anzahl von Vektoren im Speicher zu bewahren. Dies kann für manche Probleme eine wichtige Beschleunigung ergeben.

Vorkonditionierung

Bi-CGSTAB und GMRES können auch vorkonditioniert werden. Die Ideen für die Konstruktion von Vorkonditionierungen sind vergleichbar mit denen von CG. Man hat jedoch mehr Möglichkeiten, weil P nun nicht notwendig symmetrisch und positiv definit zu sein braucht. Eine auf einer unvollständigen *LU*-Zerlegung basierende Vorkonditionierung ist in [**vv**, 1981] zu finden.

11.4 Nichtlineare Systeme

Diskretisierungen von nichtlinearen PDG führen zu nichtlinearen algebraischen Gleichungssystemen. Auf die Lösung hiervon können wir nur sehr kurz eingehen. Wir werden zwei Methoden behandeln.

11.4.1 Die Methode von Newton in mehreren Dimensionen

Um einen Lösungsprozeß für das nichtlineare System $\mathbf{f}(\mathbf{x}) = \mathbf{0}$ mit $\mathbf{f}: \mathbb{R}^n \to \mathbb{R}^n$, $\mathbf{x} \in \mathbb{R}^n$, zu finden, suchen wir ein Analogon zur Methode von Newton in einer Dimension:

$$x^{k+1} = x^k - \frac{f(x^k)}{f'(x^k)}. \tag{11.35}$$

In der Nähe der Wurzel ξ gilt:

$$0 = f(\xi) = f(x) + (\xi - x)f'(x) + O((\xi - x)^2) \tag{11.36}$$

(eindimensionaler Fall). Die Formel von Newton entsteht durch Vernachlässigung des $O((\xi - x)^2)$-Anteils. In n Dimensionen versuchen wir etwas Gleichgeartetes.
In der Nähe der Wurzel ξ gilt:

$$0 = f_1(\boldsymbol{\xi}) = f_1(\mathbf{x}) + \sum_{i=1}^{n}(\xi_i - x_i)\frac{\partial f_1}{\partial x_i}\bigg|_{\mathbf{x}} + O((\boldsymbol{\xi}-\mathbf{x})^2),$$

$$0 = f_2(\boldsymbol{\xi}) = f_2(\mathbf{x}) + \sum_{i=1}^{n}(\xi_i - x_i)\frac{\partial f_2}{\partial x_i}\bigg|_{\mathbf{x}} + O((\boldsymbol{\xi}-\mathbf{x})^2), \tag{11.37}$$

$$\vdots$$

$$0 = f_n(\boldsymbol{\xi}) = f_n(\mathbf{x}) + \sum_{i=1}^{n}(\xi_i - x_i)\frac{\partial f_n}{\partial x_i}\bigg|_{\mathbf{x}} + O((\boldsymbol{\xi}-\mathbf{x})^2).$$

Unter Vernachlässigung des $O((\xi - x)^2)$-Anteils führt (11.37) zu einem Iterationsprozeß, der analog zu (11.36) ist:

$$f_1(\mathbf{x}^k) + \sum_{i=1}^{n}(x_i^{k+1} - x_i^k)\frac{\partial f_1}{\partial x_i}\bigg|_{\mathbf{x}=\mathbf{x}_k} = 0,$$

$$f_2(\mathbf{x}^k) + \sum_{i=1}^{n}(x_i^{k+1} - x_i^k)\frac{\partial f_2}{\partial x_i}\bigg|_{\mathbf{x}=\mathbf{x}_k} = 0, \tag{11.38}$$

$$\vdots$$

230 Numerik partieller Differentialgleichungen für Ingenieure

$$f_n(\mathbf{x}^k) + \sum_{i=1}^n (x_i^{k+1} - x_i^k) \frac{\partial f_n}{\partial x_i}\bigg|_{\mathbf{x} = \mathbf{x}_k} = 0,$$

in Vektorschreibweise:

$$f'(\mathbf{x}^k)(\mathbf{x}^{k+1} - \mathbf{x}^k) = -\mathbf{f}(\mathbf{x}^k). \tag{11.39}$$

Hier steht $f'(\mathbf{x}^k)$ für die Matrix

$$f'(\mathbf{x}^k) = \begin{pmatrix} \frac{\partial f_1}{\partial x_1} & \frac{\partial f_1}{\partial x_2} & \cdots & \frac{\partial f_1}{\partial x_n} \\ \vdots & & & \vdots \\ \frac{\partial f_n}{\partial x_1} & \cdots & \cdots & \frac{\partial f_n}{\partial x_n} \end{pmatrix}_{\mathbf{x} = \mathbf{x}_k}. \tag{11.40}$$

Der Iterationsprozeß erfordert pro Schritt die Lösung eines Gleichungssystems, nämlich

$$f'(\mathbf{x}^k)\mathbf{c}^k = -f(\mathbf{x}^k).$$

Auch muß die Matrix $f'(\mathbf{x}^k)$ in jedem Schritt bestimmt werden, was sehr rechenintensiv sein kann. Andererseits: die Konvergenz ist quadratisch, so daß bei einer guten Startschätzung nur wenig Iterationen nötig sind.

Übung 11.15
Man betrachte die Diskretisierung von $\Delta u = e^u$ auf dem Quadrat $(0,1) \times (0,1)$.
Man berechne $f'(\mathbf{x}^k)$ und vergleiche dieses Ergebnis strukturell mit der Matrix, die durch die Diskretisierung von $\Delta u = g$ entsteht. △

11.4.2 SOR-Newton

Die Lösung des linearen Systems (11.39) kann sowohl direkt als iterativ geschehen. Bei der Nutzung von iterativen Methoden muß man nicht schon in den ersten Newton-Durchgängen lange iterieren. Eine Alternative für die iterative Lösung der Newton-Gleichungen ist die folgende Kombination von SOR und Newton.
Es sei $f(\mathbf{x}) = 0$ das zu lösende System.
Man nehme einen beliebigen Startvektor $\mathbf{x}^{(0)}$.
Die i-te Komponente des k-ten Iterationsschrittes wird aus der nichtlinearen Gleichung berechnet:

Lösungsmethoden für diskretisierte Systeme 231

$$f_i(x_1^k, x_2^k, ..., x_i^k, x_{i+1}^{k-1}, ..., x_n^{k-1}) = 0. \quad (11.41)$$

Wir berechnen nun die Lösung von (11.41) mit einem Newtonschritt und wählen als Startschätzung für $x_i^k : x_i^{k-1}$. Dies ergibt:

$$x_i^k = x_i^{k-1} - f_i(x_1^k, x_2^k, ..., x_{i-1}^k, x_i^{k-1}, ..., x_n^{k-1}) / \frac{\partial f_i}{\partial x_i}. \quad (11.42)$$

Ein Newton-Schritt ist i.allg. ausreichend, weil wir nicht an der exakten Lösung von (11.41) interessiert sind, sondern an dem letztendlichen Resultat des Iterationsprozesses. Formel (11.42) ist ein nichtlineares Analogon des Gauß-Seidel-Prozesses. Auf dieselbe Weise wie für den linearen Fall können wir eine Konvergenzbeschleunigung mit Hilfe von Relaxation erreichen:

$$x_i^k = x_i^{k-1} - \omega f_i(x_1^k, x_2^k, ..., x_{i-1}^k, x_i^{k-1}, ..., x_n^{k-1}) / \frac{\partial f_i}{\partial x_i}. \quad (11.43)$$

Übung 11.16
Man überzeuge sich, daß (11.41) ein Analogon des Gauß-Seidel-Prozesses ist, in dem $f(x) = Ax - b$ genommen wird. △

12 Konvergenz nichtlinearer Iterationsprozesse

In diesem Kapitel werden wir einige Konvergenzaspekte iterativer Prozesse für die Lösung nichtlinearer Gleichungssysteme betrachten. Im speziellen werden wir uns mit Iterationsprozessen des Typs

$$x^{k+1} = f(x^k) \tag{12.1}$$

beschäftigen. Hierbei ist $f: \mathbb{R}^n \to \mathbb{R}^n$ eine Vektorfunktion mit den Komponenten $f_1, f_2, ..., f_n$.

12.1 Ein allgemeines Konvergenzergebnis

Im Fall $n = 1$ gibt es ein bekanntes Ergebnis:

Satz 12.1
Es sei r eine Lösung der Gleichung $x = f(x)$, wobei f differenzierbar ist in r. Eine hinreichende Bedingung für die Konvergenz des Iterationsprozesses $x_{k+1} = f(x_k)$ in einer hinreichend kleinen Umgebung von r ist, daß $|f'(r)| < 1$. Notwendig für eine Konvergenz gegen r ist, daß $|f'(r)| \leq 1$.

Wir werden versuchen, dieses Ergebnis auf n Dimensionen zu verallgemeinern. Dazu brauchen wir zunächst eine Verallgemeinerung des Ableitungsbegriffes.

Definition 12.1
Es sei $f: \mathbb{R}^n \to \mathbb{R}^n$ mit differenzierbaren Komponenten. Unter der *Jacobi-Matrix* von f im Punkt x_0 verstehen wir die Matrix

$$J_f(\mathbf{x}_0) = \begin{pmatrix} \dfrac{\partial f_1}{\partial x_1} & \cdots & \dfrac{\partial f_1}{\partial x_n} \\ \dfrac{\partial f_2}{\partial x_1} & \cdots & \dfrac{\partial f_2}{\partial x_n} \\ \vdots & & \vdots \\ \dfrac{\partial f_n}{\partial x_1} & \cdots & \dfrac{\partial f_n}{\partial x_n} \end{pmatrix}_{\mathbf{x}=\mathbf{x}_0}. \qquad (12.2)$$

Definition 12.2
Die Funktion $f: \mathbb{R}^n \to \mathbb{R}^n$ heißt *total differenzierbar* im Punkt $\mathbf{x}_0$, falls gilt: für alle $\varepsilon > 0$ gibt es ein $\delta > 0$ so, daß für alle $\mathbf{h} \in \mathbb{R}^n$ mit $\|\mathbf{h}\| < \delta$ gilt:

$$\|\mathbf{f}(\mathbf{x}_0 + \mathbf{h}) - \mathbf{f}(\mathbf{x}_0) - J_f(\mathbf{x}_0)\,\mathbf{h}\| < \varepsilon\|\mathbf{h}\|.$$

Bemerkung
1. In der Literatur wird eine Funktion, die der Definition 12.2 genügt, auch *Fréchet-differenzierbar* genannt und die Jacobi-Matrix J_f die *Fréchet-Ableitung*.
2. Die Jacobi-Matrix J_f ist eine Verallgemeinerung des Ableitungsbegriffs, die den Begriff der Linearisierung einer Funktion auf n Dimensionen erweitert. Es gilt schließlich für ein genügend kleines $\|\mathbf{h}\|$

$$\mathbf{f}(\mathbf{x}_0 + \mathbf{h}) \approx \mathbf{f}(\mathbf{x}_0) + J_f(\mathbf{x}_0)\,\mathbf{h}. \qquad \triangle$$

Eine einfach zu kontrollierende hinreichende Bedingung für totale Differenzierbarkeit wird durch den folgenden Satz gegeben.

Satz 12.2
Die Funktion $f: \mathbb{R}^n \to \mathbb{R}^n$ ist total differenzierbar in $\mathbf{x}_0$ wenn die Komponenten der Jacobi-Matrix $J_f(\mathbf{x}_0)$ in $\mathbf{x}_0$ stetig sind.

Beweis
Es sei $F_i(t) = f_i(\mathbf{x}_0 + t\mathbf{h})$.
Nun ist

$$\frac{dF_i}{dt} = \sum_j h_j \frac{\partial f_i}{\partial x_j} \qquad (12.3)$$

und wegen des Mittelwertsatzes

234 Numerik partieller Differentialgleichungen für Ingenieure

$$F_i(1) - F_i(0) = F_i'(\theta_i), \quad 0 < \theta_i < 1 \tag{12.4}$$

oder auch, mit (12.3)

$$f_i(\mathbf{x}_0 + \mathbf{h}) - f_i(\mathbf{x}_0) = \sum_j h_j \frac{\partial f_i}{\partial x_j}(\mathbf{x}_0 + \theta_i \mathbf{h}), \quad 0 < \theta_i < 1. \tag{12.5}$$

Daher gilt:

$$f_i(\mathbf{x}_0 + \mathbf{h}) - f_i(\mathbf{x}_0) - \sum_j h_j \frac{\partial f_i}{\partial x_j}(\mathbf{x}_0) = \sum_j h_j (\frac{\partial f_i}{\partial x_j}(\mathbf{x}_0 + \theta_i \mathbf{h}) - \frac{\partial f_i}{\partial x_j}(\mathbf{x}_0))$$

und folglich

$$|f_i(\mathbf{x}_0 + \mathbf{h}) - f_i(\mathbf{x}_0) - \sum_j h_j \frac{\partial f_i}{\partial x_j}(\mathbf{x}_0)| \le \sum_j |h_j| \, |\frac{\partial f_i}{\partial x_j}(\mathbf{x}_0 + \theta_i \mathbf{h}) - \frac{\partial f_i}{\partial x_j}(\mathbf{x}_0)|. \tag{12.6}$$

Aus der Cauchy-Schwarzschen Ungleichung ([lip]) folgt:

$$\sum_j |h_j| \le \sqrt{n} \, (\Sigma h_j^2)^{1/2} = \sqrt{n} \, \|\mathbf{h}\|.$$

Wegen der Stetigkeit von $\partial f_i / \partial x_j$ in $\mathbf{x}_0$ gibt es ein δ_{ij} so, daß

$$|\frac{\partial f_i}{\partial x_j}(\mathbf{x}_0 + \mathbf{h}) - \frac{\partial f_i}{\partial x_j}(\mathbf{x}_0)| < \varepsilon n^1 \quad \text{für alle } \|\mathbf{h}\| < \delta_{ij}. \tag{12.7}$$

Mit der Wahl von $\delta = \min_{i,j} \delta_{ij}$ gilt Gleichung (12.7) für alle i und j, falls $\|\mathbf{h}\| < \delta$.
Und weil $0 < \theta_i < 1$ gilt, geht Gleichung (12.6) folglich über in

$$|f_i(\mathbf{x}_0 + \mathbf{h}) - f_i(\mathbf{x}_0) - \sum_j h_j \frac{\partial f_i}{\partial x_j}(\mathbf{x}_0)| \le \varepsilon n^{-1} \sum_j |h_j| \le \varepsilon n^{-1/2} \|\mathbf{h}\|. \tag{12.8}$$

Wenn wir beide Seiten von (12.8) quadrieren und über i (= 1, 2, ..., n) summieren, folgt:

$$\|\mathbf{f}(\mathbf{x}_0 + \mathbf{h}) - \mathbf{f}(\mathbf{x}_0) - J_f(\mathbf{x}_0)\mathbf{h}\|^2 \le \varepsilon^2 n^{-1} \|\mathbf{h}\|^2 n = \varepsilon^2 \|\mathbf{h}\|^2.$$

Hiermit ist Satz 12.2 bewiesen. □

Vor der Formulierung eines n-dimensionalen Analogons zu Satz 12.1 brauchen wir noch einige Ergebnisse aus der linearen Algebra.

Satz 12.3
Es sei A ein beliebige $(n \times n)$-Matrix. Es existiert eine nichtsinguläre Matrix S so, daß $U = S^{-1} A\, S$, wobei U eine rechte Dreiecksmatrix ist.

Beweis

Für den Beweis siehe [wilk]. □

Übung 12.1
Man zeige, daß die Hauptdiagonalelemente von U die Eigenwerte der Matrix A sind. △

Satz 12.4
Es sei $\|\bullet\|$ eine Norm im $\mathbb{R}^n$ und S eine nichtsinguläre Matrix.
Dann ist $\|\bullet\|'$, definiert durch $\|x\|' = \|Sx\|$, auch eine Norm, und die induzierte Matrixnorm wird gegeben durch: $\|A\|' = \|S A\, S^{-1}\|$.

Beweis

Einfach überprüft man, daß $\|x\|'$ die Normeigenschaften erfüllt. Das Ergebnis hinsichtlich $\|A\|'$ folgt dann aus:

$$\|A\|' = \sup_{\|x\|'=1} \|Ax\|' = \sup_{\|Sx\|=1} \|S A x\| = \sup_{\|y\|=1} \|S A\, S^{-1} y\| = \|S A\, S^{-1}\|. \qquad \Box$$

Satz 12.5
Es sei U eine rechte Dreiecksmatrix mit Spektralradius ρ.
Für alle $\varepsilon > 0$ gibt es ein Norm $\|\bullet\|_\varepsilon$ so, daß $\|U\|_\varepsilon \leq \rho + \varepsilon$.

Beweis

Es sei $H = \mathrm{diag}\,(1, \eta, \eta^2, \ldots, \eta^{n-1})$ und

$$\hat{U} = H^{-1} U H. \qquad (12.9)$$

Es gilt:

$$\|\hat{U}\|_1 = \max_i \sum_{j=1}^{n} |u_{ij}|\,|\eta^{j-i}|. \qquad (12.10)$$

Man wähle nun $\sqrt{|\eta|} < \min_{i,j} \dfrac{1}{|u_{ij}|}$, dann folgt

$$\|\hat{U}\|_1 \;\leq\; \max_i |u_{ii}| + \sqrt{\eta} \sum_{j=i+1}^{n} |\eta|^{j-i-1}$$

236 Numerik partieller Differentialgleichungen für Ingenieure

$$\leq \max_i |u_{ii}| + \frac{\sqrt{\eta}}{1-|\eta|}. \tag{12.11}$$

Offensichtlich kann η so klein gewählt werden, daß gilt:

$$\frac{\sqrt{\eta}}{1-|\eta|} < \varepsilon.$$

Folglich ist $\|\hat{U}\|_1 \leq \max_i |u_{ii}| + \varepsilon$.

Aber weil U eine rechte Dreiecksmatrix ist, ist $\max_i |u_{ii}| = \rho$, und folglich gilt

$$\|\hat{U}\|_1 \leq \rho + \varepsilon.$$

Wegen Satz 12.4 ist $\|\hat{U}\|_1$ eine Norm, sagen wir $\|\bullet\|'$ für U. Für die Norm gilt: $\|U\|' \leq \rho + \varepsilon$, womit der Satz bewiesen ist. □

Folgerung 12.5.1
Für jede Matrix A mit Spektralradius ρ und für alle $\varepsilon > 0$ gibt es eine Norm $\|\bullet\|_\varepsilon$ so, daß $\|A\|_\varepsilon \leq \rho + \varepsilon$.

Jetzt formulieren wir das n-dimensionale Analogon von Satz 12.1.

Satz 12.6. Ostrowski
Es sei $\mathbf{r} \in \mathbb{R}^n$ die Lösung der Gleichung $\mathbf{x} = \mathbf{f}(\mathbf{x})$ und es sei $\mathbf{f}$ total differenzierbar in $\mathbf{r}$. Weiterhin gelte für den Spektralradius ρ der Jacobi-Matrix $J_f(\mathbf{r})$ $\rho < 1$.
Dann gibt es eine Umgebung S von $\mathbf{r}$ so, daß der Iterationsprozeß $\mathbf{x}_{k+1} = \mathbf{f}(\mathbf{x}_k)$ konvergiert gegen $\mathbf{r}$, wenn $\mathbf{x}_0 \in S$.

Beweis
Wir beweisen erst, daß es eine Umgebung S von $\mathbf{r}$ so gibt, daß

$$\|\mathbf{f}(\mathbf{x}) - \mathbf{r}\| \leq \alpha \|\mathbf{x} - \mathbf{r}\| \text{ mit } 0 \leq \alpha < 1, \ \forall \ \mathbf{x} \in S. \tag{12.12}$$

Wegen der totalen Differenzierbarkeit von $\mathbf{f}$ in $\mathbf{r}$ gilt, daß es für alle ε eine Kugel $S_\varepsilon(\mathbf{r}; \delta)$ so gibt, daß

$$\|\mathbf{f}(\mathbf{x}) - \mathbf{f}(\mathbf{r}) - J_f(\mathbf{f})(\mathbf{x} - \mathbf{f})\| \leq \varepsilon \|\mathbf{x} - \mathbf{f}\| \ \forall \ \mathbf{x} \in S_\varepsilon. \tag{12.13}$$

Nach Satz 12.5 gibt es eine Norm $\|\bullet\|$ so, daß $\|J_f(\mathbf{r})\| \leq \rho + \varepsilon$. Man wähle die Norm und wähle ε so, daß $\rho + 2\varepsilon = \alpha < 1$.

Dann gilt:

$$\|f(x) - r\| = \|f(x) - f(r)\| = \|f(x) - f(r) - J_f(r)(x - r) + J_f(r)(x - r)\|$$

$$\leq \|f(x) - f(r) - J_f(r)(x - r)\| + \|J_f(r)\| \|(x - r)\|$$

$$\leq \varepsilon\|x - r\| + (\rho + \varepsilon)\|x - r\| = \alpha\|x - r\| \qquad \text{mit } 0 < \alpha < 1.$$

Hiermit ist (12.12) bewiesen.

Man wähle nun einen Startwert x_0 in der so konstruierten Kugel $S_\varepsilon(r; \delta)$. Es gilt:

$$\|x_1 - r\| = \|f(x_0) - r\| \leq \alpha \|x_0 - r\|,$$

und folglich liegt x_1 auch in $S_\varepsilon(r; \delta)$. Eine einfaches Induktionsargument zeigt, daß alle x_k in $S_\varepsilon(r; \delta)$ liegen und die Bedingung

$$\|x_k - r\| \leq \alpha^k \|x_0 - r\|$$

erfüllen. Wegen $0 < \alpha < 1$ gilt folglich, daß $\lim\limits_{k \to \infty} x_k = r$.

Hiermit ist der Satz bewiesen. □

Bemerkungen

1. Satz 12.6 ist ein Beispiel einer *lokalen* Konvergenz. Konvergenzaussagen werden in der Nähe der Wurzel getroffen.
2. Die Umkehrung von Satz 12.6 ist auch wahr: Wenn $\rho > 1$ ist, kann keine Konvergenz gegen r auftreten. Falls $\rho = 1$, hängt die Konvergenz von höheren (verallgemeinerten) Ableitungen von f ab. Doch gehen wir hierauf nicht näher ein.

Übung 12.2

1. Man wende Satz 12.6 auf den linearen Iterationsprozeß $x_{k+1} = Mx_k + b$ an. Was sind die Übereinstimmungen und die Unterschiede, verglichen mit dem bekannten Ergebnis für diesen Fall?
2. Man untersuche die Konvergenz des Iterationsprozesses:
   $x_{k+1} = \sin y_k,$
   $y_{k+1} = \cos x_k.$ △

238 Numerik partieller Differentialgleichungen für Ingenieure

12.2 Anwendung des Satzes von Ostrowski auf den SOR-Newton-Prozeß

Vergleichen wir die Ergebnisse für lineare Probleme der Form $A\mathbf{x} = \mathbf{b}$ mit denen für nichtlineare Gleichungen der Form $\mathbf{f}(\mathbf{x}) = \mathbf{0}$, dann fällt auf, daß ein globales (d.h. für den ganzen $\mathbb{R}^n$ gültiges) Ergebnis für den linearen Fall übergeht in ein lokales (d.h. in der Nähe der Lösung $\mathbf{r}$ gültiges) Ergebnis für den nichtlinearen Fall. Die Jacobi-Matrix $J_f(\mathbf{r})$ spielt dann dieselbe Rolle wie die Matrix A.

Der folgende Satz ist hierfür ein Beispiel.

> **Satz 12.7**
> Es sei das Gleichungssystem $\mathbf{f}(\mathbf{x}) = \mathbf{0}$ mit der Lösung $\mathbf{r}$ gegeben. Weiterhin sei $J_f(\mathbf{r})$ positiv definit. Dann gibt es eine Kugel $S(\mathbf{r}; \delta)$, in der der SOR-Newton-Prozeß für $0 < \omega < 2$ konvergiert.

Beweis

Wir beweisen den Satz für $\omega = 1$. Für einen Beweis des allgemeinen Falls siehe ([ort], 10.3.3).
Für $\omega = 1$ lautet der Iterationsprozeß:

$$x_i^{k+1} = x_i^k - \frac{f_i(x_1^{k+1}, x_2^{k+1}, \ldots, x_{i-1}^{k+1}, x_i^k, \ldots, x_n^k)}{\frac{\partial f_i}{\partial x_i}}. \qquad (12.14)$$

Wegen der Übersichtlichkeit setzen wir

$$\gamma_i^k = (x_1^{k+1}, x_2^{k+1}, \ldots, x_{i-1}^{k+1}, x_i^k, \ldots, x_n^k),$$

und dann wird (12.14)

$$x_i^{k+1} = x_i^k - \frac{f_i(\gamma_i^k)}{\frac{\partial f_i}{\partial x_i}(\gamma_i^k)}. \qquad (12.15)$$

Man bemerke, daß $\gamma_1^k = \mathbf{x}^k$.

Wir geben Prozeß (12.15) formell wieder als

$$\mathbf{x}^{k+1} = \mathbf{F}(\mathbf{x}^k). \qquad (12.16)$$

Man schreibe $J_f(\mathbf{r})$ als $D - L - L^T$, wobei D eine Diagonalmatrix und L eine linke Dreiecksmatrix ist. Gemäß Lemma 12.8 gilt für die Jacobi-Matrix von F im Punkt $\mathbf{r}$:

Konvergenz nichtlinearer Iterationsprozesse 239

$$J_F(\mathbf{r}) = (D-L)^{-1}L^T.$$

Wegen Satz 11.2 ist der Spektralradius dieser Matrix kleiner als 1. Die Behauptung des Satzes folgt nun aus dem Satz von Ostrowski. □

Lemma 12.8
Es sei **f** und **F** wie in Satz 12.7 und Formel (12.16) definiert, und es sei **r** der Nullpunkt von **f**.
Wenn $J_f(\mathbf{r}) = D - L - U$ ist, dann gilt:

$$J_F(\mathbf{r}) = (D-L)^{-1}U. \tag{12.17}$$

Beweis
Einfach überprüft man, daß (12.17) wegen $(D-L)J_F = U$ äquivalent ist mit:

$$\sum_{k=1}^{l}\frac{\partial f_l}{\partial x_k}\frac{\partial F_k}{\partial x_j} = \begin{cases} 0 & \text{für } j \leq l, \\ -\dfrac{\partial f_l}{\partial x_j} & \text{für } j > l. \end{cases} \tag{12.18}$$

Wenn wir beweisen können, daß die Formeln (12.18) im Punkt $\mathbf{x} = \mathbf{r}$ gelten, ist damit das Lemma bewiesen.

Man betrachte:

$$y_1 = F_1(\mathbf{x}) = x_1 - f_1(x_1, x_2, ..., x_n) \Big/ \frac{\partial f_1}{\partial x_1}(x_1, x_2, ..., x_n),$$

$$y_2 = F_2(\mathbf{x}) = x_2 - f_2(y_1, x_2, ..., x_n) \Big/ \frac{\partial f_2}{\partial x_2}(y_1, x_2, ..., x_n), \tag{12.19}$$

$$\vdots$$

$$y_n = F_n(\mathbf{x}) = x_n - f_n(y_1, y_2, ..., y_{n-1}, x_n) \Big/ \frac{\partial f_n}{\partial x_n}(y_1, y_2, ..., y_{n-1}, x_n).$$

Man betrachte hierbei $F_l(\mathbf{x})$:

$$y_l = F_l(\mathbf{x}) = x_l - f_l(y_1, y_2, ..., y_{l-1}, x_l, ..., x_n) \Big/ \frac{\partial f_l}{\partial x_l},$$

folglich

$$(F_l(\mathbf{x}) - x_l)\frac{\partial f_l}{\partial x_l} = -f_l(y_1, y_2, ..., y_{l-1}, x_l, ..., x_n). \tag{12.20}$$

240 Numerik partieller Differentialgleichungen für Ingenieure

Differentiation beider Seiten nach x_j ergibt:

$$(F_l(\mathbf{x}) - x_l)\frac{\partial^2 f_l}{\partial x_l \partial x_j} + \frac{\partial F_l}{\partial x_j}\frac{\partial f_l}{\partial x_l} = -\sum_{k=1}^{l-1}\frac{\partial f_l}{\partial y_k}\frac{\partial y_k}{\partial x_j}, \qquad j < l,$$

$$(F_l(\mathbf{x}) - x_l)\frac{\partial^2 f_l}{\partial x_l^2} + \frac{\partial F_l}{\partial x_j}\frac{\partial f_l}{\partial x_l} - \frac{\partial f_l}{\partial x_l} = -\sum_{k=1}^{l-1}\frac{\partial f_l}{\partial y_k}\frac{\partial y_k}{\partial x_l} - \frac{\partial f_l}{\partial x_l}, \qquad j = l, \qquad (12.21)$$

$$(F_l(\mathbf{x}) - x_l)\frac{\partial^2 f_l}{\partial x_l \partial x_j} + \frac{\partial F_l}{\partial x_j}\frac{\partial f_l}{\partial x_l} = -\sum_{k=1}^{l-1}\frac{\partial f_l}{\partial y_k}\frac{\partial y_k}{\partial x_j} - \frac{\partial f_l}{\partial x_l}, \qquad j > l.$$

In $\mathbf{x} = \mathbf{r}$ gilt $\mathbf{x} = F(\mathbf{x})$, so daß die ersten Terme auf der linken Seite verschwinden. Weiterhin bedeutet ein Ausdruck wie $\partial f_l/\partial y_k$ eine Differentiation nach dem k-ten Argument von f_l, wenn x_k durch die Funktion F_k ersetzt wird. In $\mathbf{x} = \mathbf{r}$ gilt jedoch $x_k = F_k$, so daß da

$$\frac{\partial f_l}{\partial y_k} = \frac{\partial f_l}{\partial x_k}.$$

Substituieren wir weiterhin noch $y_k = F_k(\mathbf{x})$ in (12.21), dann bekommen wir:

$$\sum_{k=1}^{l}\frac{\partial f_l}{\partial x_k}\frac{\partial F_k}{\partial x_j} = 0, \qquad j \leq l,$$

$$\sum_{k=1}^{l}\frac{\partial f_l}{\partial x_k}\frac{\partial F_k}{\partial x_j} = -\frac{\partial f_l}{\partial x_j}, \qquad j > l.$$

Hiermit ist das Lemma bewiesen. □

13 Zeitabhängige Probleme

In den vorangegangenen Kapiteln sind Diskretisierungstechniken für zeitunabhängige Probleme oder, in der Terminologie von Kapitel 2, *elliptische* Probleme behandelt worden. In den nun folgenden Kapiteln kommen zeitabhängige Probleme an die Reihe, gemäß der Klassifizierung von Kapitel 2 *parabolische* und *hyperbolische* Probleme. Schließlich werden wir in Kapitel 16 der Transportgleichung Aufmerksamkeit schenken, einer PDG erster Ordnung, die nicht auf diese Weise klassifizierbar ist.
Die Problematik der Lösung zeitabhängiger PDG ist eng verwandt mit der Lösung von Anfangswertproblemen in üblichen Differentialgleichungssystemen.
Die allgemeine Gestalt eines solchen Anfangswertproblems ist:

- Ableitung erster Ordnung nach der Zeit

$$\frac{\partial u}{\partial t} = L\,u + f(u, \mathbf{x}, t), \tag{13.1}$$

- Ableitung zweiter Ordnung nach der Zeit:

$$\frac{\partial^2 u}{\partial t^2} = L\,u + f(u, \mathbf{x}, t), \tag{13.2}$$

gegeben auf einem beschränkten Gebiet Ω mit Rand Γ im $\mathbb{R}^n$ ($n = 1, 2$ oder 3). Der Operator L ist ein Differentialoperator in den *Ortsvariablen* x_α ($\alpha = 1\ldots n$). Für parabolische und hyperbolische Probleme ist L ein *elliptischer* Operator zweiter Ordnung, bei der Transportgleichung sind sowohl die Ableitungen nach der Zeit als nach dem Ort von erster Ordnung. Die allgemeine Aufgabe ist nun: Man suche eine Funktion $u(\mathbf{x}, t)$, die die Gleichung (13.1) bzw. (13.2) für alle $\mathbf{x} \in \Omega$ und für alle $t > t_0$ erfüllt, wobei t_0 der Anfangszeitpunkt ist. Wenn dieses Problem eine eindeutige Lösung haben soll (notwendig für technische und physikalische Problemstellungen), dann müssen zu dieser Gleichung noch Anfangs- und Randbedingungen hinzugefügt werden. Die *Anzahl* der *Anfangs*bedingungen wird durch die Ordnung der Ableitung nach der Zeit in der PDG bestimmt, eine Anfangsbedingung für eine parabolische Gleichung, zwei Anfangsbedingungen für eine hyperbolische Gleichung. Die *Art* der *Rand*bedingungen wird durch den Operator L bestimmt. Diese sind im Prinzip dieselben, wie für das entsprechende elliptische Problem

$$L u + f = 0, \tag{13.3}$$

müssen aber natürlich für *alle* Zeitpunkte $t > t_0$ gegeben sein. Für die Transportgleichung liegt die Sache etwas anders: Hier gibt es keinen deutlichen Unterschied zwischen Anfangs- und Randbedingungen, weil die Zeit- und Ortsvariablen dieselbe Rolle spielen. In Kapitel 16 werden wir hierauf näher eingehen.

13.1 Parabolische Gleichungen

Die allgemeine *quasilineare* parabolische Gleichung wird gegeben durch

$$\frac{\partial u}{\partial t} = \sum_{\alpha=1}^{n} \sum_{\beta=1}^{n} \frac{\partial}{\partial x_\alpha} K_{\alpha\beta} \frac{\partial u}{\partial x_\beta} + \sum_{\alpha=1}^{n} b_\alpha \frac{\partial u}{\partial x_\alpha} + cu + f(\mathbf{x}, t), \quad \mathbf{x} \in \Omega, t > t_0, \tag{13.4}$$

wobei K, b und c noch von u, $\mathbf{x}$ und t abhängen können. Die Matrix K und der Koeffizient c müssen positiv definit beziehungsweise nichtnegativ für alle Werte ihrer Argumente sein. Die dazu gehörende Anfangsbedingung ist:

$$u(\mathbf{x}, t_0) = u_0(\mathbf{x}) \quad \forall \mathbf{x} \in \Omega, \tag{13.5}$$

und die dazugehörenden Randbedingungen sind:

$$u(\mathbf{x}, t) = g_1(\mathbf{x}, t) \quad \forall \mathbf{x} \in \Gamma_1, t > t_0, \tag{13.6}$$
(Dirichlet)

$$\sum_{\alpha}^{n} \sum_{\beta}^{n} K_{\alpha\beta} \frac{\partial u}{\partial x_\alpha} n_\beta = g_2(\mathbf{x}, t) \quad \forall \mathbf{x} \in \Gamma_2, t > t_0, \tag{13.7}$$
(Neumann)

$$\sigma u + \sum_{\alpha}^{n} \sum_{\beta}^{n} K_{\alpha\beta} \frac{\partial u}{\partial x_\alpha} n_\beta = g_3(\mathbf{x}, t) \quad \sigma > 0, \forall \mathbf{x} \in \Gamma_3, t > t_0, \tag{13.8}$$
(Robbins)

wobei Γ_1, Γ_2 und Γ_3 untereinander disjunkte Randteile sind, die zusammen den gesamten Rand ausmachen, folglich $\Gamma_1 \cup \Gamma_2 \cup \Gamma_3 = \Gamma$. Ein oder zwei Komponenten Γ_i dürfen leer sein. n ist die äußere Normale auf dem Rand. Mit

diesen Nebenbedingungen ist (13.4) eindeutig lösbar.
Wenn alle Koeffizienten in (13.4) so wie die in (13.6) - (13.8) auftretenden Koeffizienten und Funktionen g_i nicht von der Zeit abhängen, heißt die PDG *autonom*. Für den Prozeßverlauf ist es dann auch egal, zu welchem Zeitpunkt er eingeschaltet wird. Physikalische und technische Problemstellungen sind sehr oft autonom.
Hängen die Koeffizienten in (13.4) nicht von u ab, dann heißt die Gleichung *linear*. Oft werden lineare Gleichungen als Modellprobleme benutzt, um Techniken zu demonstrieren und Analysen auszuführen.

Beispiel 13.1. *Die Wärmeleitungsgleichung*
Auf Ω ist die Gleichung

$$\frac{\partial u}{\partial t} = \mu \left(\frac{\partial^2 u}{\partial x^2} + \frac{\partial^2 u}{\partial y^2} \right) + f \qquad (13.9)$$

gegeben mit der Anfangsbedingung $u(\mathbf{x}, t_0) = u_0(\mathbf{x})$ und der Randbedingung $\partial u / \partial n = 0$ auf Γ. μ ist eine feste Konstante, der *Wärmeleitungskoeffizient*. Diese Gleichung beschreibt den Temperaturverlauf in einem *isotropen* Medium. Die Matrix K in (13.4) ist sozusagen durch μ mal die Einheitsmatrix ersetzt, und das bedeutet, daß die Wärmeleitungseigenschaften in allen Richtungen gleich sind. Die Randbedingung bedeutet, daß das Medium thermisch isoliert ist. Auch findet man eine *Strahlungsbedingung* als Randbedingung:

$$\frac{\partial u}{\partial n} = \sigma(u_0 - u), \quad \sigma > 0, \qquad (13.10)$$

wobei u_0 die 'Außentemperatur' ist. Eine Dirichlet-Randbedingung besitzt für dieses Problem kaum eine physikalische Entsprechung (der Rand steht in einer Schüssel mit schmelzendem Eis), aber oft findet man gerade diese in Mathematikbüchern, weil alle Analysen für diese Randbedingung so einfach sind. Eigentlich ist die Dirichlet-Randbedingung für das Wärmeleitungsproblem ein Grenzfall von (13.10) für $\sigma \to \infty$. △

Übung 13.1
Man überzeuge sich, daß das Wärmeleitungsproblem mit den gegebenen Randbedingungen tatsächlich im Rahmen des Problems (13.4) mit den Randbedingungen (13.6) - (13.8) liegt. △

Übung 13.2
Die Wärmeleitungsgleichung hat bei thermischer Isolierung des gesamten Randes nur eine Gleichgewichtslösung, wenn

244 Numerik partieller Differentialgleichungen für Ingenieure

$$\int_\Omega f \, d\Omega = 0. \quad (13.11)$$

Man zeige dies. (Tip: Bei Gleichgewicht ist $\partial u/\partial t = 0$, $\forall x \in \Omega$. Man wende das Divergenztheorem an.)
Die physikalische Interpretation hiervon ist, daß für ein thermisches Gleichgewicht in diesem Fall die Netto-Wärmeproduktion im Innern gleich null sein muß. Es kann schließlich keine Wärme über den Rand abgeführt werden. △

Wir werden die Wärmeleitungsgleichung als Modellproblem ausgiebig in Kapitel 14 behandeln.

13.2 Hyperbolische Gleichungen

Vieles von dem, was über parabolische Gleichungen gesagt wurde, gilt auch für hyperbolische Gleichungen. Es gibt jedoch einen wichtigen Unterschied: Die Ableitung nach der Zeit ist von zweiter Ordnung. In erster Linie bedeutet dies physikalisch, daß der Prozeß sich völlig anders verhält. Mathematisch fällt nur auf, daß es eine zusätzliche Anfangsbedingung geben muß.

$$\frac{\partial^2 u}{\partial t^2} = \sum_{\alpha=1}^n \sum_{\beta=1}^n \frac{\partial}{\partial x_\alpha} K_{\alpha\beta} \frac{\partial u}{\partial x_\beta} + \sum_{\alpha=1}^n b_\alpha \frac{\partial u}{\partial x_\alpha} + cu + f, \ \forall x \in \Omega, t > t_0, \quad (13.12)$$

mit den Anfangsbedingungen

$$u(\mathbf{x}, t_0) = u_0(\mathbf{x}), \ \forall \mathbf{x} \in \Omega, \quad (13.13)$$

$$\frac{\partial u}{\partial t}(\mathbf{x}, t_0) = v_0(\mathbf{x}), \ \forall \mathbf{x} \in \Omega. \quad (13.14)$$

Die Randbedingungen sind wieder genau (13.6) - (13.8). Mit dieser Nebenbedingung besitzt das hyperbolische Problem eine eindeutige Lösung.

Beispiel 13.2. *Die Wellengleichung*
Auf Ω ist die Gleichung

$$\frac{\partial^2 u}{\partial t^2} = c^2 \left(\frac{\partial^2 u}{\partial x^2} + \frac{\partial^2 u}{\partial y^2} \right) \quad (13.15)$$

gegeben mit den Anfangsbedingungen $u(\mathbf{x}, t_0) = u_0(\mathbf{x})$, $u_t(\mathbf{x}, t_0) = v_0(\mathbf{x})$ und der Randbedingung $u = 0$ auf Γ. c ist eine feste Konstante, die *Fortpflanzungsgeschwindigkeit*. Diese Gleichung beschreibt Schwingungen in einer *isotropen*

Membran. Die Matrix K in (13.4) ist eigentlich durch c^2 mal die Einheitsmatrix ersetzt, und das bedeutet, daß die Fortpflanzungseigenschaften in allen Richtungen dieselben sind. Die Dirichlet-Bedingung bedeutet, daß die Membran am Rand eingespannt ist. Die anderen zwei Randbedingungen trifft man auch an bei: Neumann-Randbedingungen in offenen Orgelpfeifen und schwebenden Lautsprechermembranen und der Robbins-Randbedingung in federnd befestigten Membranen.

Übung 13.3
Man überzeuge sich, daß die Konstante c in der Wellengleichung die Maßeinheit der Geschwindigkeit besitzt. △

Übung 13.4
Die Größe

$$\int_\Omega c^2(u_x^2 + u_y^2)\, d\Omega \tag{13.16}$$

ist ein Maß für die *Verformungsenergie* der Membran. Man überzeuge sich, daß gilt

$$\int_\Omega \tfrac{1}{2} u_t^2 + c^2(u_x^2 + u_y^2)\, d\Omega = \text{const.} \tag{13.17}$$

(Tip: Man multipliziere die Wellengleichung links und rechts mit u_t, integriere über Ω und von t_0 bis t, vertausche die Integrationsreihenfolge, wende den Greenschen Satz an und schaue dann in Kapitel 15 nach.)
Was ist hiervon die physikalische Interpretation? △

Wir werden die Wellengleichung als Modellproblem ausführlich in Kapitel 15 behandeln.

13.3 Die Transportgleichung

Die am haüfigsten vorkommende Form der Transportgleichung ist

$$\frac{\partial u}{\partial t} + \text{div } \mathbf{f}(u) = 0. \tag{13.18}$$

wobei $\mathbf{f}$ ein Vektor ist mit gerade soviel Komponenten, wie es Raumdimensionen im Problem gibt. $\mathbf{f}$ heißt der *Flußvektor*. Diese Form wird aus folgenden Gründen oft *Erhaltungsform* genannt. Integrieren wir (13.18) über ein kleines Volumen V, finden wir

$$\int_V \frac{\partial u}{\partial t}\, dV + \int_V \text{div } \mathbf{f}(u)\, dV = 0 \qquad (13.19)$$

oder auch mit dem Divergenztheorem

$$\frac{\partial}{\partial t}\int_V u\, dV + \int_{\Gamma_V} \mathbf{n}\cdot\mathbf{f}(u)\, d\Gamma = 0. \qquad (13.20)$$

In Worten ausgedrückt: Die Zunahme einer transportierten Größe in einem kleinen Volumen pro Zeiteinheit ist gleich dem Nettofluß durch den Rand des Volumens.

Wie schon bemerkt wurde, sind die Nebenbedingungen nicht so einfach anzugeben. Wir kommen darauf im Kapitel 16 zurück. Im allgemeinen werden in einem echten Transportproblem mehrere Größen zugleich transportiert. Daß bedeutet, daß jede Größe ihre eigene Transportgleichung besitzt und auch ihren eigenen Flußvektor.

Beispiel 13.3. *Die Advektions- oder Konvektions-Gleichung*
Abhängig vom Anwendungsgebiet spricht man von Advektion oder Konvektion, aber man meint die gleiche Erscheinung: Stofftransport mittels eines strömenden Mediums. Die Gleichung wird gegeben durch:

$$\frac{\partial u}{\partial t} + \mathbf{a}\cdot\textbf{grad}\; u = 0. \qquad (13.21)$$

Wenn das *konvektierende* Geschwindigkeitsfeld *inkompressibel* ist (div $\mathbf{a} = 0$), kann dies in Erhaltungsform geschrieben werden als:

$$\frac{\partial u}{\partial t} + \text{div } \mathbf{a}u = 0. \qquad (13.22)$$

△

Als Beispielproblem werden wir die eindimensionale Advektionsgleichung im Kapitel 16 behandeln.

Übung 13.5
Man überzeuge sich, daß, wenn die Konvektionsgeschwindigkeit $\mathbf{a}$ nur von u abhängt (und folglich nicht von $\mathbf{x}$ und t), (13.21) immer in Erhaltungsform geschrieben werden kann. △

Noch ein Beispiel eines Transports mit mehreren Komponenten.

Zeitabhängige Probleme 247

Beispiel 13.4. *Die Euler-Gleichungen*
Die Gleichungen

$$\frac{\partial u}{\partial t} + u \frac{\partial u}{\partial x} + v \frac{\partial u}{\partial y} = 0, \qquad (13.23)$$

$$\frac{\partial v}{\partial t} + u \frac{\partial v}{\partial x} + v \frac{\partial v}{\partial y} = 0, \qquad (13.24)$$

$$\frac{\partial \rho}{\partial t} + \frac{\partial \rho u}{\partial x} + \frac{\partial \rho v}{\partial y} = 0 \qquad (13.25)$$

beschreiben die Bewegung einer kompressiblen, nicht viskosen Flüssigkeit in zwei Dimensionen bei Abwesenheit von äußeren Kräften. u und v sind die Geschwindigkeitskomponenten in x- beziehungsweise y-Richtung, und ρ ist die Dichte. Es gibt eine Erhaltungsform mit drei Flußvektoren, nämlich

$$\mathbf{f}_u = \begin{pmatrix} \rho u^2 \\ \rho uv \end{pmatrix}, \quad \mathbf{f}_v = \begin{pmatrix} \rho uv \\ \rho v^2 \end{pmatrix} \quad \text{und} \quad \mathbf{f}_\rho = \begin{pmatrix} \rho u \\ \rho v \end{pmatrix}. \qquad (13.26)$$

Die Gleichungen werden dann:

$$\frac{\partial \rho u}{\partial t} + \text{div } \mathbf{f}_u = 0,$$

$$\frac{\partial \rho v}{\partial t} + \text{div } \mathbf{f}_v = 0,$$

$$\frac{\partial \rho}{\partial t} + \text{div } \mathbf{f}_\rho = 0.$$

Übung 13.6
Man überzeuge sich, daß die Euler-Gleichungen in Erhaltungsform äquivalent sind mit den Gleichungen, die nicht in Erhaltungsform stehen. △

Der Vorteil einer Formulierung einer Transportgleichung in Erhaltungsform ist, daß die zu erhaltende Größe oftmals eine physikalische Größe ist. Man kann dann seine numerischen Schemata so einrichten, daß diese physikalischen Größen auch im numerischen Schema erhalten bleiben. Zugleich ist es einfacher festzustellen, welcher Randbedingungstyp erlaubt ist.

Übung 13.7
Man überzeuge sich, daß die Größen, die in den Euler-Gleichungen erhalten bleiben, der *Impuls* und die *Masse* sind.

(Tip: Man betrachte ein *materielles* Volumen V, d.h. ein Volumen, das mit dem Strom 'mittreibt'. Zum Zeitpunkt $t + \Delta t$ sind die Punkte x in V 'weggetrieben' nach $x + u\Delta t$. Man erstelle nun eine Impuls- beziehungsweise Massenbilanz für V, d.h., man untersuche, was zwischen t und $t + \Delta t$ hinein- und hinausgeströmt ist.) △

14 Die Wärmeleitungs- oder Diffusionsgleichung

Wir werden nun numerische Methoden zur Lösung der Wärmeleitungsgleichung betrachten. Da diese Gleichung ebenfalls Diffusion beschreibt, wird sie oft auch Diffusionsgleichung genannt. Dies ist eine physikalische Problemstellung, und wir wollen, daß unsere numerischen Modelle bestimmte Eigenschaften des physikalischen Problems 'erben'. Der wichtigste Aspekt – und typisch für Diffusionsgleichungen – ist die Weise, wie sich die Lösung der Gleichgewichtslösung nähert. Konkreter, wenn die Koeffizienten der DG und die Randbedingungen nicht zeitabhängig sind, existiert eine Gleichgewichtslösung (mit einer Ausnahme, die später noch behandelt wird), und der Prozeß zur Gleichgewichtslösung konvergiert für jede Anfangsbedingung.

14.1 Eine fundamentale Ungleichung

Wir formulieren dieses Ergebnis in einem Satz.

Satz 14.1
Es sei Ω ein beschränktes Gebiet im $\mathbb{R}^n$, und L sei gegeben durch

$$L = \frac{\partial^2}{\partial x^2} + \frac{\partial^2}{\partial y^2}; \tag{14.1}$$

$u_E(\mathbf{x})$ sei die Lösung von

$$Lu + f(\mathbf{x}) = 0 \tag{14.2}$$

mit den Randbedingungen

$$u(\mathbf{x}) = g_1(\mathbf{x}), \quad \mathbf{x} \in \Gamma_1, \tag{14.3}$$

$$\frac{\partial u}{\partial n}(\mathbf{x}) = g_2(\mathbf{x}), \quad \mathbf{x} \in \Gamma_2, \tag{14.4}$$

$$(\sigma u)(\mathbf{x}) + \frac{\partial u}{\partial n}(\mathbf{x}) = g_3(\mathbf{x}), \quad \mathbf{x} \in \Gamma_3. \tag{14.5}$$

Es sei $u(\mathbf{x}, t)$ die Lösung des Anfangswertproblems

$$\frac{\partial u}{\partial t} = Lu + f(\mathbf{x}) \tag{14.6}$$

mit den Anfangsbedingungen $u(\mathbf{x}, t_0) = u_0(\mathbf{x})$ und den Randbedingungen (14.3)-(14.5). $R(t)$ sei das quadratische Residuum, d.h.

$$R(t) = \int_\Omega (u(\mathbf{x}, t) - u_E(\mathbf{x}))^2 \, d\Omega; \tag{14.7}$$

dann gibt es ein $\gamma > 0$ so, daß

$$R(t) < R(t_0) \, e^{-\gamma(t-t_0)} \quad \forall t > t_0. \tag{14.8}$$

Beweis
Offensichtlich ist u_E eine Lösung von (14.6) mit $\partial u_E / \partial t = 0$. Die Differenz $v = u_E - u$ erfüllt offensichtlich

$$\frac{\partial v}{\partial t} = Lv \tag{14.9}$$

mit der Anfangsbedingung $v(\mathbf{x}, t_0) = v_0 = u_E - u_0$ und den Randbedingungen

$$v(\mathbf{x}) = 0, \qquad \mathbf{x} \in \Gamma_1, \tag{14.10}$$

$$\frac{\partial v}{\partial n}(\mathbf{x}) = 0, \qquad \mathbf{x} \in \Gamma_2, \tag{14.11}$$

$$(\sigma v)(\mathbf{x}) + \frac{\partial v}{\partial n}(\mathbf{x}) = 0, \qquad \mathbf{x} \in \Gamma_3. \tag{14.12}$$

Man multipliziere (14.9) mit v und integriere über Ω. Dies ergibt:

$$\int_\Omega v \frac{dv}{dt} \, d\Omega = \int_\Omega v \, \Delta v \, d\Omega, \tag{14.13}$$

$$\int_\Omega \frac{1}{2} \frac{dv^2}{dt} \, d\Omega = -\int_\Omega \|\mathbf{grad}\, v\|^2 \, d\Omega + \int_\Gamma v \frac{\partial v}{\partial n} \, d\Gamma, \tag{14.14}$$

wobei die Umformung der rechten Seite gemäß dem Greenschen Satz ist.

Die Wärmeleitungs- oder Diffusionsgleichung 251

Vertauschen wir Integration über Ω und Differentiation nach der Zeit, folgt durch Anwendung der Randbedingungen

$$\frac{1}{2}\frac{dR}{dt} = -\int_\Omega \|\text{grad } v\|^2 \, d\Omega - \int_{\Gamma_3} \sigma v^2 \, d\Gamma. \tag{14.15}$$

Gemäß dem Poincaré-Lemma (7.9) gilt (falls $\Gamma \neq \Gamma_2$), daß ein $\gamma_0 > 0$ so existiert, daß

$$\int_\Omega \|\text{grad } v\|^2 \, d\Omega > \gamma_0 \int_\Omega v^2 \, d\Omega = \gamma_0 R. \tag{14.16}$$

Mit $\gamma = 2\gamma_0$ bekommen wir folglich:

$$\frac{dR}{dt} < -\gamma R \tag{14.17}$$

oder

$$\frac{dR}{dt} + \gamma R < 0, \tag{14.18}$$

und diese Ungleichung gilt für alle $t > t_0$. Multiplizieren wir diese Gleichung mit $e^{\gamma t}$, bekommen wir

$$e^{\gamma t}\left(\frac{dR}{dt} + \gamma R\right) = \frac{d(e^{\gamma t}R)}{dt} < 0 \tag{14.19}$$

und nach Integration von t_0 bis t

$$e^{\gamma t}R(t) - e^{\gamma t_0}R(t_0) < 0 \tag{14.20}$$

oder

$$R(t) < e^{-\gamma(t-t_0)}R(t_0), \tag{14.21}$$

womit der Satz bewiesen ist. $\square$

Bemerkungen

1. Das quadratische Residuum geht exponentiell gegen 0, folglich nähert sich die zeitabhängige Lösung exponentiell der Gleichgewichtslösung.
2. Wie schon mehrmals angemerkt wurde, muß bei den Neumannschen Randbedingungen für die Existenz einer Gleichgewichtslösung auf dem *ganzen* Rand eine Kompatibilitätsbedingung (welche?) erfüllt sein. Ist diese Bedin-

gung nicht erfüllt, hat das zeitabhängige Problem zwar eine Lösung, aber diese geht gegen ±∞, abhängig von der Tatsache, ob die Nettowärmeproduktion positiv oder negativ ist. Ist diese Bedingung erfüllt, gilt der Satz, wenn auch mit einigen Änderungen.
3. Dieser Satz, der hier für den Laplace-Operator bewiesen wurde, gilt auch für den allgemeinen elliptischen Operator

$$L = \sum_{\alpha}^{n} \sum_{\beta}^{n} \frac{\partial}{\partial x_\alpha} K_{\alpha\beta} \frac{\partial}{\partial x_\beta}.$$

4. Auf dieselbe Weise kann man für dieses Problem *analytische Stabilität* oder auch gute Konditioniertheit bezüglich der Anfangsbedingungen beweisen: Haben zwei Lösungen u und v die Anfangsbedingungen u_0 und $u_0 + \varepsilon_0$, dann gilt für $\varepsilon(x, t) = (v - u)(x, t)$

$$\left(\int_\Omega \varepsilon^2 \, d\Omega \right)(t) < e^{-\chi(t-t_0)} \int_\Omega \varepsilon_0^2 \, d\Omega. \tag{14.22}$$

Die analytische Stabilität ist folglich *absolut*, denn der Fehler geht gegen 0 für $t \to \infty$.

Übung 14.1
Man beweise diesen Satz für den allgemeinen elliptischen Operator

$$L = \sum_{\alpha}^{n} \sum_{\beta}^{n} \frac{\partial}{\partial x_\alpha} K_{\alpha\beta} \frac{\partial}{\partial x_\beta}.$$

(Tip: Für die positiv definite Matrix K gilt $(x, Kx) > \lambda_0(x, x)$, $x \in \mathbb{R}^n \setminus \{0\}$, λ_0 ist der kleinste Eigenwert von K.) △

Übung 14.2
Man beweise die analytische absolute Stabilität von (14.6). △

14.2 Die Linienmethode

Eine sehr allgemeine Methode, um zeitabhängige Probleme zu lösen, ist die *Linienmethode*. Deren Prinzip ist, daß man im Problem

$$\frac{\partial u}{\partial t} = Lu + f \tag{14.23}$$

Die Wärmeleitungs- oder Diffusionsgleichung 253

beginnt, eine *Orts*diskretisierung mit Hilfe der EDM oder FVM (beschrieben in Kapitel 3) oder die FEM (beschrieben in Kapitel 5 und 8) durchzuführen. Diese Diskretisierung mit Hilfe von Gittern, Volumen oder Elementen ergibt sich in einem System gewöhnlicher Differentialgleichungen, dessen Abmessung durch die Anzahl der Parameter bestimmt wird, die benutzt werden, um u anzunähern. Formell können wir dieses System wiedergeben mit

$$M \frac{d u_h}{dt} = S u_h + M f_h. \qquad (14.24)$$

Die mit $_h$ indizierten Größen sind die diskreten Näherungen der Größen des stetigen Problems. Was auffällt, ist die Einführung der Matrix M, wo man vielleicht die Einheitsmatrix erwartet hatte. Die Existenz dieser Matrix, der *Massenmatrix*, ist typisch für die FVM und FEM und kommt dadurch, daß die Gleichungen in der Diskretisierung normiert worden sind. In der EDM ist M immer die Einheitsmatrix. S ist eine (eventuell normierte) diskrete Näherung des elliptischen Operators L und ist für die FEM dieselbe wie die Steifigkeitsmatrix des übereinstimmenden elliptischen Problems.
Von dieser Methode geben wir einige Beispiele.

14.2.1 Eindimensionale Beispiele

Für alle eindimensionalen Beispiele gilt: Wir betrachten

$$\frac{\partial u}{\partial t} = \frac{\partial^2 u}{\partial x^2} + f(x, t), \quad x \in [0,1]. \qquad (14.25)$$

mit der Anfangsbedingung $u(x, t_0) = u_0(x)$.

Beispiel 14.1. *EDM, Dirichlet*
Man nehme als Randbedingungen $u(0) = u(1) = 0$. Auf dieselbe Weise wie im Kapitel 3 teilen wir das Intervall so in Stücke der Größe h auf, daß $Nh = 1$ ist, und diskretisieren die zweite Ableitung in jedem Gitterpunkt mit Hilfe der zweiten dividierten Differenz. In jedem Gitterpunkt $x_j, j = 0, \dots, N$, haben wir ein u_j, das natürlich noch von der Zeit abhängt. u_0 und u_N sind 0, folglich sind die noch übrigbleibenden Unbekannten $u_1, \dots, u_{N-1}$. Wir bekommen dann das System gewöhnlicher Differentialgleichungen

$$\frac{d u_h}{dt} = S u_h + f_h \qquad (14.26)$$

mit

254 Numerik partieller Differentialgleichungen für Ingenieure

$$S = \frac{1}{h^2}\begin{pmatrix} -2 & 1 & 0 & \cdots & \cdots & 0 \\ 1 & -2 & 1 & \ddots & & \vdots \\ 0 & \ddots & \ddots & \ddots & \ddots & \vdots \\ \vdots & \ddots & \ddots & \ddots & \ddots & 0 \\ \vdots & & \ddots & 1 & -2 & 1 \\ 0 & \cdots & \cdots & 0 & 1 & -2 \end{pmatrix}, \qquad (14.27)$$

$$\mathbf{u}_h = \begin{pmatrix} u_1 \\ \vdots \\ u_{N-1} \end{pmatrix} \quad \text{und} \quad \mathbf{f}_h = \begin{pmatrix} f_1 \\ \vdots \\ f_{N-1} \end{pmatrix}, \qquad (14.28)$$

wobei $\mathbf{u}_h$ und $\mathbf{f}_h$ beide von t abhängen.

Beispiel 14.2. FVM, linker Randpunkt Neumann
Man wähle als Randbedingungen $u(0) = 0$, $u'(1) = 0$. Wir wählen eine nichtäquidistante Gitterverteilung mit N Gitterpunkten und $h_i = x_{i+1} - x_i$. Als Kontrollvolumen wählen wir um dem Stützpunkt x_i das Intervall $V_i = (x_i - \frac{1}{2} h_{i-1}, x_i + \frac{1}{2} h_i)$. Hierüber integrieren wir die Differentialgleichung (14.25). Dies ergibt:

$$\int_{x_i-1/2h_{i-1}}^{x_i+1/2h_i} \frac{\partial u}{\partial t}\, dx = \int_{x_i-1/2h_{i-1}}^{x_i+1/2h_i} \frac{\partial^2 u}{\partial x^2} + f\, dx \qquad (14.29)$$

oder auch

$$\frac{\partial}{\partial t}\int_{x_i-1/2h_{i-1}}^{x_i+1/2h_i} u\, dx = \frac{\partial u}{\partial x}\bigg|_{x_i+1/2h_i} - \frac{\partial u}{\partial x}\bigg|_{x_i-1/2h_i} + \int_{x_i-1/2h_{i-1}}^{x_i+1/2h_i} f\, dx. \qquad (14.30)$$

Für die Integrale

$$\int_{x_i-1/2h_{i-1}}^{x_i+1/2h_i} u\, dx \quad \text{und} \quad \int_{x_i-1/2h_{i-1}}^{x_i+1/2h_i} f\, dx$$

können wir nicht die Mittelpunktregel benutzen, denn man verliert eine Ordnung für nicht-äquidistante Schrittgrößen. Eine bessere Näherung für das Integral ist

Die Wärmeleitungs- oder Diffusionsgleichung 255

$$\int_{x_i-1/2h_{i-1}}^{x_i+1/2h_i} u\, dx \approx \tfrac{1}{8}(h_{i-1}(u_{i-1}+3u_i) + h_i(3u_i+u_{i+1})) \tag{14.31}$$

und ein gleicher Ausdruck für

$$\int_{x_i-1/2h_{i-1}}^{x_i+1/2h_i} f\, dx. \tag{14.32}$$

Dies stimmt mit linearer Interpolation pro Teilintervall überein.

Übung 14.3
Man überzeuge sich mit Hilfe der Taylorentwicklung, daß gilt

$$\int_{x_i-1/2h_{i-1}}^{x_i+1/2h_i} u\, dx = \tfrac{1}{2}(h_{i-1}+h_i)u_i + O(h^2) \tag{14.33}$$

und

$$\int_{x_i-1/2h_{i-1}}^{x_i+1/2h_i} u\, dx = \tfrac{1}{8}(h_{i-1}(u_{i-1}+3u_i) + h_i(3u_i+u_{i+1})) + O(h^3). \tag{14.34}$$

(Tip: Man setze

$$\int_{x_i-1/2h_{i-1}}^{x_i+1/2h_i} u\, dx = U(x_{i+1/2h_i}) - U(x_{i-1/2h_{i-1}}), \tag{14.35}$$

wobei U die Stammfunktion von u ist, und entwickle danach alles in Taylor-Polynome um den Punkt x_i. △

Die Ableitungen in der endlichen Volumennäherung (14.30) können durch zentrale Differenzen ersetzt werden. Für einen Knotenpunkt x_j irgendwo in der Intervallmitte bekommen wir also:

$$\tfrac{1}{8}\frac{d}{dt}(h_{i-1}u_{i-1} + 3(h_{i-1}+h_i)u_i + h_i u_{i+1})$$

$$= \frac{u_{i+1}-u_i}{h_i} - \frac{u_i-u_{i-1}}{h_{i-1}} + \tfrac{1}{8}(h_{i-1}f_{i-1} + 3(h_{i-1}+h_i)f_i + h_i f_{i+1}). \tag{14.36}$$

Für das Volumen im letzten Gitterpunkt finden wir auf dieselbe Weise:

256 Numerik partieller Differentialgleichungen für Ingenieure

$$\tfrac{1}{8} \frac{d}{dt} (h_{N-1} u_{N-1} + 3 h_N u_N) = \frac{\partial u}{\partial x}(1) - \frac{u_N - u_{N-1}}{h_{N-1}} + \tfrac{1}{8}(h_{N-1} f_{N-1} + 3 h_{N-1} f_N). \quad (14.37)$$

Und weil $u'(1) = 0$ ist, bekommen wir das folgende System gewöhnlicher Differentialgleichungen:

$$M \frac{d \mathbf{u}_h}{dt} = S \mathbf{u}_h + M \mathbf{f}_h. \quad (14.38)$$

wobei

$$M = \tfrac{1}{8} \begin{pmatrix} 3(h_0 + h_1) & h_1 & 0 & \cdots & & 0 \\ h_1 & 3(h_1 + h_2) & h_2 & & \ddots & \vdots \\ 0 & \ddots & \ddots & \ddots & & 0 \\ \vdots & \ddots & & h_{N-2} & 3(h_{N-2} + h_{N-1}) & h_{N-1} \\ 0 & \cdots & & 0 & h_{N-1} & 3 h_{N-1} \end{pmatrix}. \quad (14.39)$$

$$S = - \begin{pmatrix} 1/(h_0 + h_1) & -1/h_1 & 0 & \cdots & & 0 \\ -1/h_1 & 1/(h_1 + h_2) & -1/h_2 & & \ddots & \vdots \\ 0 & \ddots & \ddots & \ddots & & 0 \\ \vdots & \ddots & & -1/h_{N-2} & 1/(h_{N-2} + h_{N-1}) & -1/h_{N-1} \\ 0 & \cdots & & 0 & -1/h_{N-1} & 1/h_{N-1} \end{pmatrix} \quad (14.40)$$

und schließlich

$$\mathbf{u}_h = \begin{pmatrix} u_1 \\ \vdots \\ u_{N-1} \end{pmatrix} \text{ und } \mathbf{f}_h = \begin{pmatrix} f_1 \\ \vdots \\ f_{N-1} \end{pmatrix} \quad (14.41)$$

sind.

Beispiel 14.3. FEM, Robbins auf dem rechten Rand
Man wähle $u(0) = 0$ und $(\sigma u + du/dx)(1) = 0$. Zunächst müssen wir für (14.25) eine schwache Formulierung finden. Dazu multiplizieren wir (14.25) links und rechts mit einer Testfunktion $v(x)$. v ist beliebig mit $v(0) = 0$. Nun integrieren wir den Raumteil partiell. Dies ergibt:

$$\frac{\partial}{\partial t} \int_0^1 uv \, dx = - \int \frac{\partial u}{\partial x} \frac{\partial v}{\partial x} \, dx + \left(v \frac{\partial u}{\partial x}\right)(1) + \int_0^1 v f \, dx, \quad (14.42)$$

Die Wärmeleitungs- oder Diffusionsgleichung 257

und wegen der Robbins-Randbedingung geht dies über in:

$$\frac{\partial}{\partial t}\int_0^1 uv\,dx = -\int \frac{\partial u}{\partial x}\frac{\partial v}{\partial x}\,dx - (\sigma vu)(1) + \int_0^1 vf\,dx. \tag{14.43}$$

Wir wenden die Galerkin-Methode auf (14.43) an. Dazu nehmen wir an, daß eine approximierende Lösung von (14.43) wie folgt aussieht:

$$\bar{u}(x,t) = \sum_i^N u_i(t)\,\varphi_i(x), \tag{14.44}$$

wobei φ_i dieselben Basisfunktionen sind, wie wir sie auch bei elliptischen Problemen benutzt haben. Wählen wir lineare Basisfunktionen und dieselbe Elementenverteilung wie im vorigen Problem, bekommen wir das folgende Gleichungssystem:

$$\sum_i^N \frac{du_i}{dt}\int_0^1 \varphi_i\,\varphi_k\,dx = -\sum_i^N u_i\int_0^1 \frac{d\varphi_i}{dx}\frac{d\varphi_k}{dx}\,dx - \sigma u_N\,\varphi_k(x_N) + \sum_i^N f_i\int_0^1 \varphi_i\,\varphi_k\,dx,$$

$$k = 1, 2, \ldots, N. \tag{14.45}$$

Hierin haben wir f auf dieselbe Weize interpoliert wie u. Wieder finden wir ein System GDG (gewöhnlicher Differentialgleichungen) der Form

$$M\frac{d\mathbf{u}_h}{dt} = S\mathbf{u}_h + M\mathbf{f} \tag{14.46}$$

mit

$$m_{ik} = \int_0^1 \varphi_i\,\varphi_k\,dx, \qquad i,k = 1,\ldots,N, \tag{14.47}$$

$$s_{ik} = -\int_0^1 \frac{d\varphi_i}{dx}\frac{d\varphi_k}{dx}\,dx, \qquad ik \neq NN, \tag{14.48}$$

$$s_{NN} = -\int_0^1 \frac{d\varphi_N}{dx}\frac{d\varphi_N}{dx}\,dx - \sigma. \tag{14.49}$$

Übung 14.4
Man überzeuge sich, daß die Steifigkeitsmatrix aus der FEM für lineare

258 Numerik partieller Differentialgleichungen für Ingenieure

Elemente völlig mit (14.40) übereinstimmt bis auf das Element s_{NN}, das einen extra Term $-\sigma$ bekommt. △

Übung 14.5
Man überzeuge sich, daß die Massenmatrix aus der FEM gegeben wird durch

$$m_{kk} = \tfrac{1}{4}(h_{k-1} + h_k),$$

$$m_{k,k-1} = m_{k-1,k} = \tfrac{1}{4} h_{k-1}.$$ △

Wenden wir die *Newton-Côtes*-Integration an, dann wird die Massenmatrix eine Diagonalmatrix:

$$m_{kk} = \tfrac{1}{2}(h_{k-1} + h_k), \tag{14.50}$$

$$m_{jk} = 0, \quad j \neq k. \tag{14.51}$$

Übung 14.6
Man überprüfe dies. △

Das Diagonalisieren der Massenmatrix auf diese Weise wird *lumping* genannt. Diese Methode kann nicht immer angewandt werden, weil die Massenmatrix manchmal singulär wird.

14.2.2 Zweidimensionale Beispiele

Für alle zweidimensionalen Beispiele gilt: Wir betrachten

$$\frac{\partial u}{\partial t} = \frac{\partial^2 u}{\partial x^2} + \frac{\partial^2 u}{\partial y^2} + f(\mathbf{x}, t), \quad \mathbf{x} \in \Omega \tag{14.52}$$

mit der Anfangsbedingung $u(\mathbf{x}, t_0) = u_0(\mathbf{x})$.

Beispiel 14.4. *EDM, Dirichlet*
Man wähle für Ω ein Rechteck mit den Seitenlängen l_x und l_y und wähle $u = g(\mathbf{x})$, $\mathbf{x} \in \Gamma$. Wir teilen das Gebiet gemäß einem äquidistanten Gitter mit Gitterbreiten Δx und Δy so ein, daß $N_x \Delta x = l_x$ und $N_y \Delta y = l_y$. Im Gitterpunkt (i,j), $i = 1, \ldots, N_x - 1$, $j = 1, \ldots, N_y - 1$, finden wir eine gewöhnliche Differentialgleichung der Form:

$$\frac{du_{ij}}{dt} = \frac{u_{i-1,j} - 2u_{ij} + u_{i+1,j}}{(\Delta x)^2} + \frac{u_{i,j-1} - 2u_{ij} + u_{i,j+1}}{(\Delta y)^2} + f_{ij}. \tag{14.53}$$

Die Wärmeleitungs- oder Diffusionsgleichung 259

In allen Gleichungen von Punkten, die an den Rand angrenzen, muß der zu u gehörende Wert durch den entsprechenden Wert von g auf dem Rand ersetzt werden. Durch die Neuanordnung (siehe Übung 3.10) bekommen wir ein System GDG der Form:

$$\frac{d\mathbf{u}}{dt} = S\mathbf{u} + \mathbf{f} + R\mathbf{g}. \qquad (14.54)$$

wobei S eine blocktridiagonale Matrix ist und R eine Matrix, die die Randbedingungen einbringt. So, wie schon in Übung 3.10 bewiesen worden ist, ist S negativ definit. △

Beispiel 14.5. FEM, Neumann, Robbins
Man wähle ein beschränktes Ω, $\partial u/\partial n = 0$ auf Γ_1, $\partial u/\partial n + \sigma u = 0$ auf Γ_2, mit $\Gamma_1 \cup \Gamma_2 = \Gamma$. Wir teilen Γ in Dreiecke ein, multiplizieren (14.52) mit φ_k integrieren partiell und bekommen:

$$\frac{d}{dt} \sum_{i=1}^{N} u_i \int_{\Omega} \varphi_i \varphi_k \, d\Omega = -\sum_{i=1}^{N} u_i \int_{\Omega} (\mathbf{grad} \; \varphi_i, \mathbf{grad} \; \varphi_k) \, d\Omega$$
$$+ \int_{\Gamma} \varphi_k \frac{\partial u}{\partial n} \, d\Gamma + \int_{\Omega} f \varphi_k \, d\Omega \qquad (14.55)$$

oder mit Berücksichtigung der Randbedingungen und der Interpolation von f:

$$\frac{d}{dt} \sum_{i=1}^{N} u_i \int_{\Omega} \varphi_i \varphi_k \, d\Omega = -\sum_{i=1}^{N} u_i \int_{\Omega} (\mathbf{grad} \; \varphi_i, \mathbf{grad} \; \varphi_k) \, d\Omega$$
$$- \sum_{i=1}^{N} u \int_{\Gamma_2} \sigma \varphi_k \varphi_i \, d\Gamma + \sum_{i=1}^{N} f_i \int_{\Omega} \varphi_k \varphi_i \, d\Omega. \qquad (14.56)$$

Dies ergibt wieder ein System GDG der Form

$$M \frac{d\mathbf{u}}{dt} = S\mathbf{u} + M\mathbf{f} \qquad (14.57)$$

mit

$$m_{ki} = \int_{\Omega} \varphi_k \varphi_i \, d\Omega, \qquad (14.58)$$

$$s_{ki} = -\int_{\Omega} (\mathbf{grad} \; \varphi_k, \mathbf{grad} \; \varphi_i) \, d\Omega - \int_{\Gamma_2} \sigma \varphi_k \varphi_i \, d\Gamma. \qquad (14.59)$$

△

14.3 Konsistenz der Ortsdiskretisierung

In Kapitel 3 wurde schon die Konsistenz der Diskretisierung eines Differentialoperators behandelt. Bei FVM- und FEM-Diskretisierungen hat man jedoch noch die Skalierung durch die Massenmatrix M zu berücksichtigen, welche darauf hinausläuft, daß die Konsistenz der Diskretisierung praktisch bedeutet, daß $M^{-1}S\mathbf{y}$ gegen $L\mathbf{y}$ gehen muß, wenn h gegen 0 geht. Das ist in der Praxis eine ziemlich unhandliche Definition. Es ist für die Bestimmung der Konsistenzordnung ausreichend, jede Gleichung einer FVM-Näherung mit der Oberfläche des Kontrollvolumens zu multiplizieren. Bei einer FEM-Näherung kann man eigentlich nicht über *die* Konsistenz*ordnung* der Näherung des Differentialoperators sprechen. Natürlich ist eine konforme FEM-Näherung immer konsistent, aber jede klassische Definition ist bezüglich der erreichten Ordnung zu pessimistisch (wenn man zumindest die Faustregel Konsistenzordnung = Genauigkeit der Lösung benutzen will). Grob gesagt gilt, daß die Genauigkeit bei Interpolation p-ten Grades $O(h^{p+1})$ ist. Einfachheitshalber nehmen wir dies dann einfach für die FEM als 'Definition' der Konsistenzordnung.

Wir werden zeigen, daß der Verfahrensfehler der Ortsdiskretisierung in der Lösung des Systems *gewöhnlicher* Differentialgleichungen einen Fehler derselben Ordnung verursacht. Wir setzen voraus, daß für die *exakte* Lösung der Wärmeleitungsgleichung in der *diskreten* Näherung gilt:

$$M \frac{d\mathbf{y}}{dt} = S\mathbf{y} + M\mathbf{f} + M\mathbf{E}(t). \tag{14.60}$$

wobei $E_k(t) = O(h^p)$ der Fehler in der k-ten Gleichung ist, die natürlich noch von t abhängt. h ist ein generischer Diskretisierungsparameter (z.B. der Durchmesser des größten Elements) und p die Konsistenzordnung.

Wir werden hierbei die folgenden Eigenschaften von S und M benutzen.
- M und S sind beide symmetrisch.
- M ist positiv definit, S ist negativ definit (d.h. $(\mathbf{x}, S\mathbf{x}) < 0$ für $\mathbf{x} \neq 0$).
- Es existiert ein $\gamma_0 > 0$ so, daß

$$\frac{(\mathbf{x}, S\mathbf{x})}{(\mathbf{x}, M\mathbf{x})} < -\gamma_0. \tag{14.61}$$

Es gilt:

Satz 14.2
Für die Differenz $\varepsilon = \mathbf{y} - \mathbf{u}$ zwischen der exakten Lösung der Wärmeleitungsgleichung und der Lösung des Systems GDG nach Ortsdiskretisierung gilt:

Die Wärmeleitungs- oder Diffusionsgleichung 261

$$(\varepsilon, M\varepsilon) < \frac{1}{\gamma_0}(1 - e^{-2\gamma_0(t-t_0)}) \sup_{t>t_0} |(\varepsilon, M E(t))|. \tag{14.62}$$

Beweis

Der Beweis ist ähnlich dem Beweis der fundamentalen Ungleichung des Satzes 14.1. Wir subtrahieren die Lösung von

$$M\frac{d\mathbf{u}}{dt} = S\mathbf{u} + M\mathbf{f} \tag{14.63}$$

von (14.60) und bekommen:

$$M\frac{d\varepsilon}{dt} = S\varepsilon + M\mathbf{E}. \tag{14.64}$$

Da **y** und **u** dieselbe Anfangsbedingung haben, gilt $\varepsilon(t_0) = 0$. Multiplizieren wir die obenstehende Gleichung skalar mit ε, bekommen wir

$$\frac{1}{2}\frac{d(\varepsilon, M\varepsilon)}{dt} = (\varepsilon, S\varepsilon) + (\varepsilon, M\mathbf{E}) \tag{14.65}$$

oder mit $(\mathbf{u}, S\mathbf{u}) < -\gamma_0 (\mathbf{u}, M\mathbf{u})$

$$\frac{1}{2}\frac{d(\varepsilon, M\varepsilon)}{dt} < -\gamma_0 (\varepsilon, M\varepsilon) + |(\varepsilon, M\mathbf{E})| \tag{14.66}$$

und hieraus

$$\frac{d}{dt}\left(e^{2\gamma_0 t}(\varepsilon, M\varepsilon)\right) < 2e^{2\gamma_0 t}|(\varepsilon, M\mathbf{E})|. \tag{14.67}$$

Integration dieser Ungleichung unter Berücksichtigung von $\varepsilon_0 = 0$ ergibt

$$e^{2\gamma_0 t}(\varepsilon, M\varepsilon) < \int_{t_0}^{t} 2e^{2\gamma_0 \tau}|(\varepsilon, M\mathbf{E})|\, d\tau \tag{14.68}$$

oder auch

$$(\varepsilon, M\varepsilon) < \frac{1}{\gamma_0}(1 - e^{-2\gamma_0(t-t_0)}) \sup_{t>t_0} |(\varepsilon, M\mathbf{E})|, \tag{14.69}$$

womit der Satz bewiesen ist. □

262 Numerik partieller Differentialgleichungen für Ingenieure

Bemerkungen

1. Mit der Schwarzschen Ungleichung

$$|(\varepsilon, M E)| \leq (\varepsilon, M\varepsilon)^{\frac{1}{2}} (E, ME)^{\frac{1}{2}} \qquad (14.70)$$

bekommt man eine Schätzung für $(\varepsilon, M\varepsilon)$:

$$(\varepsilon, M\varepsilon)^{\frac{1}{2}} < \frac{1}{\gamma_0} \sup_{t>t_0} (E, ME)^{\frac{1}{2}}. \qquad (14.71)$$

2. Wenn $\tilde{y} = \sum_{i=1}^{N} y_i \varphi_i$, (d.h. die Interpolation der exakten Lösung) und $\tilde{u}$ die FEM-Näherung ist, dann ist:

$$\int_\Omega (\tilde{y} - \tilde{u})^2 \, d\Omega = (\varepsilon, M\varepsilon), \qquad (14.72)$$

wie man einfach überprüfen kann. So etwas gilt auch für die FVM Näherung.

Übung 14.7
Man beweise die Ungleichung (14.61).
(Tip: Man betrachte

$$\sup_x \frac{(x, Sx)}{(x, x)} \frac{(x, x)}{(x, Mx)} < \sup_x \frac{(x, Sx)}{(x, x)} \sup_y \frac{(y, y)}{(y, My)}. \qquad \triangle$$

Übung 14.8
Man beweise die grundlegende Ungleichung des Satzes 14.1 für die Lösung von

$$M \frac{du}{dt} = Su + Mf. \qquad (14.73)$$

$\triangle$

14.4 Zeitintegration

Das System GDG, das wir mit der Linienmethode bekommen haben, muß noch nach der Zeit integriert werden. Hierfür können wir die normalen Methoden für die numerische Integration von Anfangswertproblemen benutzen, wie Euler, Heun oder Runge-Kutta (siehe [**schwarz**]).

Beispiel 14.6
Die Euler-Methode sieht für das System GDG, das durch die Linienmethode entsteht, wie folgt aus:

$$M\mathbf{u}^{n+1} = M\mathbf{u}^n + \Delta t\, (S\mathbf{u}^n + \mathbf{f}^n), \tag{14.74}$$

wobei $\mathbf{u}^{n+1}$ und $\mathbf{u}^n$ die Lösungen auf t_{n+1} und t_n sind, mit $t_n = t_0 + n\Delta t$. △

Falls M eine Diagonalmatrix ist, muß folglich auch für explizite Methoden ein Gleichungssystem pro Zeitschritt gelöst werden! Wenn man explizit arbeiten will (es gibt gute Gründe, um dies nicht zu machen, doch darüber später), wird man im allgemeinen in der FVM und der FEM die Massenmatrix lumpen* (und sich folglich mit einer nicht so hohen Ordnung des örtlichen Verfahrensfehlers zufrieden geben). Lumpt man die Massenmatrix nicht, dann besitzt sie dieselbe Struktur wie die Steifigkeitsmatrix, und man kann ebensogut implizit arbeiten, weil sich der Rechenaufwand nicht unterscheidet.

Übung 14.9
Man formuliere die implizite Euler-Methode für das System GDG aus der Linienmethode. △

Übung 14.10
Man formuliere die Heun-Methode für dieses System. △

Übung 14.11
Die Crank-Nicolson-Methode für dieses System wird gegeben durch:

$$(M - \tfrac{1}{2}\Delta tS)\,\mathbf{u}^{n+1} = (M + \tfrac{1}{2}\Delta tS)\mathbf{u}^n + \tfrac{1}{2}\Delta t(\mathbf{f}^n + \mathbf{f}^{n+1}). \tag{14.75}$$

△

14.5 Stabilität der numerischen Integration

In Abschnitt 14.1 haben wir bereits gesehen, daß die Wärmeleitungsgleichung *absolut stabil* bezüglich der Anfangsbedingungen ist, d.h., wenn zwei Lösungen unterschiedliche Anfangsbedingungen haben, verschwindet der Unterschied zwischen den zwei Lösungen für $t \to \infty$. Diese Eigenschaft wird durch die Linienmethode auf das gewöhnliche Differentialgleichungssystem (siehe Übung 14.8) übertragen, und wir wollen, daß auch die numerische Zeitintegration diese Eigenschaft hat. Die numerische Integration heißt dann auch

---

* Wie wir ab jetzt die Anwendung des oben beschriebenen 'lumping' nennen wollen.

absolut stabil. Die Stabilität der numerischen Zeitintegration von Systemen GDG ist in [schwarz] behandelt worden, und wir wiederholen die wichtigsten Ergebnisse: Wenn das DG-System

$$\frac{d\mathbf{u}}{dt} = A\mathbf{u} + \mathbf{f} \tag{14.76}$$

gegeben ist, wird die Stabilität durch die 'Fehlergleichung' bestimmt:

$$\frac{d\varepsilon}{dt} = A\varepsilon. \tag{14.77}$$

1. Das System ist dann und nur dann analytisch absolut stabil, wenn für die Eigenwerte λ_k von A gilt $\text{Re}(\lambda_k) < 0$.
2. Jede numerische Lösungsmethode besitzt eine *Verstärkungsmatrix* $G(\Delta t A)$, die durch die numerische Lösung von (14.77) gegeben wird:

$$\varepsilon^{n+1} = G(\Delta t A)\, \varepsilon^n \tag{14.78}$$

Besteht (14.77) aus nur einer Gleichung: $\varepsilon' = \lambda \varepsilon$, dann spricht man von einem *Verstärkungsfaktor* und notiert diesen mit $C(\Delta t \lambda)$.

3. Eine numerische Lösungsmethode ist absolut stabil, wenn für die Eigenwerte μ_k von $G(\Delta t A)$ gilt $|\mu_k| < 1$.
4. Die Eigenwerte μ_k von $G(\Delta t A)$ bekommen wir durch die Substitution der Eigenwerte λ_k von A in dem Verstärkungsfaktor:

$$\mu_k = C(\Delta t \lambda_k). \tag{14.79}$$

Für die Stabilität muß folglich gelten $|C(\Delta t \lambda_k)| < 1$.

Übung 14.12
Die Verstärkungsmatrizen für die Euler-, Heun-, implizite Euler- und Crank-Nicolson-Methoden werden gegeben durch

$$I + \Delta t A,$$

$$I + \Delta t A + \tfrac{1}{2}(\Delta t A)^2,$$

$$(I - \Delta t A)^{-1},$$

$$(I - \tfrac{1}{2}\Delta t A)^{-1}(I + \tfrac{1}{2}\Delta t A).$$

Man beweise dies. Welches sind die Verstärkungsfaktoren? △

In unserem Fall ist $A = M^{-1}S$, und wir müssen, um eine Aussage über die Stabi-

Die Wärmeleitungs- oder Diffusionsgleichung 265

lität der numerischen Integration machen zu können, die Eigenwerte von $M^{-1}S$ schätzen. Dazu stellen wir zunächst fest, daß die Eigenwerte und die Eigenvektoren von $M^{-1}S$ dieselben sind wie die des verallgemeinerten Eigenwertproblems:
Man bestimme λ und x so, daß

$$Sx = \lambda Mx. \tag{14.80}$$

Bei diesem verallgemeinerten Eigenwertproblem sind alle Eigenwerte reell und negativ, denn S ist negativ definit und M positiv definit (siehe [**lip**]). Da wir für reelle Eigenwerte Stabilitätskriterien des Typs

$$\Delta t < \frac{c}{|\lambda_{max}|} \tag{14.81}$$

haben mit $c = 2$ für Euler und Heun und $c = 2{,}8$ für Runge-Kutta (siehe [**schwarz**]), müssen wir folglich für das verallgemeinerte Eigenwertproblem den dem Betrag nach größten Eigenwert schätzen.

14.5.1 Schätzung der Eigenwerte mit Gerschgorin

Weil der interessanteste Fall auftritt, wenn M diagonal ist, geben wir für diesen Fall einen Satz.

Statz 14.3. *Gerschgorin*
Es sei M diagonal, dann gilt für alle Eigenwerte λ von $M^{-1}S$:

$$|\lambda| \leq \sup_k \frac{1}{|m_{kk}|} \sum_{i=1}^{N} |s_{ki}|. \tag{14.82}$$

Beweis
Es sei λ ein Eigenwert mit dem dazugehörenden Eigenvektor **v**. Dann gilt

$$\sum_i s_{ki} v_i = \lambda m_{kk} v_k, \quad k = 1, \ldots, N. \tag{14.83}$$

Es sei v_l die dem Betrag nach größte Komponente von **v**, dann gilt für den Index l

$$\lambda = \frac{1}{m_{ll}} \sum_i s_{li} \frac{v_i}{v_l}, \tag{14.84}$$

und wegen $|v_i/v_l| \leq 1$ gilt

266 Numerik partieller Differentialgleichungen für Ingenieure

$$|\lambda| \leq \frac{1}{|m_{ll}|} \sum_i |s_{li}|. \tag{14.85}$$

Hiermit ist der Satz bewiesen. □

Beispiel 14.7
Für die Wärmeleitungsgleichung in einer Dimension mit der Differenzenmethode (Beispiel 14.1) finden wir (da $M = I$)

$$|\lambda_{max}| < \frac{4}{h^2} \tag{14.86}$$

und folglich für Euler ein Stabilitätskriterium der Form

$$\Delta t < \frac{2h^2}{4} = \tfrac{1}{2} h^2. \tag{14.87}$$

Für die Wärmeleitungsgleichung in zwei Dimensionen (Beispiel 14.4) mit der Differenzenmethode finden wir auf analoge Weise:

$$|\lambda_{max}| < \frac{4}{(\Delta x)^2} + \frac{4}{(\Delta y)^2} \tag{14.88}$$

und ein Stabilitätskriterium der Form

$$\Delta t < \frac{\beta^2}{2(1 + \beta^2)} (\Delta x)^2, \tag{14.89}$$

wobei $\Delta y = \beta \Delta x$.

Beispiel 14.8
Wenn wir in Beispiel 14.2 die Massenmatrix lumpen: $m_{ii} = \tfrac{1}{2}(h_{i-1} + h_i)$, finden wir mit dem obenstehenden Satz die folgende Schätzung:

$$|\lambda_{max}| < \sup_i \frac{2}{h_{i-1} + h_i} \left(\frac{2}{h_{i-1}} + \frac{2}{h_i}\right) \tag{14.90}$$

$$= \sup_i \frac{4}{h_{i-1} h_i} \tag{14.91}$$

und ein Stabilitätskriterium der Form

$$\Delta t < \tfrac{1}{2} \inf_i (h_{i-1} h_i). \tag{14.92}$$

□

Die Wärmeleitungs- oder Diffusionsgleichung 267

In allen Beispielen finden wir, daß der Zeitschritt kleiner sein muß als ein Faktor multipliziert mit dem Quadrat des Raumschritts. In der Praxis bedeutet das oft einen unrealistisch kleinen Zeitschritt. Explizite Methoden sind dann auch für die Wärmeleitungsgleichung nicht recht populär, und man nimmt oft Zuflucht zu impliziten Methoden wie Crank-Nicolson oder der impliziten von Euler. In einer Dimension ist das kein Problem, denn man muß hier pro Zeitschritt ein tridiagonales System lösen. In mehr als einer Dimension ist jedoch in jedem Zeitschritt ein Problem der Komplexität des Poisson-Problems zu lösen! Für nicht zu große Zeitschritte ist die GGM mit einer guten Vorkonditionierung oft schnell konvergent und (gewiß für große Probleme) die beste Methode. Für nicht zu große 2dimensionale Probleme ist eine direkte (Profil-)Methode auch noch zu machen. Auch sind für Gebiete mit einfachen Geometrien für die Wärmeleitungsgleichung noch speziellere Methoden entwickelt worden. Hierauf kommen wir noch zurück.

Übung 14.13
Man beweise, daß der implizite Euler und Crank-Nicolson für alle Werte der Schrittgröße Δt absolut stabil sind, wenn $\text{Re}(\lambda_k) < 0$. △

14.5.2 Stabilitätsanalyse von J. von Neumann

Eine Methode des amerikanischen Mathematikers John von Neumann zur Schätzung der Eigenwerte von $M^{-1}S$, die sich einer großen Popularität erfreut, verdient noch unsere spezielle Aufmerksamkeit. Für Gleichungen mit *konstanten Koeffizienten* und *äquidistanten Gittern* kann man zeigen, daß auf *rechteckigen Gebieten* die Komponenten der Eigenvektoren von $M^{-1}S$ gegeben werden durch

$$v_k = e^{i\rho k h} \qquad (14.93)$$

in einer Dimension und

$$v_{kl} = e^{i(\rho k \Delta x + \sigma l \Delta y)} \qquad (14.94)$$

in zwei Dimensionen, wobei die Zahlen ρ und σ von den Randbedingungen und den Eigenwerten abhängig sind, die zu diesem Eigenvektor gehören. Wenn man diese Ausdrücke im verallgemeinerten Eigenwertproblem substituiert und fordert, daß der Verstärkungsfaktor bei dem gefundenen Eigenwert dem Betrag nach kleiner als 1 ist für alle Werte von ρ und σ, bekommt man ein Stabilitätskriterium.

Beispiel 14.9
Als Beispiel betrachten wir die Matrizen aus Beispiel 14.2 mit äquidistanten

Schritten. Es gilt:

$$\frac{h}{8}(e^{i\rho(k-1)h} + 6e^{i\rho kh} + e^{i\rho(k+1)h})\lambda = \frac{1}{h}(e^{i\rho(k-1)h} - 2e^{i\rho kh} + e^{i\rho(k+1)h}). \quad (14.95)$$

Dividieren wir links und rechts durch $e^{i\rho kh}$, dann ergibt dies, mit $\frac{1}{2}(e^{i\varphi} + e^{-i\varphi}) = \cos\varphi$:

$$\lambda = \frac{8}{h^2}\frac{\cos(\rho h) - 1}{\cos(\rho h) + 3}. \quad (14.96)$$

Der dem Betrag nach größte Wert wird für $\cos(\rho h) = -1$ angenommen, und wir finden folglich für $|\lambda|$ die Schätzung

$$|\lambda| < \frac{8}{h^2} \quad (14.97)$$

mit dem dazugehörenden Stabilitätskriterium für Euler und Heun

$$\Delta t < \tfrac{1}{4}h^2. \quad (14.98)$$

Wie schon bemerkt, hat dieser Ausflug einen nur beschränkten Wert, weil man, wenn die Massenmatrix nicht diagonal ist, Zuflucht zu impliziten Methoden nehmen wird.

Bemerkung

Das aktuelle Gebiet, worauf man die von-Neumann-Analyse anwendet, braucht nicht unbedingt rechteckig zu sein. Die Analyse ergibt hier eine (große) Überschätzung des Eigenwertes, die eigentlich für das kleinste Rechteck gilt, das das aktuelle Gebiet umschließt. Die Konstanz der Koeffizienten und die Äquidistanz des Gitters ist notwendig, sonst gilt die Analyse nicht. Wenn sowohl Gerschgorin als auch von Neumann angewendet werden können, geben sie dieselbe Schätzung. Gerschgorin kann jedoch auch für nichtkonstante Koeffizienten und nicht-äquidistante Schritte angewendet werden. Aber dann muß die Massenmatrix diagonal sein.

14.6 Genauigkeit der Zeitintegration

Durch Benutzung einer numerischen Methode für die Zeitintegration wird in jedem Zeitschritt ein Fehler gemacht. Diese Fehler können akkumulieren, und die Frage ist, ob dies katastrophale Formen annehmen kann. Aus [schwarz] wissen wir schon, daß *auf einem beschränkten Intervall* $(t_0, T]$ *ein lokaler*

Die Wärmeleitungs- oder Diffusionsgleichung 269

Verfahrensfehler der Ordnung $O(\Delta t^{m+1})$ zu einen *globalen* Fehler der Ordnung $O(\Delta t^m)$ führt (die explizite und implizite Methode von Euler hat $m = 1$, die Methoden von Heun und Crank-Nicolson haben $m = 2$). Für absolut stabile Systeme ist es besser. Wenn die numerische Integration auch stabil ist, gilt dieses Ergebnis auf dem ganzen Intervall (t_0, ∞).

Satz 14.4
Es sei $\mathbf{y}(t)$ die Lösung des absolut stabilen Systems

$$\frac{d\mathbf{y}}{dt} = A\mathbf{y} + \mathbf{f}, \quad \mathbf{y}(t_0) = \mathbf{y}_0. \tag{14.99}$$

Es sei $\mathbf{u}^n$ die Lösung der numerischen Methode

$$\mathbf{u}^{n+1} = G(\Delta t A)\mathbf{u}^n + I_n(\mathbf{f}), \quad \mathbf{u}^0 = \mathbf{y}_0, \tag{14.100}$$

wobei $I_n(\mathbf{f})$ eine Näherung ist von

$$\int_{t_n}^{t_{n+1}} \mathbf{f} \, dt \tag{14.101}$$

ist, so daß

1. $$\mathbf{y}(t_{n+1}) = G(\Delta t A)\mathbf{y}(t_n) + I_n(\mathbf{f}) + (\Delta t)^{m+1}\mathbf{p}^n \tag{14.102}$$

mit $\|\mathbf{p}^n\|$ uniform beschränkt für alle n und Δt.

2. $$\lim_{n \to \infty} G(\Delta t A)^n \to 0, \quad \forall \Delta t < \tau,$$

dann ist

$$\|\mathbf{y}(t_n) - \mathbf{u}^n\| = O((\Delta t)^m). \tag{14.103}$$

Anders gesagt: bei einem lokalen Verfahrensfehler in der Zeit der Ordnung
$m + 1$ gibt stabile Integration einen globalen Fehler der Ordnung m.

Beweis
Es sei $\varepsilon^n = y(t_n) - u^n$, dann folgt aus Subtraktion der Gleichung (14.100) von Gleichung (14.102):

$$\varepsilon^{n+1} = G(\Delta t A)\varepsilon^n + (\Delta t)^{m+1}\mathbf{p}^n, \tag{14.104}$$

$\varepsilon_0 = 0$, und mit Induktion beweisen wir, daß gilt

$$\varepsilon^n = (\Delta t)^{m+1} \sum_{k=0}^{n-1} G(\Delta t A)^{n-k-1} \mathbf{p}^k, \qquad (14.105)$$

(14.105) gilt für $n = 0$. Angenommen, daß (14.105) bis n gilt, finden wir

$$\varepsilon^{n+1} = G(\Delta t A)\varepsilon^n + (\Delta t)^{m+1} \mathbf{p}^n \qquad (14.106)$$

$$= (\Delta t)^{m+1} G(\Delta t A) \sum_{k=0}^{n-1} G(\Delta t A)^{n-k-1} \mathbf{p}^k + (\Delta t)^{m+1} \mathbf{p}^n \qquad (14.107)$$

$$= (\Delta t)^{m+1} \sum_{k=0}^{n} G(\Delta t A)^{n-k} \mathbf{p}^k, \qquad (14.108)$$

womit bewiesen ist, daß (14.105) für alle n gilt. $\|\mathbf{p}^n\|$ ist uniform beschränkt, folglich existiert ein Vektor $\mathbf{p}_{max}$ so, daß $\|\mathbf{p}^n\| < \|\mathbf{p}_{max}\|$ für alle n. Hiermit bekommen wir

$$\|\varepsilon^n\| \leq (\Delta t)^{m+1} \sum_{k=0}^{n-1} \|G(\Delta t A)^{n-k-1}\| \, \|\mathbf{p}_{max}\|. \qquad (14.109)$$

Für $\|G(\Delta t A)^k\|$ haben wir, die Diagonalisierung benutzend,

$$G(\Delta t A) = Q^{-1} M Q, \qquad (14.110)$$

Q ist die Matrix der Eigenvektoren und M die Matrix der Eigenwerte von $G(\Delta t A)$, daß

$$G(\Delta t A)^k = Q^{-1} M^k Q, \qquad (14.111)$$

$$\|G(\Delta t A)^k\| \leq \|\mu_1^k\| \, \|Q^{-1}\| \, \|Q\|, \qquad (14.112)$$

μ_1 ist der dem Betrag nach größte Eigenwert von $G(\Delta t A)$. Dies eingesetzt ergibt

$$\|\varepsilon^n\| \leq (\Delta t)^{m+1} \frac{1 + |\mu_1^n|}{1 - |\mu_1|} \, \|Q^{-1}\| \, \|Q\| \, \|\mathbf{p}_{max}\|. \qquad (14.113)$$

Weil $\mu_1 = C(\lambda_1 \Delta t) = 1 + \lambda_1 \Delta t + O(\Delta t^2)$, gilt $1 - \mu_1 = \lambda_1 \Delta t + O(\Delta t^2)$, und wir bekommen am Schluß

$$\|\varepsilon^n\| \leq K(\Delta t)^m, \qquad (14.114)$$

womit der Satz bewiesen ist. □

Die Wärmeleitungs- oder Diffusionsgleichung 271

14.7 Schlußfolgerung für die Linienmethode

Wir fassen die Ergebnisse der Linienmethoden für die Wärmeleitungsgleichung zusammen.
- Die Linienmethode macht aus der PDG ein System gewöhnlicher Differentialgleichungen durch die Ortsdiskretisierung des elliptischen Operators.
- Die *analytische* Lösung dieses Systemes hat, verglichen mit der Lösung der PDG, einen Fehler, der der Konsistenzordnung für EDM und FVM gleich ist, und eine Ordnung höher ist als der Grad des Interpolationspolynoms für die FEM.
- Die *numerische* Lösung dieses System besitzt bei stabiler Integration noch einen zusätzlichen Fehler $K\Delta t^m$ bei einer numerischen Integrationsmethode mit lokalem Verfahrensfehler von $O(\Delta t^{m+1})$. Die Konstante K ist nicht von t abhängig, und die Schätzung gilt auf dem *ganzen* Intervall (t_0, ∞).
- Explizite Methoden haben ein Stabilitätskriterium der Form

$$\Delta t < c\Delta x^2 \qquad (14.115)$$

und sind daher weniger geeignet für die Wärmeleitungsgleichung.

14.8 Spezielle Differenzenmethoden für die Wärmeleitungsgleichung

Die Linienmethode ist eine allgemeine Methode, anwendbar für ein, zwei und drei Dimensionen. Die impliziten Varianten geben jedoch in zwei und drei Dimensionen pro Zeitschritt Probleme der Komplexität des Poisson-Problems. Dies hat dazu geführt, daß man nach Methoden sucht, die *zwar* stabil sind, aber nicht dieselbe Rechenkomplexität haben. Wir geben hierfür zwei Beispiele: die ADI- und die LOD-Methode. Diese sind jedoch ausschließlich in regelmäßigen Gittern mit einem Fünfpunktemolekül für den elliptischen Operator brauchbar. In einem FEM-Kontext ist dies nicht der Fall.

14.8.1 Die ADI-Methode

Die Abkürzung ADI steht für *Alternating Direction Implicit* und ist eine gute Umschreibung dessen, was die Methode eigentlich tut. Es sei angenommen, daß wir die Wärmeleitungsgleichung auf einem Rechteck mit den Seiten l_x und l_y lösen müssen und wir eine Diskretisierung mit den Schrittgrößen Δ_x und Δ_y so wählen, daß $N_x\Delta x = l_x$ und $N_y\Delta_y = l_y$ ist. Der Einfachheit halber wählen wir überall die Dirichlet-Randbedingung $u = 0$. Die Zeitintegration von t_n nach t_{n+1}

272 Numerik partieller Differentialgleichungen für Ingenieure

führt ADI in zwei Schritten aus. Der erste Schritt (eine Art halber Zeitschritt) berechnet eine Hilfsgröße u^* gemäß:

$$u^*_{ij} = u^n_{ij} + \frac{\Delta t}{2\Delta x^2}(u^*_{i+1,j} - 2u^*_{i,j} + u^*_{i-1,j})$$

$$+ \frac{\Delta t}{2\Delta y^2}(u^n_{i,j+1} - 2u^n_{i,j} + u^n_{i,j-1}) + \frac{\Delta t}{2} f^*_{ij}, \quad (14.116)$$

$$i = 1, \ldots, N_x - 1, j = 1, \ldots, N_y - 1,$$

hierbei steht f^*_{ij} für $f(i\Delta x, j\Delta y, t_0 + (n + \tfrac{1}{2})\Delta t)$. Danach wird u^{n+1} berechnet gemäß:

$$u^{n+1}_{ij} = u^*_{ij} + \frac{\Delta t}{2\Delta x^2}(u^*_{i+1,j} - 2u^*_{i,j} + u^*_{i-1,j})$$

$$+ \frac{\Delta t}{2\Delta y^2}(u^{n+1}_{i,j+1} - 2u^{n+1}_{i,j} + u^{n+1}_{i,j-1}) + \frac{\Delta t}{2} f^*_{ij}, \quad (14.117)$$

$$i = 1, \ldots, N_x - 1, j = 1 \ldots N_y - 1.$$

In Formel (14.116) muß man für den festen Index j ein tridiagonales Gleichungssystem in $\mathbf{u}^*_j$ lösen mit

$$\mathbf{u}^*_j = \begin{pmatrix} u^*_{1j} \\ u^*_{2j} \\ \vdots \\ u^*_{N_x-1,j} \end{pmatrix}. \quad (14.118)$$

Man muß insgesamt $N_y - 1$ derartige Systeme lösen, um alle $\mathbf{u}^*_j$ zu bestimmen. In übereinstimmender Weise muß man in Formel (14.117) für den festen Index i ein tridiagonales System in $\mathbf{u}^{n+1}_i$ lösen mit

$$\mathbf{u}^{n+1}_i = \begin{pmatrix} u^{n+1}_{i1} \\ u^{n+1}_{i2} \\ \vdots \\ u^{n+1}_{i,N_x-1} \end{pmatrix}. \quad (14.119)$$

Dies ist genau in der anderen Richtung, daher auch der Name der Methode. Es gibt insgesamt $N_x - 1$ derartiger Systeme. Um folglich von t_n nach t_{n+1} zu kommen, muß man
- $N_y - 1$ Systeme der Abmessung $N_x - 1$ lösen,

Die Wärmeleitungs- oder Diffusionsgleichung 273

- $N_x - 1$ Systeme der Abmessung $N_y - 1$ lösen.

Übung 14.14
Man überzeuge sich, daß der Rechenaufwand pro Zeitschritt für die ADI-Methode zur Anzahl der Gitterpunkte proportional ist. (Tip: Wieviele Bearbeitungen kostet die Lösung eines tridiagonalen $(N \times N)$-Systems?) Man überzeuge sich, daß die direkte Lösung des Problems der Linienmethode mit z.B. Crank-Nicolson mit einer Bandmethode eine Menge Arbeit kostet, die proportional zu $(N_x - 1)^2 (N_y - 1)$ oder $(N_x - 1)(N_y - 1)^2$, abhängig von der gewählten Anordnung, ist. △

Tatsächlich ist die Rechenkomplexität der ADI-Methode eine Ordnung günstiger, aber die Frage ist natürlich, ob dieses nicht zu Lasten der Genauigkeit und/oder der Stabilität geht. Um das zu analysieren, geben wir eine formelle Beschreibung der ADI-Methode.

14.8.2 Formelle Beschreibung der ADI-Methode

Man kann die ADI-Methode als eine spezielle Weise der Zeitintegration des Systems gewöhnlicher DG auffassen:

$$\frac{d\mathbf{u}}{dt} = (A_x + A_y)\mathbf{u} + \mathbf{f}, \tag{14.120}$$

entstanden aus einer PDG mit der Linienmethode. Die ADI-Methode für dieses System lautet:

$$\mathbf{u}^* = \mathbf{u}^n + \tfrac{1}{2}\Delta t\,(A_x\,\mathbf{u}^* + A_y\,\mathbf{u}^n + \mathbf{f}^*), \tag{14.121}$$

$$\mathbf{u}^{n+1} = \mathbf{u}^* + \tfrac{1}{2}\Delta t\,(A_x\,\mathbf{u}^* + A_y\,\mathbf{u}^{n+1} + \mathbf{f}^*). \tag{14.122}$$

Hieraus können wir den Zwischenschritt $\mathbf{u}^*$ eliminieren:

$$(I - \tfrac{1}{2}\Delta t A_x)\,\mathbf{u}^* = (I + \tfrac{1}{2}\Delta t A_y)\mathbf{u}^n + \tfrac{1}{2}\Delta t\mathbf{f}^*, \tag{14.123}$$

$$(I - \tfrac{1}{2}\Delta t A_y)\mathbf{u}^{n+1} = (I + \tfrac{1}{2}\Delta t A_x)\mathbf{u}^* + \tfrac{1}{2}\Delta t\mathbf{f}^*; \tag{14.124}$$

hieraus erkennen wir, wenn wir oben mit $I + \tfrac{1}{2}\Delta t A_x$ und unten mit $I - \tfrac{1}{2}\Delta t A_x$ multiplizieren, daß diese Matrizen vertauschbar sind:

$$(I - \tfrac{1}{2}\Delta t A_x)(I - \tfrac{1}{2}\Delta t A_y)\mathbf{u}^{n+1} = (I + \tfrac{1}{2}\Delta t A_x)(I + \tfrac{1}{2}\Delta t A_y)\mathbf{u}^n + \Delta t\,\mathbf{f}^*. \tag{14.125}$$

Formel (14.125) wird die Basis für unsere Untersuchungen bilden. Zunächst treffen wir eine Aussage über die Genauigkeit.

Satz 14.5
Formel (14.125) unterscheidet sich von Crank-Nicolson, angewandt auf (14.120), in einem Term der Ordnung $O(\Delta t^3)$.

Beweis

Crank-Nicolson angewandt auf (14.120) ergibt

$$(I - \tfrac{1}{2}\Delta t A_x - \tfrac{1}{2}\Delta t A_y)\mathbf{u}^{n+1} = (I + \tfrac{1}{2}\Delta t A_x + \tfrac{1}{2}\Delta t A_y)\mathbf{u}^n + \tfrac{1}{2}\Delta t(\mathbf{f}^n + \mathbf{f}^{n+1}). \quad (14.126)$$

Auflösen der Klammern in (14.125) gibt:

$$(I - \tfrac{1}{2}\Delta t A_x - \tfrac{1}{2}\Delta t A_y)\,\mathbf{u}^{n+1}$$
$$= (I + \tfrac{1}{2}\Delta t A_x + \tfrac{1}{2}\Delta t A_y)\,\mathbf{u}^n + \tfrac{1}{4}\Delta t^2 A_x A_y(\mathbf{u}^n - \mathbf{u}^{n+1}) + \Delta t\,\mathbf{f}^*. \quad (14.127)$$

Der Satz folgt nun sofort, wenn wir beachten, daß $\mathbf{u}^n - \mathbf{u}^{n+1}$ der Ordnung $O(\Delta t)$ und $\mathbf{f}^* = \tfrac{1}{2}(\mathbf{f}^n + \mathbf{f}^{n+1}) + O(\Delta t^2)$ ist. □

Die ADI-Methode hat also dieselbe Genauigkeit wie Crank-Nicolson, nämlich $O(\Delta t^3)$ lokal und $O(\Delta t^2)$ global. Die Stabilität der ADI-Methode ist theoretisch schwierig festzustellen. In der Praxis sind hiermit gute Erfahrungen gemacht worden, die darauf schließen lassen, daß die Methode nur sehr milde bis keine Stabilitätsforderungen hat. In einem speziellen Fall gibt es ein theoretische Aussage, nämlich:

Satz 14.6
Wenn A_x und A_y kommutative Matrizen sind (d.h. $A_x A_y = A_y A_x$), dann ist die ADI-Methode bedingungslos stabil.

Beweis

Wir müssen die Eigenwerte berechnen von

$$(I - \tfrac{1}{2}\Delta t A_y)^{-1}(I - \tfrac{1}{2}\Delta t A_x)^{-1}(I + \tfrac{1}{2}\Delta t A_x)(I + \tfrac{1}{2}\Delta t A_y),$$

aber unter den Bedingungen des Satzes sind all diese Matrizen vertauschbar und die Eigenwerte das Produkt der Eigenwerte der einzelnen Matrizen:

$$(I - \tfrac{1}{2}\Delta t A_x)^{-1}(I + \tfrac{1}{2}\Delta t A_x) \text{ und } (I - \tfrac{1}{2}\Delta t A_y)^{-1}(I + \tfrac{1}{2}\Delta t A_y).$$

Diese Eigenwerte sind

$$\frac{1 + \tfrac{1}{2}\Delta t \lambda_x}{1 - \tfrac{1}{2}\Delta t \lambda_x} \quad \text{und} \quad \frac{1 + \tfrac{1}{2}\Delta t \lambda_y}{1 - \tfrac{1}{2}\Delta t \lambda_y}.$$

Weil λ reell und negativ ist, ist jeder Eigenwert dem Betrag nach kleiner als 1. □

Übung 14.15
Man weise nach, daß die Operatoren A_x und A_y bei dem Problem des Rechteckes mit den Dirichlet-Randbedingungen vertauschbar sind. △

Eine Erweiterung der ADI-Methode auf drei Dimensionen ist nicht trivial. Die auf der Hand liegende Weise (drei Schritte, nacheinander die x-, y- und z-Richtung implizit) ist nicht mehr bedingungslos stabil und auch nur global $O(\Delta t)$ genau. Es bestehen jedoch auch gute ADI-Methoden in 3D (siehe [mitch2]).

14.8.3 Die LOD-Methode

Die LOD-Methode spaltet die Wärmeleitungsgleichung in zwei Teile und betrachtet alle Teile als ein eindimensionales Problem. Dies ergibt die folgende Differenzenmethode:

$$u_{ij}^* - u_{ij}^n = \frac{\Delta t}{2\Delta x^2} (u_{i+1,j}^* - 2u_{i,j}^* + u_{i-1,j}^*)$$
$$+ \frac{\Delta t}{2\Delta x^2} (u_{i+1,j}^n - 2u_{i,j}^n + u_{i-1,j}^n) + \frac{\Delta t}{2} f^n, \qquad (14.128)$$

$$u_{ij}^{n+1} - u_{ij}^* = \frac{\Delta t}{2\Delta y^2} (u_{i,j+1}^{n+1} - 2u_{i,j}^{n+1} + u_{i,j-1}^{n+1})$$
$$+ \frac{\Delta t}{2\Delta y^2} (u_{i,j+1}^* - 2u_{i,j}^* + u_{i,j-1}^*) + \frac{\Delta t}{2} f^{n+1}. \qquad (14.129)$$

Auch hier werden tridiagonale Systeme gelöst, aber die Organisation ist anders. Ein zusätzliches Problem sind die Randwerte, denn u^* korrespondiert in dieser Methode nicht mit dem einen oder anderen physikalischen u. (In der ADI-Methode, die auch auf dem Zwischenschritt konsistent ist, ist das schon der Fall). Ein Vorteil ist, daß die Methode einfach auf drei Dimensionen erweiterbar ist, aber die Genauigkeit ist meistens nur mäßig.

Übung 14.16
Man zeige, daß eine formelle Beschreibung der LOD-Methode gegeben wird durch

$$(I - \tfrac{1}{2}\Delta t A_x) \mathbf{u}^* = (I + \tfrac{1}{2}\Delta t A_x) \mathbf{u}^n + \tfrac{1}{2}\Delta t \mathbf{f}^n,$$

$$(I - \tfrac{1}{2}\Delta t A_y) \mathbf{u}^{n+1} = (I + \tfrac{1}{2}\Delta t A_y) \mathbf{u}^* + \tfrac{1}{2}\Delta t \mathbf{f}^{n+1}.$$

1. Man zeige, daß, wenn A_x und A_y kommutativ sind, LOD denselben Verfahrensfehler wie Crank-Nicolson besitzt, falls $\mathbf{f} = 0$, aber eine Ordnung geringer, falls $\mathbf{f} \neq 0$.
2. Man zeige, daß LOD auch bedingungslos stabil ist, wenn A_x und A_y kommutativ sind.

△

15 Die Wellengleichung

Wir werden nun numerische Methoden für die Lösung der Wellengleichung behandeln.
Auch dieses ist eine physikalische Problemstellung, und wir wollen gern, daß unsere numerischen Modelle bestimmte Eigenschaften der physikalischen Problemstellung 'erben'. Der wichtigste Aspekt der Wellengleichung ist, daß in einem geschlossenen System der Energieerhaltungssatz gilt.

15.1 Eine grundlegende Gleichheit

Wir betrachten die Wellengleichung

$$\frac{\partial^2 u}{\partial t^2} = c^2 \left(\frac{\partial^2 u}{\partial x^2} + \frac{\partial^2 u}{\partial y^2}\right), \tag{15.1}$$

d.h. es gibt keine *interne* Energieproduktion. Ferner sind die Randwerte *homogen*, folglich

$$u = 0, \qquad x \in \Gamma_1,$$
$$\frac{\partial u}{\partial n} = 0, \qquad x \in \Gamma_2, \tag{15.2}$$
$$\sigma u + \frac{\partial u}{\partial n} = 0, \qquad x \in \Gamma_3,$$

d.h., es gibt keinen Energietransport über den Rand.

Satz 15.1
Für die homogene Wellengleichung mit homogenen Randbedingungen gilt:

$$\frac{1}{2}\left[\int_\Omega \left(\frac{\partial u}{\partial t}\right)^2 + c^2 \|\text{grad } u\|^2 \, d\Omega + \int_{\Gamma_3} \sigma u^2 \, d\Gamma\right] = \text{const.} \tag{15.3}$$

278 Numerik partieller Differentialgleichungen für Ingenieure

Beweis

Wir multiplizieren die Gleichung (15.1) links und rechts mit $\partial u/\partial t$, integrieren über Ω und bekommen:

$$\int_\Omega \tfrac{1}{2}\tfrac{\partial}{\partial t}\left(\tfrac{\partial u}{\partial t}\right)^2 d\Omega = \int_\Omega c^2 \tfrac{\partial u}{\partial t}\left(\tfrac{\partial^2 u}{\partial x^2}+\tfrac{\partial^2 u}{\partial y^2}\right) d\Omega \qquad (15.4)$$

$$= -\int_\Omega c^2 \left(\mathbf{grad}\,\tfrac{\partial u}{\partial t},\,\mathbf{grad}\,u\right) d\Omega + \int_{\Gamma_3} \tfrac{\partial u}{\partial t}\tfrac{\partial u}{\partial n}\, d\Gamma$$

oder auch

$$\tfrac{1}{2}\tfrac{\partial}{\partial t}\int_\Omega \left(\tfrac{\partial u}{\partial t}\right)^2 d\Omega = -\tfrac{1}{2}\tfrac{\partial}{\partial t}\int_\Omega c^2\,\|\mathbf{grad}\,u\|^2\, d\Omega - \tfrac{1}{2}\tfrac{\partial}{\partial t}\int_{\Gamma_3}\sigma u^2 \qquad (15.5)$$

woraus der Satz sofort folgt. □

Bemerkungen

1. Der Unterschied der zwei Lösungen der Wellengleichung mit *denselben f* und *denselben* Randbedingungen (aber natürlich unterschiedlichen Anfangsbedingungen) erfüllt genau (15.1) mit homogenen Randbedingungen.
2. Der erste Term in Formel (15.3) steht für die kinetische Energie des schwingenden Mediums, der zweite und dritte Term für die potentielle Energie.
3. Die zwei Anfangsbedingungen u_0 und $\partial u/\partial t(t_0)$ determinieren vollständig die Energieerhaltung des homogenen Problems.

Übung 15.1

Man beweise Bemerkung 1. Man beweise zugleich, daß in dieser 'Energienorm' zwei unterschiedliche Lösungen *stets* den *gleichen* Unterschied behalten. △

Übung 15.2

Kann die Lösung der Wellengleichung zu einer Gleichgewichtslösung führen? Existiert eine Gleichgewichtslösung der Wellengleichung? △

Aus Übung (15.1) folgt, daß die Lösungen der Wellengleichung analytisch *neutral* stabil sind, d.h., ein einmal gemachter Fehler in den Anfangsbedingungen nimmt nicht zu oder ab, sondern bleibt für immer bestehen. Dieselbe Eigenschaft wird für unsere numerische Methoden gelten müssen! Sonst können sie keine gute Näherung des analytischen Problems sein.

Die Wellengleichung 279

15.2 Die Linienmethode

Auf dieselbe Weise wie für parabolische Gleichungen kann man allein durch Diskretisierung des Raumteils ein System gewöhnlicher Differentialgleichungen bekommen. Da dies keine zusätzlichen Probleme mit sich bringt, verweisen wir kurzerhand auf den entsprechenden Abschnitt in Kapitel 14. Wir bekommen (natürlich) ein DG-System *zweiter Ordnung*:

$$M \frac{\partial^2 \mathbf{u}}{\partial t^2} = c^2 S\mathbf{u} + M\mathbf{f}, \quad \mathbf{u}(t_0) = \mathbf{u}_0; \quad \frac{d\mathbf{u}}{dt}(t_0) = \mathbf{v}_0, \tag{15.6}$$

wobei M und S *dieselben* Massen- und Steifigkeitsmatrizen sind wie in Kapitel 14, ebenso bleibt auch f dasselbe. Wir zeigen, daß auch für (15.6) der Energieerhaltungssatz gilt, wenn $\mathbf{f} = 0$.

Satz 15.2
Wenn $\mathbf{f} = 0$, gilt

$$\tfrac{1}{2} \left(\frac{d\mathbf{u}}{dt}, M \frac{d\mathbf{u}}{dt} \right) - \tfrac{1}{2} c^2 (\mathbf{u}, S\mathbf{u}) = \text{const.} \tag{15.7}$$

Übung 15.3
Man beweise diesen Satz selbst. △

15.2.1 Fehler in der Lösung des Systems

Genauso wie für die Wärmeleitungsgleichung besitzt die Linienmethode einen Verfahrensfehler in der Ortsdiskretisierung $\mathbf{E}$ für die EDM- und FVM-Methode, definiert durch

$$M \frac{d\mathbf{y}^2}{dt^2} = c^2 S\mathbf{y} + M\mathbf{f} + M\mathbf{E}, \tag{15.8}$$

wobei y die exakte Lösung der Wellengleichung ist. Für die FEM gilt wieder, daß in den Betrachtungen die Ordnung des Verfahrensfehlers gleich dem Grad der Interpolation plus eins genommen werden darf, obwohl das streng genommen gemäß der Definition nicht richtig ist. Als Folge dieses Verfahrensfehler hat die Lösung von (15.6) einen Fehler der Form Ch^p, wobei h wieder ein generischer Diskretisierungsparameter ist und p die Konsistenzordnung, d.h. Interpolationsordnung plus eins ist. Für die Wärmeleitungsgleichung konnten wir zeigen, daß die Konstante C für das ganze Integrationintervall (t_0, ∞) uniform ist. Für die Wellengleichung ist das nicht der

Fall. Der Fehler hat dieselbe Form, aber die Konstante C ist abhängig vom Integrations-intervall (t_0, T). Eine vollständige Analyse sprengt den Rahmen dieses Buches, aber qualitativ kann diese Erscheinung wie folgt verstanden werden: Eine *Eigenschwingung* von (15.1) (ohne Quellenterm) wird durch eine Funktion der Form $e^{i\lambda ct}U(x)$ gegeben, wobei U die *homogenen* Randbedingungen erfüllt. (Die Randbedingungen können von jedem der drei Typen sein.) Substitution in (15.1) ergibt:

$$-\lambda^2 c^2 U = c^2 \left(\frac{\partial^2 U}{\partial x^2} + \frac{\partial^2 U}{\partial x^2} \right). \tag{15.9}$$

Dieses ist ein Eigenwertproblem für den Laplace-Operator mit unendlich vielen Lösungspaaren λ_k, U_k. λ_k ist die *Eigenfrequenz* der Schwingung, U_k die *Eigenamplitude*. Diese ist abhängig vom Gebiet Ω. Im allgemeinen gilt: In dem Maße, wie die Eigenfrequenz größer wird, wird die Wellenlänge kurzwelliger, d.h. nimmt die Anzahl der Berge und Täler zu.

Betrachten wir dasselbe Problem für das System (15.6), dann finden wir ein übereinstimmendes Eigenwertproblem:

$$-\lambda_h^2 c^2 M\mathbf{U} = c^2 S\mathbf{U}, \tag{15.10}$$

wobei der Index $_h$ angibt, daß es um Eigenwerte des diskretisierten Problems geht. Das diskretisierte System hat nur endlich viele Eigenwerte, was in Übereinstimmung mit dem Fakt ist, daß ein diskretes Gitter oder eine diskrete Elementenverteilung nicht beliebig kurze Wellen repräsentieren können. Die kürzeste Welle, die noch auf einem solchen Gitter repräsentiert werden kann, hat die Wellenlänge $O(2h)$. Für die langwelligen Eigenfunktionen und dazugehörende Eigenwerte ergilt:

$$|\lambda - \lambda_h| = O(h^p) \quad \text{und} \quad \|U - U_h\| = O(h^p)$$

folglich werden die langen Wellen durch das diskretisierte System recht gut repräsentiert. Doch ist es so, daß sich, weil die Frequenzen unterschiedlich sind, bei fortschreitender Zeit diese Lösungen stets mehr voneinander entfernen. Es tritt *Phasenverschiebung* auf. Außerdem ist diese Phasenverschiebung für die verschiedenen Eigenschwingungen unterschiedlich. Diese Erscheinung heißt *Dispersion*. Da jede Lösung als lineare Kombination der Eigenschwingungen geschrieben werden kann, tritt in der Lösung von (15.6) bezüglich der Lösung von (15.1) Dispersion auf, selbst in den Eigenfunktionen, die durch das Gitter gut repräsentiert werden. Daher wird, je größer das Zeitintegrationsintervall gewählt wird (üblich ist eine Periode der längsten Welle), die Lösung von (15.6) sich von der exakten Lösung der Wellengleichung desto mehr unter-

Die Wellengleichung

scheiden. Da der Fehler der Form $C(T - t_0)h^p$ ist, muß folglich in dem Maße, wie T größer ist, die Ortsdiskretisierung genauer sein, will man dieselbe absolute Genauigkeit bekommen.

Übung 15.4
Man betrachte

$$\frac{\partial^2 u}{\partial t^2} = \frac{\partial^2 u}{\partial x^2}$$

auf dem Intervall (0,1) mit den Randbedingungen $u(0) = u(1) = 0$. Man überprüfe durch Substitution, daß die Eigenwerte und Eigenfunktionen gegeben werden durch:

$$U_k = \sin k\pi x \quad \text{und} \quad \lambda_k = k\pi, \quad k = 1, 2, \ldots$$

Man erstelle mit der EDM eine äquidistante Diskretisierung so, daß $\Delta x = 1/N$ ist. Man überprüfe durch Subsitution, daß die Eigenwerte und die Eigenvektoren gegeben werden durch

$$\mathbf{U}_k = \begin{pmatrix} \sin k\pi \Delta x \\ \sin 2k\pi \Delta x \\ \vdots \\ \sin (N-1)k\pi \Delta x \end{pmatrix} \quad \text{und} \quad \lambda_{hk} = \frac{2 \sin \frac{1}{2} k\pi \Delta x}{\Delta x}$$

Man beachte, daß die Eigenvektoren genau sind. Man zeige, daß $|\lambda_1 - \lambda_{h1}| = O(\Delta x^2)$ ist und daß schon für $k = N/2$ eine ansehnliche Phasenverschiebung auftritt. △

15.3 Numerische Zeitintegration

Um (15.6) numerisch zu integrieren, schreiben wir es als System von Differentialgleichungen erster Ordnung:

$$\frac{d\mathbf{u}}{dt} = \mathbf{v}, \tag{15.11}$$

$$M\frac{d\mathbf{v}}{dt} = c^2 S\mathbf{u} + M\mathbf{f} \tag{15.12}$$

mit den Anfangsbedingungen $\mathbf{u}(t_0) = \mathbf{u}_0$, $\mathbf{v}(t_0) = \mathbf{v}_0$. Auf dieses System können die gewöhnlichen numerischen Methoden für Anfangswertprobleme ange-

282 Numerik partieller Differentialgleichungen für Ingenieure

wandt werden.

Beispiel 15.1
Die Euler-Methode, angewandt auf (15.11), ergibt:

$$\mathbf{u}^{n+1} = \mathbf{u}^n + \Delta t\, \mathbf{v}^n, \tag{15.13}$$

$$M\mathbf{v}^{n+1} = M\mathbf{v}^n + \Delta t(c^2 S\mathbf{u}^n + M\mathbf{f}^n). \tag{15.14}$$

△

Wieder gilt, daß für die Anwendung der expliziten Methoden die Massenmatrix gelumpt werden muß.

Beispiel 15.2
Die Crank-Nicolson-Methode, angewendet auf (15.11), ergibt

$$\mathbf{u}^{n+1} - \tfrac{1}{2}\Delta t\, \mathbf{v}^{n+1} = \mathbf{u}^n + \tfrac{1}{2}\Delta t\, \mathbf{v}^n, \tag{15.15}$$

$$M\mathbf{v}^{n+1} - \tfrac{1}{2}\Delta t(S\mathbf{u}^{n+1}) = M\mathbf{v}^n + \tfrac{1}{2}\Delta t(S\mathbf{u}^n + M\mathbf{f}^n + M\mathbf{f}^{n+1}).$$

15.4 Stabilität der numerischen Integration

Aus der Energieerhaltung der Lösungen sowohl der Wellengleichung als auch der Diskretisierung mit der Linienmethode folgt, daß von absoluter Stabilität wie bei der parabolischen Gleichung keine Rede sein kann. Ein Unterschied in den Anfangsbedingungen bleibt für diese Gleichungen ewig bestehen. Und tatsächlich, wenn wir die Eigenwerte des Systems (15.11) berechnen, folgt, daß diese allesamt rein imaginär sind.

Satz 15.3
Wenn M symmetrisch positiv definit und S symmetrisch negativ definit ist, sind die Eigenwerte des verallgemeinerten Eigenwertproblems

$$\lambda \mathbf{u} = \mathbf{v}, \tag{15.16}$$

$$\lambda M \mathbf{v} = S\mathbf{u} \tag{15.17}$$

rein imaginär.

Beweis
Wir substituieren die oberste Gleichung in der unteren und finden

Die Wellengleichung 283

$$\lambda^2 M\mathbf{u} = S\mathbf{u}, \tag{15.18}$$

welches gerade das verallgemeinerte Eigenwertproblem für M und S ist, wovon bekannt ist (siehe Kapitel 14), daß alle Eigenwerte μ_k reell und negativ sind. Wir finden folglich bei jedem μ_k zwei λ's: $\pm i\sqrt{|\mu_k|}$. □

Bestenfalls ist eine numerische Methode also neutral stabil. Eine absolut stabile Methode dämpft mit dem Fehler auch die Lösung für $t \to \infty$, eine instabile Methode bläst den Fehler und die Lösung auf. Hieraus folgt wiederum, daß die Wellengleichung nicht für unbestimmte Zeit integriert werden kann, wir müssen zuvor eine Endzeit T wählen und auf deren Basis die Schrittweite Δt klein genug wählen. Wenn $T = n\Delta t$ und $\lim_{\Delta t \to 0} |C(\lambda \Delta t)^n| = 1$ ist, kann auf dem beschränkten Zeitintervall integriert werden. Man beachte, daß n gegen ∞ geht, falls $\Delta t \to 0$.

15.5 Totale Dissipation und Dispersion

Weil sowohl die Lösung von (15.11) als auch die numerische Lösung als Linearkombination der Eigenvektoren multipliziert mit den ungedämpften Schwingungen geschrieben werden kann, ist es ausreichend, eine einzige Differentialgleichung des Typs

$$\frac{dw}{dt} = i\mu w, \quad w(t_0) = w_0 \tag{15.19}$$

zu betrachten.
Die Schlüsse dieser DG können dann auf das totale System (15.11) ausgedehnt werden. Die exakte Lösung von (15.19) ist

$$w(t) = w_0 \, e^{i\mu(t-t_0)}, \tag{15.20}$$

und wir bemerken einstweilen, daß im Zeitschritt $t_{k+1} = t_0 + k\,\Delta t$ gilt

$$w(t_{k+1}) = w(t_k)\, e^{i\mu\Delta t}. \tag{15.21}$$

Der Verstärkungsfaktor der exakten Lösung ist folglich $C_{\text{ex}}(\mu \Delta t) = e^{i\mu\Delta t}$, und wir beachten, daß gilt:

$$|C_{\text{ex}}(i\mu\, \Delta t)| = 1, \tag{15.22}$$

$$\arg(C_{\text{ex}}) = \mu\, \Delta t. \tag{15.23}$$

Pro Zeitschritt tritt in der exakten Lösung eine Phasenverschiebung von $\mu\Delta t$

284 Numerik partieller Differentialgleichungen für Ingenieure

auf, und der Betrag verändert sich nicht.

Übung 15.5
Man überzeuge sich, daß die komplexe DG (15.19) äquivalent ist mit dem reellen System

$$\frac{\partial u}{\partial t} = -\mu v, \tag{15.24}$$

$$\frac{dv}{dt} = \mu u \tag{15.25}$$

mit $u = \text{Re}(w)$ und $v = \text{Im}(w)$. Man zeige, daß $|w(t)| = \text{const}$ mit der Energieerhaltung äquivalent ist. △

Für eine numerische Methode haben wir die Beziehung

$$w_{k+1} = C(i\mu\Delta t)w_k. \tag{15.26}$$

Ist der Betrag des Verstärkungsfaktors größer als eins, wird folglich in jedem Schritt Energie in die Gleichungen gepumpt, und wir sprechen von *Amplifikation*, ist der Betrag kleiner als eins von *Dissipation*.

Beispiel 15.3
Der Betrag des Verstärkungsfaktors für die Euler-Methode ergibt

$$(1 + (\mu\Delta t)^2)^{\frac{1}{2}}, \tag{15.27}$$

und diese Methode hat eine Amplifikation von $O(\mu^2 \Delta t^2)$ pro Schritt. △

Die Phasenverschiebung pro Schritt einer numerische Methode ist das Argument des Verstärkungsfaktor:

$$\Delta \Phi = \arg(C(i\mu\Delta t)) = \arctan \frac{\text{Im}(C)}{\text{Re}(C)}.$$

Beispiel 15.4
Die Phasenverschiebung der Heun-Methode wird gegeben durch

$$\Delta \Phi = \arctan \frac{\mu\Delta t}{1 - \frac{1}{2}(\mu\Delta t)^2}. \qquad △$$

Der *Phasenfehler* oder die Dispersion ist der Unterschied der exakten und der numerischen Phasenverschiebungen. Man spricht von Dispersion, weil diese Phasenfehler für verschiedene μ_k aus dem System (15.11) unterschiedlich sind.

Die Wellengleichung   285

Übung 15.6
Man zeige, daß der Phasenfehler von Heun pro Schritt $O((\mu\Delta t)^3)$ ist.   △

Übung 15.7
Man zeige, daß die Crank-Nicolson-Methode keine Dissipation hat. Wie groß ist der Phasenfehler?   △

Übung 15.8
Man zeige, daß für die Runge-Kutta-Methode gilt:

$$|C(i\mu\Delta t)|^2 = 1 - \frac{(\mu\Delta t)^6}{72}\left(1 - \frac{(\mu\Delta t)^2}{8}\right), \tag{15.28}$$

$$\Delta\Phi = \arctan\frac{(\mu\Delta t) - (\mu\Delta t)^3/6}{1 - (\mu\Delta t)^2/2 + (\mu\Delta t)^4/24}. \tag{15.29}$$

△

Unter der *totalen Dissipation* $D_n(i\mu\Delta t)$ versteht man das Produkt der Dissipationen aller Schritte von t_0 bis T. Die *totale Dispersion* $\Delta\Phi_n(i\mu\Delta t)$ ist die Summe des Phasenfehlers aller Schritte. Stets gilt: $n\Delta t = T - t_0$.

Übung 15.9
Warum muß gelten

$$\lim_{\Delta t \to 0} D_n(i\mu\Delta t) = 1?$$

△

Satz 15.4
Für die Euler-Methode gilt:

$$D_n = 1 + O(\mu^2\Delta t)$$

und

$$\Delta\Phi_n = \mu(T - t_0) + O(\mu^3\Delta t^2).$$

Beweis
Für die totale Dissipation gilt:

$$D_n = (1 + (\mu\Delta t)^2)^{(T-t_0)/2\Delta t} \tag{15.30}$$

$$\leq (e^{(\mu\Delta t)^2})^{(T-t_0)/2\Delta t} \tag{15.31}$$

$$= e^{\mu^2(T-t_0)\Delta t/2} \tag{15.32}$$

$$= 1 + O(\mu^2\Delta t) \tag{15.33}$$

und für die totale Fasenverschiebung

$$\Delta \Phi_n = n \arctan \mu \Delta t \tag{15.34}$$

$$= n(\mu \Delta t + O((\mu \Delta t)^3)), \tag{15.35}$$

und wegen $n\Delta t = T - t_0$ folgt die Behauptung. □

Übung 15.10
Man beweise mit Hilfe des Ergebnisses aus Übung 15.8 auf dieselbe Weise, daß für die Runge-Kutta-Methode gilt:

$$D_n = 1 + O((\mu \Delta t)^5).$$

Die Phasenverschiebung behandeln wir ein anderes Mal. △

In den Abbildungen (15.1) und (15.2) sind die totalen Dissipationen/ Amplifikationen und Fasenfehler für $\mu =1$ und $n\Delta t = 1$ für Euler und Runge-Kutta gezeichnet. Für andere Werte von μ muß man die Zeitschritte anpassen. Was auffällt ist, daß bei der Euler-Methode der Amplifikationsfaktor für wachsende Δt schnell steigt. Im speziellen bedeutet das für Systeme, daß Komponenten mit einem größeren μ (die kurzwelligen Komponenten) mehr verstärkt werden als die langwelligen, und es bedeutet für glatte Lösungen, daß sie im Laufe der Zeit durch die Verstärkung der kurzwelligen Komponenten verdorben werden. Weil μ in der Wellengleichung $O(1/\Delta x)$ ist (siehe Übung 15.4), bedeutet das für die Konvergenz der Euler-Lösung $\Delta t /\Delta x^2 < K$ für ein bestimmtes K. Dies macht Euler in der Praxis für die Lösung der Wellengleichung ungeeignet.

Bemerkung
Man erwartet vielleicht, daß $\Delta t/\Delta x^2 \to 0$, aber das ist nicht nötig. Für eine vollständige Auseinandersetzung mit dieser Problematik siehe [**richtm**], S. 69 ff. △

Für Runge-Kutta liegt die Sache beträchtlich günstiger. Erstens werden *alle* Komponenten gedämpft und als Kriterium wird beibehalten

$$c\Delta t < \sqrt{\tfrac{3}{2}} \Delta x.$$

Die kurzwelligen Komponenten werden am stärksten gedämpft. Glatte Lösungen werden dann durch Runge-Kutta gut repräsentiert.

Die Wellengleichung 287

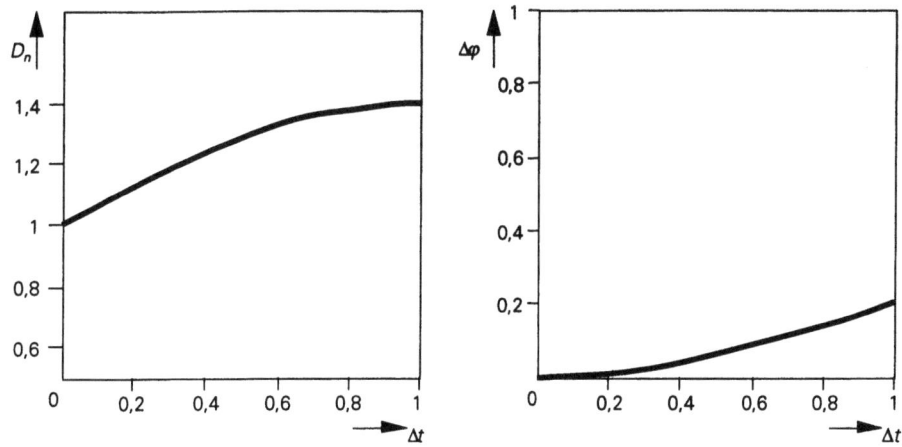

Abbildung 15.1. Dissipation und Dispersion der Euler-Methode für $\mu = 1$ und $T - t_0 = 1$.

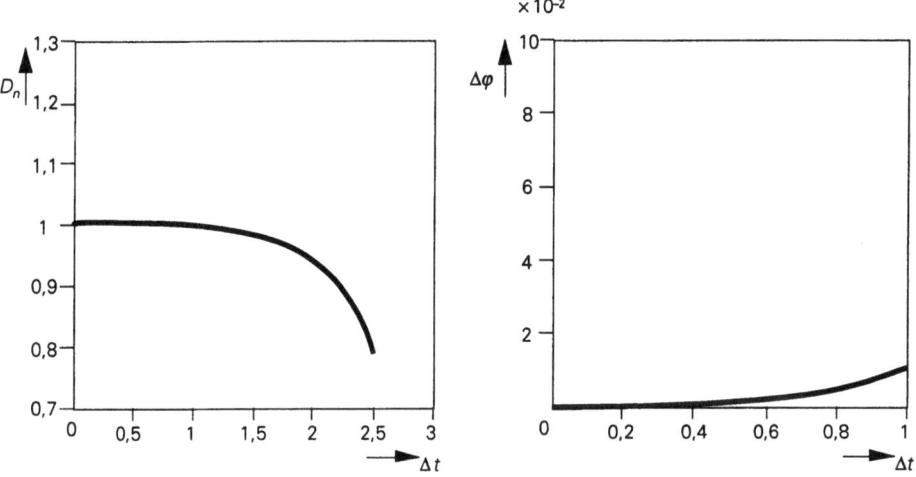

Abbildung 15.2. Dissipation und Dispersion der Runge-Kutta-Methode für $\mu = 1$ und $T - t_0 = 1$.

Übung 15.11
Man weise nach, daß die Dissipation von Runge-Kutta maximal ist, wenn

$$\mu \Delta t = \sqrt{6}.$$

Man benutze hierbei das Ergebnis der Übung 15.8. △

15.6 Direkte Integration des Systems zweiter Ordnung

An sich ist es nicht nötig, das System (15.6) in ein DG-System erster Ordnung umzuschreiben. Es gibt viele Methoden (siehe [lam]), um ein System der Form

$$\frac{d y^2}{d t^2} = \mathbf{f}(\mathbf{y}, t) \tag{15.36}$$

zu lösen. Wir begnügen uns mit zwei Beispielen:
1. Explizit

$$M\mathbf{u}^{n+1} - 2M\mathbf{u}^n + M\mathbf{u}^{n-1} = \Delta t^2(c^2 S\mathbf{u}^n + \mathbf{f}^n). \tag{15.37}$$

2. Implizit

$$M\mathbf{u}^{n+1} - 2M\mathbf{u}^n + M\mathbf{u}^{n-1} = \tfrac{1}{4}\Delta t^2\left(c^2(S\mathbf{u}^{n+1} + 2S\mathbf{u}^n + S\mathbf{u}^{n-1}) + \mathbf{f}^{n+1} + 2\mathbf{f}^n + \mathbf{f}^{n-1}\right). \tag{15.38}$$

Beide Methoden sind $O(\Delta t^2)$-konsistent in der Zeit. Es sind Drei-Stufen-Schemata und d.h., daß man, um starten zu können, erst ein Schritt mit einer anderen Methode getan haben muß. In diesem Fall ist ein expliziter Euler-Schritt gut genug:

$$\mathbf{u}_1 = \mathbf{u}_0 + \Delta t\, \mathbf{v}_0. \tag{15.39}$$

Denn das ist auch $O(\Delta t^2)$ (für einen Schritt).

Übung 15.12
Man überzeuge sich, daß das implizite Drei-Stufen-Schema mit der Crank-Nicolson-Methode für (15.11) identisch ist. (Hinweis: Man schreibe die Schritte für n und $n+1$ aus und eliminiere alle $\mathbf{v}$'s.) Den ersten Schritt muß man dann natürlich auch mit Crank-Nicolson machen. △

15.7 Das CFL-Kriterium

So wie wir im Abschnitt über numerische Integration gesehen haben, spielt die Wahl des Zeitschrittes eine wichtige Rolle. Im allgemeinen sind Δt und Δx nicht unabhängig wählbar. (Wir sahen dies schon bei der Analyse der Euler-Methode.) 1928 (!) formulierten Courant, Friedrichs und Lewy die auf physikalischen Gründen beruhende Bedingung die der Zeitschritt erfüllen muß, wenn die numerische Lösung eine Repräsentation der exakten Lösung sein will. Man spricht vom CFL-Kriterium, und es wird oft mit der Stabilität in

Die Wellengleichung 289

Zusammenhang gebracht. Streng genommen ist dies falsch: es ist eine Konvergenzbedingung. Wir geben eine qualitative Argumentation, wie man das CFL-Kriterium einsehen kann. Man kann dies jedoch vollständig mathematisch unterbauen.

Die Lösung der Wellengleichung kann man als eine Superposition der linearen Wellen sehen, die alle mit der Geschwindigkeit c laufen. Betrachtet man die Lösung u in einem gewissen Punkt x_0 zum Zeitpunkt t_0, dann wird diese 'Punktquelle' nach einer bestimmten Zeit Δt die Lösung innerhalb der Kugel (Kreis, Interval) mit Mittelpunkt x_0 und Durchmesser $c\Delta t$ beeinflussen *und außerhalb nicht*. Man spricht dann von dem *Einflußgebiet* von $u(x_0, t_0)$. Andererseits wird $u(x_0, t_0)$ bestimmt durch die 'Punktquellen' der Form $u(x, t_0 - \tau)$, $\tau < \Delta t$, mit $x \in B(x_0; c\tau)$. Die Kugel $B(x_0; c\Delta t)$ heißt das *Bestimmtheitsgebiet* von $u(x_0, t_0)$ für das Zeitintervall $(t_0 - \Delta t, t_0)$. Das CFL-Kriterium verlangt nun, daß in einem expliziten numerischen Schema das Bestimmtheitsgebiet durch das Gitter vollständig umfaßt werden muß. Dies garantiert schließlich, daß die numerische Lösung durch alle Punktquellen bestimmt wird, die auch physikalischen Einfluß ausüben.

Bemerkung

- Für ein Drei-Stufen-Schema ist es ausreichend, das CFL-Kriterium für die ersten zwei Stufen zu überprüfen. Mit Induktion folgt dann, daß das Kriterium für alle Stufen erfüllt ist.
- Für ein implizites Schema ist das CFL-Kriterium nicht relevant, denn da ist die ganze vorige Zeitstufe für die Lösung auf der folgenden Zeitstufe bestimmend.

Beispiel 15.5
Man betrachte das Schema (15.37) für die Wellengleichung in einer Dimension:

$$u_j^{n+1} - 2u_j^n + u_j^{n-1} = \left(\frac{c\Delta t}{\Delta x}\right)^2 (u_{j+1}^n - 2u_j^n + u_{j-1}^n).$$

Das Bestimmtheitsgebiet von u_j^{n+1} wird durch das Intervall $(x_j - c\tau, x_j + c\tau)$ gegeben. Auf dem Niveau n existiert das Gitter aus x_{j-1}, x_j und x_{j+1}, und gemäß dem CFL-Kriteriums muß es das Intervall $(x_j - c\Delta t, x_j + c\Delta t)$ vollständig enthalten. Es muß folglich gelten

$$c\Delta t \leq \Delta x \tag{15.40}$$

oder auch

$$\frac{c\Delta t}{\Delta x} \leq 1. \tag{15.41}$$

290 Numerik partieller Differentialgleichungen für Ingenieure

Dies ist eine Bedingung, die für die Wellengleichung typisch ist.

Übung 15.13
Man überzeuge sich, daß für die Wellengleichung in einer Dimension die gewöhnliche Euler-Methode

$$u_j^{n+1} = u_j^n + \Delta t\, v_j^n,$$

$$v_j^{n+1} = v_j^n + \frac{c^2 \Delta t}{\Delta x^2}\, (u_{j+1}^n - 2u_j^n + u_{j-1}^n)$$

nicht das CFL-Kriterium erfüllen kann, aber schon, wenn man die erste Gleichung ersetzt durch

$$u_j^{n+1} = u_j^n + \frac{\Delta t}{4}\, (v_{j-1}^n + 2v_j^n + v_{j+1}^n).$$

Was für eine Bedingung gibt das Kriterium dann? △

16 Die Transportgleichung

In der allgemeinsten Form beschreibt die Transportgleichung den Transport mehrerer Komponenten in n Dimensionen. In diesem Kapitel beschränken wir uns auf den Transport in einer Dimension. Die allgemeinste Form davon lautet in Erhaltungsform:

$$\frac{\partial \mathbf{u}}{\partial t} + \frac{\partial \mathbf{f}(u)}{\partial x} = \mathbf{g}(\mathbf{u}, x, t), \tag{16.1}$$

$\mathbf{u} = (u_1, \ldots, u_m)^T$ ist der Vektor der transportierten Größen und $\mathbf{f} = (f_1, \ldots, f_m)^T$ der *Flußvektor* (siehe auch Abschnitt 13.3). Ist der Vektor $\mathbf{g}$ nicht von x und t abhängig, heißt das Problem *autonom*. In physikalischen Problemen ist dies oft der Fall.

In der Literatur wird die Transportgleichung hyperbolisch genannt, obwohl sie natürlich nicht die Klassifizierung von Kapitel 2 erfüllt. Doch ist diese Namensgebung gar nicht so übel. Die Übereinstimmungen mit der Wellengleichung sind sehr groß.

Übung 16.1
Man zeige, daß die Transportgleichung mit zwei Komponenten

$$\frac{\partial u}{\partial t} + c \frac{\partial v}{\partial x} = 0,$$

$$\frac{\partial v}{\partial t} + c \frac{\partial u}{\partial x} = 0$$

mit der Wellengleichung äquivalent ist. △

In Nicht-Erhaltungsform sieht (16.1) aus wie

$$\frac{\partial \mathbf{u}}{\partial t} + A(\mathbf{u}) \frac{\partial \mathbf{u}}{\partial x} = \mathbf{g} \tag{16.2}$$

mit

$$a_{ij} = \frac{\partial f_i}{\partial u_j}.$$

A ist also die Jacobi-Matrix des Flußvektors. Für einen echten Transport muß A reelle Eigenwerte haben.

Das Auferlegen der Anfangs- oder Randbedingungen an (16.1) ist keine einfache Sache. Um einen guten Eindruck von den Problemen zu bekommen, betrachten wir als Beispielproblem den Transport einer Komponente.

16.1 Charakteristiken

Wir betrachten die Gleichung

$$\frac{\partial u}{\partial t} + a(u, x, t) \frac{\partial u}{\partial x} = g(u, x, t), \tag{16.3}$$

also den Transport einer Komponente in Nicht-Erhaltungsform. Man betrachte nun eine mit s parametrisierte Kurve in der (x,t)-Ebene, die die Eigenschaft hat, daß

$$\frac{dx}{ds} = \rho(s)\, a(u, x, t) \quad \text{und} \quad \frac{dt}{ds} = \rho(s), \tag{16.4}$$

dann gilt entlang dieser Kurve

$$\frac{du}{ds} = \frac{\partial u}{\partial t} \frac{dt}{ds} + \frac{\partial u}{\partial x} \frac{dx}{ds} = \rho(s)\, g(u, x, t). \tag{16.5}$$

Anders gesagt: Ist in einem Punkt (x_0, t_0) der Wert von u gegeben: $u(x_0, t_0) = u_0$, dann ist damit eine Kurve im $\mathbb{R}^3$ festgelegt: $(x(s), t(s), u(s))$, die die Lösung des gekoppelten Systems *gewöhnlicher* DG

$$\frac{dx}{ds} = \rho(s)\, a(u, x, t), \quad \frac{dt}{ds} = \rho(s), \quad \frac{du}{ds} = \rho(s)\, g(u, x, t) \tag{16.6}$$

ist mit den Anfangsbedingungen $x(0) = x_0$, $t(0) = t_0$ und $u(0) = u_0$. Die (x,t)-Kurve von (16.4) nennt man eine *Charakteristik*, das DG-System (16.4) die *charakteristische Gleichung* und die DG (16.5) die *charakteristische Beziehung*. Zusammen geben sie die Lösung in der Form eines Systems gewöhnlicher DG. Man formuliert diese Eigenschaft auch so: Entlang den Charakteristiken geht die PDG in eine gewöhnliche DG über. Man bemerke, daß, falls $g = 0$, die Lösung u entlang einer Charakteristik konstant ist und die Größe u entlang den Charakteristiken *transportiert* wird. Die Wahl von ρ ist völlig beliebig und für die Lösung egal. Sie hat nur auf die Parametrisierung Einfluß.

Wenn a nicht von u abhängt, kann man aus (16.4) die Charakteristiken separat berechnen, aber im allgemeinen Fall ist das nur durch die Lösung von (16.6)

Die Transportgleichung 293

möglich. Man findet dann mit der Charakteristik zugleich die Lösung entlang der Charakteristik.

Beispiel 16.1
Die Gleichung

$$\frac{\partial u}{\partial t} + c\frac{\partial u}{\partial x} = 0$$

hat als charakteristische Gleichung:

$$\frac{dx}{ds} = \rho c \quad \text{und} \quad \frac{dt}{ds} = \rho.$$

Anders gesagt

$$\frac{dx}{dt} = c,$$

und alle Linien der Form $x - ct = $ const sind Charakteristiken. Ist u bei $t = 0$ auf dem Intervall $(0,1)$, $u(x, 0) = u_0(x)$, gegeben, liegt zum Zeitpunkt t die Lösung auf dem Intervall $(ct, 1 + ct)$ fest und wird gegeben durch $u(x,t) = u_0(x - ct)$. △

Wir formulieren nun das Anfangswertproblem wie folgt:
Es sei Γ_0 eine Kurve in der x,t-Ebene so, daß jede Charakteristik Γ_0 höchstens einmal schneidet. Es sei u auf Γ_0 gegeben. Dann steht die Lösung auf einem Streifen Σ fest, der durch die Vereinigung der Charakteristiken gebildet wird, die Γ_0 schneiden. Die Lösung auf jeder Charakteristik wird durch das System gewöhnlicher DG (16.6) mit den Werten auf Γ_0 als Anfangsbedingung bestimmt.
Der Streifen Σ wird das *Einflußgebiet* von Γ_0 oder auch das *Bestimmtheitsgebiet* von u für die Anfangskurve Γ_0 genannt.

Übung 16.2
Warum darf eine Charakteristik Γ_0 nicht zweimal schneiden? Was muß gelten, wenn dies doch der Fall ist? △

Übung 16.3
Gegeben sei die DG

$$\frac{\partial u}{\partial t} + \frac{\partial u}{\partial x} = 1$$

und als Anfangsbedingungen $u(x, 0) = u_0(x)$ auf dem Intervall $0 \le x \le 1$.
1. Wie lautet die Gleichung für die Charakteristiken?

2. Wie lautet die charakteristische Beziehung?
3. Was ist das Einflußgebiet des Intervalles (0,1)? △

Übung 16.4
Gegeben sei die DG

$$\frac{\partial u}{\partial t} + \frac{\partial u}{\partial x} = 1$$

mit den Anfangswerten auf $\Gamma_0 = \Gamma_1 \cup \Gamma_2$ mit

1. $\quad\Gamma_1 : \{(x,t)\,|\, t=0, 0\leq x \leq 1\}$,
   $\quad\Gamma_2 : \{(x,t)\,|\, x=0, 0\leq t < \infty\}$;

2. $\quad\Gamma_1 : \{(x,t)\,|\, t=0, 0\leq x \leq 1\}$,
   $\quad\Gamma_2 : \{(x,t)\,|\, x=1, 0\leq t < \infty\}$.

In welchem der zwei Fälle ist das Problem korrekt gestellt?
Was ist in dem Fall das Bestimmtheitsgebiet von u? △

Übung 16.5
Man gebe für die DG

$$\frac{\partial u}{\partial t} + t\frac{\partial u}{\partial x} = f$$

das Einflußgebiet der Anfangskurve:

$$\Gamma_0 : \{(x,t)\,|\, -1 \leq t \leq 1, x = 0\}.$$

Kann u auf der ganzen Kurve Γ_0 beliebig gewählt werden? △

16.1.1 Eine numerische Integrationsmethode

Das System (16.6) gibt Anlaß zur Konstruktion einer speziellen, auf der Hand liegenden Integrationsmethode, *der charakteristischen Methode*. Sie läuft darauf hinaus, daß für eine Anzahl von auf der Anfangskurve Γ_0 liegenden Punkten (x_{0j}, t_{0j}) das System (16.6) mit einer Integrationsmethode für gewöhnliche DG wie Euler, Heun oder Runge-Kutta numerisch integriert wird. Man bekommt dann eine diskrete Repräsentation des Einflußgebietes mit den dazugehörenden Werten der Lösung u. Obwohl diese Methode für den Transport einer einzigen Komponente sehr gut angewandt werden kann und auch sehr gute Ergebnisse liefert, bestehen einige Beschwerden, die dazu führen, daß die Methode nicht so oft angewandt wird.

- Oft ist man an der Lösung auf einer bestimmten Zeitsstufe oder für ein festes x interessiert. Mit der charakteristischen Methode hat man die Repräsentation des Einflußgebietes jedoch nicht in der Hand, und man wird das Einflußgebiet als ein diskretes Punktesystem in einem krummlinigen Gitter bekommen.
- Für den Transport von zwei oder mehr Komponenten wird die Sache schon ziemlich kompliziert, weil
  - man erst das System entkoppeln muß,
  - die Charakteristiken für das entkoppelte System i.allg. nicht dieselben sind.

Für beide Probleme geben wir ein Beispiel.

Beispiel 16.2. *Auseinandertreibendes Gitter*
Man betrachte die DG

$$\frac{\partial u}{\partial t} + u \frac{\partial u}{\partial x} = 0$$

mit der Anfangskurve $\Gamma_0 = \{(x, t) \mid 0 \leq x \leq 1, t = 0\}$ und $u(x, 0) = x$ auf Γ_0. Wir teilen das Intervall in Stücke der Länge Δx ein und wenden die Euler-Methode auf x_j (wir wählen $\rho = 1$ so, daß $s = t$) an und bekommen

$$x_j^{n+1} = x_j^n + \Delta t \, u_j^n \quad \text{und} \quad u_j^{n+1} = u_j^n$$

mit den Anfangsbedingungen $x_j^0 = x_j$ und $u_j^0 = x_j$. Weil sich u auch in der numerischen Lösung entlang der Charakteristik nicht verändert, bekommen wir $x_j^n = x_j + n\Delta t \, x_j$ und $u_j^n = x_j$. Hieraus sieht man, daß die Punkte des Intervalls auseinandertreiben.

Beispiel 16.3. *Zwei Komponenten*
Wir wollen die Wellengleichung auf dem Intervall $(0,1)$ mit homogenen Randbedingungen mit der charakteristischen Methode lösen. Die Anfangsbedingungen sind: $u(x, 0) = u_0(x)$ und $u_t(x, 0) = \hat{u}_0(x)$. Wie wir schon in der Übung 16.1 gesehen haben, ist dies mit dem Transportproblem äquivalent:

$$\frac{\partial u}{\partial t} + c \frac{\partial v}{\partial x} = 0 \quad \text{und} \quad \frac{\partial v}{\partial t} + c \frac{\partial u}{\partial x} = 0,$$

Diese Gleichungen sind in u und v gekoppelt, aber wir können sie durch Substitution von $w_1 = u + v$ und $w_2 = u - v$ entkoppeln. Dies ergibt das entkoppelte System

$$\frac{\partial w_1}{\partial t} + c\frac{\partial w_1}{\partial x} = 0 \quad \text{und} \quad \frac{\partial w_2}{\partial t} - c\frac{\partial w_2}{\partial x} = 0.$$

Für diese Gleichungen brauchen wir Anfangskurven. Diese müssen nicht dieselben für beide Gleichungen sein, aber so, daß die Lösung u auf (0,1) für $t > 0$ feststeht. In jedem Fall haben wir sowohl für w_1 als auch für w_2 Werte auf der Kurve $\Gamma_0 : \{t = 0,\ x \in (0,1)\}$. (Schließlich ist $\partial v/\partial x|_{t=0} = \hat{u}_0/c$, und durch Integration finden wir $v_0(x)$. Die Integrationskonstante ist egal, denn wir wollen nur u wissen.)

Weil die Charakteristiken von w_1 die Form $x - ct = \text{const}$ haben, muß der Rest der Anfangskurve von w_1 die Linie $\Gamma_1 : \{x = 0,\ 0 < t < \infty\}$ sein, denn dann liegt das Intervall (0,1) im Bestimmtheitsgebiet von w_1 für alle $t > 0$. Die Charakteristiken für w_2 haben die Form $x + ct = \text{const}$, und mit analogen Begründungen ist der Rest der Anfangskurve von w_2 die Linie $\Gamma_2 : \{x = 1,\ 0 < t < \infty\}$.

Auf Γ_1 haben wir jedoch nicht w_1 gegeben, wie wir gerne möchten, sondern u. Dasselbe gilt für Γ_2. Wir kommen allerdings doch weiter, wenn wir beachten, daß

- $w_1 = 2u - w_2$ und $w_2 = 2u - w_1$;
- auf dem Stück von Γ_1, wo $0 < t \le 1/c$, w_2 mit Hilfe des gegebenen Wertes auf Γ_0 berechnet werden kann, denn das Stück von Γ_1 liegt im Bestimmtheitsgebiet von w_2 für die Anfangskurve Γ_0.
- auf dem Stück von Γ_2, wo $0 < t \le 1/c$, w_1 mit Hilfe der gegeben Werte auf Γ_0 berechnet werden kann, denn Γ_2 liegt im Bestimmtheitsgebiet von w_1 für die Anfangskurve Γ_0.

Die ganze Lösung kann also dadurch aufgebaut werden, daß w_1 und w_2 alternierend ausgerechnet und stets ein zusätzliches Stück der Breite $1/c$ bei der Anfangskurve Γ_2 beziehungsweise Γ_1 gezogen wird.

Wie wir schon sagten, ist dies ziemlich kompliziert (aber eine hervorragende Methode), und wenn die Komponentenanzahl weiter zunimmt oder die Koeffizienten nicht mehr konstant sind, wachsen die Probleme in den Himmel.

△

Die Ideen, die hinter der charakteristischen Methode stehen, werden in der Praxis jedoch angewandt, und sei es in etwas veränderter Form, insbesondere bei *freien Oberflächen*-Problemen.

16.2 Flache Wellen

Sind die Koeffizienten der Transportgleichung konstant,

$$\frac{\partial u}{\partial t} + \mathbf{c} \cdot \mathbf{grad}\, u = 0 \tag{16.7}$$

mit konstantem Vektor **c**, dann ist eine spezielle Lösung eine flache Welle mit der Geschwindigkeit $c = \|\mathbf{c}\|$ und Richtung $\mathbf{n} = \mathbf{c}/c$:

$$u_\nu = \exp(i\nu((\mathbf{n}\cdot\mathbf{x}) - ct)),$$

wie man einfach durch Substitution überprüft. Die allgemeine Lösung der Gleichung wird durch das Integral über alle möglichen Frequenzen (Fourierintegral) gegeben. Man bewertet numerische Schemata oft, wie sie flache Wellen transportieren. Genauso wie bei der Wellengleichung kann man Dissipation und Dispersion berechnen. Dissipation bedeutet, daß die Amplitude der Welle sinkt (sie bleibt in der Transportgleichung konstant), und Dispersion, daß verschiedene Phasenfehler für die unterschiedlichen Frequenzen bestehen.

16.3 Numerische Methoden mit festen Gittern

Im Rest des Kapitels werden wir das Transportproblem (16.7) für ein festes Raumgitter in einer Raumdimension betrachten. Das bedeutet ein Problem des Types

$$\frac{\partial u}{\partial t} + c\frac{\partial u}{\partial x} = 0, \quad c > 0, \quad x \in (0,1), \tag{16.8}$$

$$u(x,0) = u_0(x), \quad u(0,t) = u_1(t). \tag{16.9}$$

Der Fakt, daß auf dem linken Rand Randbedingungen gegeben werden, hängt natürlich mit dem Fakt zusammen, daß c positiv ist. Damit liegt das Intervall $(0,1)$ im Einflußgebiet der Anfangskurve für alle $t > 0$. Sollte die Geschwindigkeit negativ sein, dann müssen auf dem rechten Rand Randbedingungen gegeben sein. Den Rand, auf dem keine Randbedingungen gegeben sind, nennt man den *Ausstromrand* und den anderen den *Einstromrand*.

16.3.1 Die CFL-Bedingung

Wir haben schon gesehen, daß für die Wellengleichung den expliziten Schemata eine physikalische Bedingung aufgelegt werden muß, die CFL-

Bedingung. Für die Transportgleichung gilt eine ebensolche Bedingung, formuliert in Termen der Charakteristik:
Bei einem expliziten Schema für die Transportgleichung der Form

$$u_j^{n+1} = \sum_{m=-n_0}^{m=n_1} \alpha_{j+m} \, u_{j+m}^n, \qquad (16.10)$$

wo alle Koeffizienten $\alpha_k \neq 0$ sind, muß die Charakteristik, die durch (x_j, t_{n+1}) geht, auf der Zeitstufe t_n durch das Gitter umfaßt werden und nicht weiter als eine Gitterbreite Δx von x_j entfernt sein.

Anders gesagt, der Funktionwert u auf der Charakteristik zum Zeitpunkt t_n muß durch das Gitter *interpoliert* werden können. Dies ist eine intuitiv auf der Hand liegende Bedingung, denn i.allg. wird man eine gute Näherung für den Wert von u auf der Charakteristik brauchen und ist Interpolation genauer als Extrapolation. Weiter darf in einem Zeitschritt nur Material aus einer angrenzende "Zelle" hineinströmen.

Übung 16.6
Man überzeuge sich, daß die CFL-Bedingung zur folgenden Bedingung führt:

$$\frac{|c| \, \Delta t}{\Delta x} \leq 1. \qquad \triangle$$

Die Größe $\sigma = (c\Delta t)/\Delta x$ heißt die *Courantzahl*. Diese spielt in der Transportgleichung eine sehr wichtige Rolle.

16.3.2 Linien-Methode

Genauso wie für die anderen zeitabhängigen Probleme können wir den Raumteil separat diskretisieren. Wir geben zwei Beispiele, beide mit Differenzen.

Beispiel 16.4. *EDM, einseitige Differenzen*
Wir teilen das Intervall in N gleiche Teile Δx ein mit $N\Delta x = 1$. Für den j-ten Punkt nehmen wir eine einseitige dividierte Differenz. In Prinzip ist dies auf zwei Arten möglich:

$$\frac{\partial u_j}{\partial x} \approx \frac{u_{j+1} - u_j}{\Delta x}$$

oder

$$\frac{\partial u_j}{\partial x} \approx \frac{u_j - u_{j-1}}{\Delta x}.$$

Schauen wir nach den beiden Rändern, dann sehen wir, daß die zweite Wahl

Die Transportgleichung 299

die beste ist, denn diese ergibt für u_1

$$\frac{du_1}{dt} + c\frac{u_1 - u_0}{\Delta x} = 0, \qquad (16.11)$$

während wir u_0 für alle $t > t_0$ genau gegeben haben. Auf dem Ausstromrand bekommen wir

$$\frac{du_N}{dt} + c\frac{u_N - u_{N-1}}{\Delta x} = 0. \qquad (16.12)$$

Hätten wir eine andere Wahl getroffen, dann stünde alles genau verkehrt herum, und es würde nichts durch den Einstromrand einströmen.

Übung 16.7
Man begründe, daß mit $c < 0$ die einseitige Differenz gerade andersherum genommen werden muß. △

Dies heißt *upwind differencing*: Einseitige Differenzen nimmt man gegen den Strom. Physikalisch bedeutet das, daß man Informationen aus der Transportrichtung (die 'Vergangenheit') benutzt und nicht aus der 'Zukunft'.

Übung 16.8
Man begründe mit dem CFL-Kriterium, warum man upwind differencing nehmen muß. (Man betrachte z.B. Euler für das System gewöhnlicher DG.) △

Mit einseitigen Differenzen kann das System gewöhnlicher Differentialgleichungen schon keine flache Welle mehr transportieren, es ist *dissipativ*.

Übung 16.9
Man weise nach, daß eine Welle der Form $u_{0j} = e^{ivj\Delta x}$ bei $t = 0$ durch das System

$$u_j(t) = e^{-\alpha ct} e^{ivj\Delta x - i\beta ct}$$

mit

$$\alpha = \frac{1 - \cos v\Delta x}{\Delta x} \quad \text{und} \quad \beta = \frac{\sin v\Delta x}{\Delta x}$$

transportiert wird. (Hinweis: Man substituiere $u_j(t) = U(t) \exp(ivj\Delta x)$.) △

Beispiel 16.5. EDM, zentrale Differenzen
Aus dem Blickwinkel der Genauigkeit scheint es für die x-Ableitung besser, zentrale Differenzen zu nehmen. Dies führt zu dem folgenden System gewöhnlicher DG:

$$\frac{du_j}{dt} + c\frac{u_{j+1} - u_{j-1}}{2\Delta x} = 0, \quad j = 1, \ldots, N-1. \tag{16.13}$$

Auf dem Ausstromrand gibt es jedoch ein Problem. Wenn wir dort zentrale Differenzen nehmen, gibt es einen Punkt außerhalb des Intervalls, für den wir weder eine DG noch eine Randbedingung haben. Um dies zu vermeiden, nehmen wir auf dem Ausstromrand eine (*upwind*) einseitige Differenz, also

$$\frac{du_N}{dt} + c\frac{u_N - u_{N-1}}{\Delta x} = 0. \tag{16.14}$$

Der Gebrauch einer einseitigen Differenz beim Ausstromrand hat nur lokalen Einfluß und hat keinen Einfluß auf den globalen Fehler (siehe [**part**]). △

Durch eine numerische Integration des mit der Linien-Methode erzeugten Systems bekommt man eine Lösung auf unterschiedlichen Zeitstufen. Wir gehen hierauf im folgenden Abschnitt näher ein. Vorläufig sagen wir, daß bei zentralen Differenzen die explizite Euler- und die Heun-Methode instabil sind.

16.3.3 Das upwind-Schema erster Ordnung

Man bekommt dieses Schema dadurch, daß man die explizite Euler-Methode auf das Gleichungssystem aus Beispiel 16.4 anwendet.

$$\frac{u_j^{n+1} - u_j^n}{\Delta t} = c\frac{u_{j-1}^n - u_j^n}{\Delta x}. \tag{16.15}$$

Hierbei ist $c > 0$, sonst müssen die einseitigen Differenzen andersherum genommen werden. Die Oberindizes geben die Zeitsstufen an. Man schreibt dieses Schema auch als:

$$u_j^{n+1} = (1 - \sigma)u_j^n + \sigma u_{j-1}^n, \tag{16.16}$$

wobei $\sigma = c\,\Delta t/\Delta x$ die *Courantzahl* ist. Das *upwind*-Schema ist stark dissipativ, Lösungen haben die Neigung 'einzubrechen'. Wir werden diese Erscheinung anhand der von-Neumann-Analyse betrachten.
Man substituiere

$$u_j^n = \rho^n\, e^{i v j \Delta x}$$

in (16.16). Dies ergibt:

$$\rho^{n+1}\, e^{i v j \Delta x} = (1 - \sigma)\, \rho^n\, e^{i v j \Delta x} + \sigma \rho^n\, e^{i v (j-1) \Delta x} \tag{16.17}$$

also

Die Transportgleichung

$$\rho = 1 - \sigma + \sigma e^{-i\nu\Delta x}.$$

ρ müssen wir vergleichen mit $e^{-i\nu c\Delta t}$ (vergleiche Abschnitt 16.2). Der Betrag ist die Amplifikation pro Schritt, das Argument die Phasenverschiebung. Folglich ist

$$|\rho| = \sqrt{(1 - \sigma(1 - \cos \nu\Delta x))^2 + \sigma^2 \sin^2 \nu\Delta x}$$

$$= \sqrt{1 - 4\sigma \left(\sin^2 \frac{\nu\Delta x}{2}\right)(1 - \sigma)}, \tag{16.18}$$

$$\Phi = -\arctan \frac{\sigma \sin \nu\Delta x}{1 - \sigma(1 - \cos \nu\Delta x)}. \tag{16.19}$$

Die kurzen Wellen $\nu \Delta x \approx \pi$ werden am stärksten gedämpft. Der Phasenfehler (Dispersion) pro Schritt wird gegeben durch

$$\Delta\Phi = \Phi + \nu c\Delta t, \tag{16.20}$$

denn die exakte Lösung hat eine Phasendrehung von $-\nu c\Delta t$ pro Schritt. Man beachte, daß für $\sigma = 1$ die Amplifikation eins und der Phasenfehler null ist, anders gesagt, das upwind-Schema ist dann exakt. Das ist nicht verwunderlich, weil für diesen Fall die Charakteristiken gerade durch die Gitterpunkte auf allen Zeitstufen laufen. Die upwind-Methode ist dann gerade die charakteristische Methode.

16.3.4 Das Lax-Schema

Die explizite Euler-Methode für das zentrale Differenzenschema:

$$u_j^{n+1} = u_j^n + \tfrac{1}{2}\sigma(u_{j-1}^n - u_{j+1}^n) \tag{16.21}$$

ist nicht stabil, wie einfach überprüft werden kann. Nimmt man jedoch anstelle von u_j^n den Durchschnitt der umliegenden Punkte, entsteht ein stabiles Schema, das *Lax*-Schema:

$$u_j^{n+1} = \tfrac{1}{2}((1 + \sigma)u_{j-1}^n + (1 - \sigma)u_{j+1}^n). \tag{16.22}$$

Übung 16.10
Man zeige, daß für das Lax-Schema die Amplifikation gegeben wird durch

$$|\rho| = \sqrt{\cos^2 \nu\Delta x + \sigma^2 \sin^2 \nu\Delta x}$$

302 Numerik partieller Differentialgleichungen für Ingenieure

und die Dispersion durch

$$\Delta\Phi = -\arctan\left(\sigma \tan(v\Delta x)\right) + vc\Delta t.$$ △

Auch das Lax-Schema ist folglich exakt für $\sigma = 1$. Für kleinere Werte von σ ist es echt dissipativ, vor allem für kurze Wellen.

16.3.5 Das Lax-Wendroff-Schema

Das Lax-Wendroff-Schema entsteht dadurch, daß man die Charakteristik durch den Punkt $(j\Delta x, (n+1)\Delta t)$ mit der Linie $n\Delta t$ schneidet und den Wert von u^n in dem Schnittpunkt mit dem Wert in den drei umliegende Punkten $j-1, j$ und $j+1$ quadratisch interpoliert. Dies führt zu:

$$u_j^{n+1} = \frac{\sigma}{2}(1+\sigma)u_{j-1}^n + (1-\sigma^2)\,u_j^n + \frac{\sigma}{2}(\sigma-1)u_{j+1}^n. \tag{16.23}$$

Übung 16.11
Man leite das Lax-Wendroff-Schema ab. △

Übung 16.12
Man zeige, daß für das Lax-Wendroff-Schema gilt:

$$|\rho| = \sqrt{1 - 4\sigma^2\left(\sin^2\frac{v\Delta x}{2}\right)(1-\sigma^2)}$$

und

$$\Delta\Phi = -\arctan\frac{\sigma \sin v\Delta x}{1 - 2\sigma^2 \sin^2\frac{v\Delta x}{2}} + vc\Delta t.$$ △

Das Lax-Wendroff-Schema ist *genauer* als die beiden anderen Schemata, aber wegen der höheren Ordnungsinterpolation ist es nur für den Transport von *glatten* Lösungen geeignet. Bei Probleme mit starken Gradienten (steile Anstiege, im Extremfall Sprünge) arbeitet Lax-Wendroff nicht so gut: Es entstehen Schwingungen in der Nähe des Sprungs. Es gibt Schemata für die Transportgleichung, die speziell geeignet sind für den Transport der Sprünge [leer], aber diese werden wir nicht behandeln.

Übung 16.13
Man zeige, daß für alle drei Schemata das CFL-Kriterium lautet:

Die Transportgleichung 303

$$|\sigma| < 1$$

und daß dieses äquivalent ist mit

$$|\rho| < 1. \qquad \triangle$$

16.3.6 Das Box-Schema

Das Box-Schema verwendet sowohl für die Zeit- als auch für die Raumableitungen zentrale Differenzen im Punkt $(n + \frac{1}{2}, j - \frac{1}{2})$. Dies führt zu dem folgenden Schema:

$$\frac{1}{2\Delta t}\left[u_j^{n+1} - u_j^n + u_{j-1}^{n+1} - u_{j-1}^n\right] + \frac{c}{2\Delta x}\left[u_j^{n+1} - u_{j-1}^{n+1} + u_j^n - u_{j-1}^n\right] = 0 \quad (16.24)$$

oder auch

$$(1+\sigma)u_j^{n+1} + (1-\sigma)u_{j-1}^{n+1} = (1-\sigma)u_j^n + (1+\sigma)u_{j-1}^n. \quad (16.25)$$

Es scheint, daß dies ein implizites Schema sei. Dies ist jedoch nicht so, denn durch eine gute Wahl der Reihenfolge der Punkte sind in (16.25) stets drei der vier u's bekannt. Dies macht jedoch die Methode nur für eine Raumdimension geeignet, denn in mehreren Raumdimensionen ist die Bestimmung der Reihenfolge ein Problem für sich.

Übung 16.14
Man zeige, daß für das Box-Schema

$$|\rho| = 1$$

gilt. Das Box-Schema ist folglich nicht dissipativ. Es gibt Dispersion, denn

$$\Delta\Phi = -\arctan\frac{\sigma \sin v\Delta x}{\cos^2 \frac{v\Delta x}{2} - \sigma^2 \sin^2 \frac{v\Delta x}{2}} + vc\Delta t. \qquad \triangle$$

16.3.7 Schemata für die Erhaltungsform

Normalerweise kommt die Transportgleichung als *System* vor und ist in *Erhaltungsform* formuliert

304 Numerik partieller Differentialgleichungen für Ingenieure

$$\frac{\partial \mathbf{u}}{\partial t} + \frac{\partial \mathbf{f(u)}}{\partial x} = 0 \qquad (16.26)$$

mit **u** im $\mathbb{R}^n$. Wir geben der Vollständigkeit halber die Lax- und Lax-Wendroff-Schemata für ein solches System an. Das Lax-Schema ist eine direkte Verallgemeinerung:

$$\mathbf{u}_j^{n+1} = \tfrac{1}{2}(\mathbf{u}_{j+1}^n + \mathbf{u}_{j-1}^n) - \frac{\Delta t}{2\Delta x}(\mathbf{f}_{j+1}^n - \mathbf{f}_{j-1}^n). \qquad (16.27)$$

Für das Lax-Wendroff-Schema sind mehrere Verallgemeinerungen möglich, wir geben die von Richtmyer an:

$$\mathbf{u}_{j+\frac{1}{2}}^* = \tfrac{1}{2}(\mathbf{u}_{j+1}^n + \mathbf{u}_j^n) - \frac{\Delta t}{2\Delta x}(\mathbf{f}_{j+1}^n - \mathbf{f}_j^n), \qquad (16.28)$$

$$\mathbf{u}_j^{n+1} = \mathbf{u}_j^n - \frac{\Delta t}{\Delta x}(\mathbf{f}_{j+\frac{1}{2}}^* - \mathbf{f}_{j-\frac{1}{2}}^*). \qquad (16.29)$$

Übung 16.15
Man überprüfe, daß für eine einzige Gleichung, mit $f(u) = cu$, c const, dieses Schema in ein gewöhnliches Lax-Wendroff-Schema übergeht. △

A1 Sätze von Gauß, Green und 'partiellen Integrationen'

Satz A1.1. *Gaußscher Divergenzsatz*
Es sei Ω ein Volumen, umschlossen von einem geschlossenen Rand Γ, und **a** ein Vektor mit Komponenten im $C^1(\Omega)$. Dann gilt:

$$\int_\Omega \mathrm{div}\, \mathbf{a}\, d\Omega = \oint_\Gamma \mathbf{a} \cdot \mathbf{n}\, d\Omega,$$

n ist die äußere Normale auf Γ (siehe [**spieg**], S. 106).

Satz A1.2. *Green*
Es seien ϕ und ψ zweimal stetig differenzierbar, und Ω erfülle die Bedingungen von Satz A1.1. Dann gilt:

$$\int_\Omega (\phi \Delta \psi - \psi \Delta \phi)\, d\Omega = \oint_\Gamma (\phi \nabla \psi - \psi \nabla \phi) \cdot \mathbf{n}\, d\Omega$$

(siehe [**spieg**], S. 107).

Satz A1.3. *'Partiell integrieren' im* $\mathbb{R}^n$

$$\int_\Omega \frac{\partial u}{\partial x_i}\, v\, d\Omega = -\int_\Omega u\, \frac{\partial v}{\partial x_i}\, d\Omega + \int_\Gamma uv n_i\, d\Omega$$

n_i ist die *i*-te Komponente von **n**; u und $v \in C^1(\Omega)$.

Beweis

Man wende Satz (A1.1) an und wähle

$$\mathbf{a} = [0,0,\ldots,0,uv,0,\ldots,0].$$
$$\uparrow$$
$$i\text{-te Komponente}$$

A2 Einige Sätze aus der linearen Algebra

Definition A2.1
Es sei A eine $(n \times n)$-Matrix. Weiterhin sei λ eine komplexe Zahl und $\mathbf{v}$ ein komplexer Vektor so, daß:

$$A\mathbf{v} = \lambda \mathbf{v}, \quad \mathbf{v} \neq 0.$$

Dann heißt λ ein Eigenwert und $\mathbf{v}$ ein Eigenvektor von A.

> **Satz A2.1**
> Jede $(n \times n)$-Matrix besitzt genau n Eigenwerte.

Beweis
Siehe [lip]. □

> **Satz A2.2**
> Alle Eigenwerte einer symmetrischen reellen Matrix sind reell.

Beweis
Multiplikation mit dem Vektor $\bar{\mathbf{x}}^T$ (transponiert, konjugiert komplex) ergibt:

$$\bar{\mathbf{x}}^T A \mathbf{x} = \lambda \bar{\mathbf{x}}^T \mathbf{x};$$

$\bar{\mathbf{x}}^T A \mathbf{x}$ ist reell, denn

$$\overline{(\bar{\mathbf{x}}^T A \mathbf{x})^T} = \mathbf{x}^T \overline{A}^T \bar{\mathbf{x}} = \bar{\mathbf{x}}^T A \mathbf{x} \quad (A \text{ symmetrisch reell}).$$

Auf analoge Weise gilt, daß $\bar{\mathbf{x}}^T \mathbf{x}$ reell ist, demzufolge ist λ reell. □

Definition A2.2
Eine Matrix A heißt schiefsymmetrisch, falls $A^T = -A$.

> **Satz A2.3**
> Alle Eigenwerte einer schiefsymmetrischen reellen Matrix sind rein imaginär.

Man beweise diesen Satz analog zum Satz A2.2 selbst. □

Definition
Es sei A eine symmetrische Matrix. Unter dem *Rayleigh-Quotient* von A verstehen wir den Ausdruck

$$R(A,x) = \frac{x^T A x}{x^T x}.$$

Satz A2.4
Jede reelle symmetrische $(n \times n)$-Matrix besitzt n untereinander orthonormale Eigenvektoren.

Beweis

Siehe [lip]. □

Der Rayleigh-Quotient $R(A,x)$ besitzt die Eigenschaft, daß er dem entsprechenden Eigenwert entspricht, falls x ein Eigenvektor ist. Schließlich gilt

$$A v_i = \lambda_i v_i,$$

$$R(A,v_i) = \frac{v_i^T A v_i}{v_i^T v_i} = \lambda_i.$$

Satz A2.5
Für den zu einer symmetrischen Matrix gehörenden Rayleigh-Quotient $R(A,x)$ gilt:

$$\lambda_1 \leq R(A,x) \leq \lambda_n \quad \forall x$$

mit λ_1 dem kleinsten und λ_n dem größten Eigenwert von A.

Beweis

Es sei $v_1, \ldots, v_n$ das orthonormale System von Eigenvektoren, das zu den Eigenwerten $\lambda_1, \ldots, \lambda_n$ von A gehört. Dann gilt:

$$x = \sum_{i=1}^{n} \alpha_i v_i$$

und

308 Numerik partieller Differentialgleichungen für Ingenieure

$$R(A,\mathbf{x}) = \frac{\sum_{i,j=1}^{n} \alpha_i \alpha_j \lambda_j \mathbf{v}_i^T \mathbf{v}_j}{\sum_{i,j=1}^{n} \alpha_i \alpha_j \mathbf{v}_i^T \mathbf{v}_j} = \frac{\sum_{j=1}^{n} \lambda_j \alpha_j^2}{\sum_{j=1}^{n} \alpha_j^2}.$$

Hieraus folgt sofort der Satz. □

Satz A2.6
Die Eigenwerte des Produkts zweier symmetrischer, positiv definiter Matrizen sind positiv.

Beweis
Es seien A und B zwei positiv definite und symmetrische Matrizen und λ ein Eigenwert von AB, also

$$A B \mathbf{x} = \lambda \mathbf{x}. \qquad (A2.1)$$

Zuerst zeigen wir, daß die Eigenwerte von AB reell sind. Aus (A2.1) folgt

$$B\mathbf{x} = \lambda A^{-1} \mathbf{x}. \qquad (A2.2)$$

Cholesky-Zerlegung von A in $A = GG^T$ ergibt:

$$B\mathbf{x} = \lambda\, G^{-T} G^{-1} \mathbf{x}.$$

Setzt man $G^{-1}\mathbf{x} = \mathbf{y}$, dann ist

$$G^T B G \mathbf{y} = \lambda \mathbf{y}.$$

$G^T B G$ ist symmetrisch, folglich ist λ reell (Satz A2.2). Man multipliziere danach (A2.1) mit $\mathbf{x}^T$, dann gilt

$$\frac{\mathbf{x}^T B \mathbf{x}}{\mathbf{x}^T A^{-1} \mathbf{x}} = \lambda$$

bzw.

$$\lambda = \frac{\mathbf{x}^T B \mathbf{x}}{\mathbf{x}^T \mathbf{x}} \cdot \frac{\mathbf{x}^T \mathbf{x}}{\mathbf{x}^T A^{-1} \mathbf{x}}.$$

Aus Satz A2.5 folgt:

$$\lambda_1^A \lambda_1^B \leq \lambda \leq \lambda_n^A \lambda_n^B$$

mit λ_1^A, λ_n^A und λ_1^B, λ_n^B den kleinsten bzw. größten Eigenwerten von A und B.
□

Anhang 2: Einige Sätze aus der linearen Algebra

Satz A2.7
Die Eigenwerte des Produkts einer symmetrischen, positiv definiten Matrix und einer schiefsymmetrischen Matrix sind rein imaginär.

Man beweise diesen Satz analog zum Satz A2.6. □

Satz A2.8. *Gerschgorin*
Man definiere für eine beliebige Matrix A eine Scheibe in der komplexen Ebene S_i mit dem Mittelpunkt a_{ii} und dem Radius $\sum_{j \neq i} |a_{ij}|$.
Dann liegen alle Eigenwerte von A in der Vereinigung der Scheiben S_i ($i = 1, \ldots, n$), und deshalb kann man für jeden Eigenwert λ von A wenigstens eine Scheibe S_i so finden, daß $\lambda \in S_i$.

Beweis
Angenommen $A\mathbf{x} = \lambda \mathbf{x}$, $\mathbf{x} \neq 0$.
Es sei x_i die betragsmäßig größte Komponente von x, also:

$$|x_i| \geq |x_j| \quad (j \neq i) \quad \text{und} \quad x_i \neq 0.$$

Dann gilt:

$$(a_{ii} - \lambda_i)x_i = -\sum_{j \neq i} a_{ij} x_j,$$

so daß

$$|a_{ii} - \lambda_i| = \sum_{j \neq i} |a_{ij}| \left|\frac{x_j}{x_i}\right| \leq \sum_{j \neq i} |a_{ij}|. \quad \square$$

Der Satz von Gerschgorin gibt in vielen Fällen eine gute Schätzung der Eigenwerte. Für komplexe Eigenwerte können auch die folgenden drei Sätze nützlich sein.

Satz A2.9
Jede reelle Matrix A kann auf eindeutige Weise in eine symmetrische Matrix S und eine schiefsymmetrische Matrix T so zerlegt werden, daß:

$$A = S + T$$

mit
$$S = \tfrac{1}{2}(A + A^T)$$
$$T = \tfrac{1}{2}(A - A^T)$$

Man beweise dies selbst. □

310 Numerik partieller Differentialgleichungen für Ingenieure

Satz A2.10
Es sei A eine reelle $(n \times n)$-Matrix mit den Eigenwerten $\lambda_1, \lambda_2, ..., \lambda_n$ und den korrespondierenden Eigenvektoren $\mathbf{v}_1, \mathbf{v}_2, ..., \mathbf{v}_n$. Dann gilt:

$$\operatorname{Re}(\lambda_i) = \frac{1}{2}\frac{\overline{\mathbf{v}}_i^T(A+A^T)\mathbf{v}_i}{\overline{\mathbf{v}}_i^T \mathbf{v}_i} = \frac{\overline{\mathbf{v}}_i^T S \mathbf{v}_i}{\overline{\mathbf{v}}_i^T \mathbf{v}_i},$$

$$\operatorname{Im}(\lambda_i) = \frac{1}{2}\frac{\overline{\mathbf{v}}_i^T(A-A^T)\mathbf{v}_i}{\overline{\mathbf{v}}_i^T \mathbf{v}_i} = \frac{\overline{\mathbf{v}}_i^T T \mathbf{v}_i}{\overline{\mathbf{v}}_i^T \mathbf{v}_i}.$$

Beweis
Aus $A\mathbf{v}_i = \lambda_i \mathbf{v}_i$ folgt $\overline{\mathbf{v}}_i^T A \mathbf{v}_i = \lambda_i \overline{\mathbf{v}}_i^T \mathbf{v}_i$.
Gemäß Satz (A2.9) gilt:

$$\lambda_i = \frac{\overline{\mathbf{v}}_i^T S \mathbf{v}_i}{\overline{\mathbf{v}}_i^T \mathbf{v}_i} + \frac{\overline{\mathbf{v}}_i^T T \mathbf{v}_i}{\overline{\mathbf{v}}_i^T \mathbf{v}_i};$$

$\overline{\mathbf{v}}_i^T S \mathbf{v}_i$ ist reell, denn schließlich ist $\overline{[\overline{\mathbf{v}}_i^T S \mathbf{v}_i]^T} = \overline{\mathbf{v}}_i^T S \mathbf{v}_i$;

$\overline{\mathbf{v}}_i^T T \mathbf{v}_i$ ist rein imaginär, denn schließlich ist $\overline{[\overline{\mathbf{v}}_i^T T \mathbf{v}_i]^T} = \overline{\mathbf{v}}_i^T T \mathbf{v}_i$. □

Satz 2A.11
Es sei A eine reelle $(n \times n)$-Matrix mit den Eigenwerten $\lambda_1, \lambda_2, ..., \lambda_n$ und den dazugehörenden Eigenvektoren $\mathbf{v}_1, ..., \mathbf{v}_n$. Dann gilt:
i) $\min \lambda_S \leq \min \operatorname{Re}(\lambda_i) \leq \max \operatorname{Re}(\lambda_i) \leq \max \lambda_S$;
ii) $i(\min \lambda_T) \leq \min \operatorname{Im}(\lambda_i) \leq \max \operatorname{Im}(\lambda_i) \leq i(\max \lambda_T)$;
   S und T wie im Satz (A2.9) definiert.

Beweis

$$\operatorname{Re}(\lambda_i) = \frac{\overline{\mathbf{v}}_i^T S \mathbf{v}_i}{\overline{\mathbf{v}}_i^T \mathbf{v}_i} \quad \text{(Satz A2.10)}.$$

Man betrachte

$$\phi(u) = \frac{\overline{\mathbf{u}}^T S \mathbf{u}}{\overline{\mathbf{u}}^T \mathbf{u}}$$

und setze $\mathbf{u} = \mathbf{x} + i\mathbf{y}$, dann gilt ($S$ ist symmetrisch):

$$\phi(\mathbf{u}) = \frac{(\mathbf{x}^T - i\mathbf{y}^T)S(\mathbf{x}^T + i\mathbf{y}^T)}{\mathbf{x}^T\mathbf{x} + \mathbf{y}^T\mathbf{y}} = \frac{\mathbf{x}^T S \mathbf{x} + \mathbf{y}^T S \mathbf{y}}{\mathbf{x}^T\mathbf{x} + \mathbf{y}^T\mathbf{y}}.$$

Anhang 2: Einige Sätze aus der linearen Algebra 311

S besitzt ein System von n orthonormalen Eigenvektoren $\mathbf{u}_i$ mit dazugehörenden Eigenwerten λ_i^S. Jeder Vektor $\mathbf{x}$ und $\mathbf{y}$ kann demzufolge geschrieben werden als:

$$\mathbf{x} = \sum_{i=1}^n \alpha_i \mathbf{u}_i, \quad \mathbf{y} = \sum_{i=1}^n \beta_i \mathbf{u}_i,$$

also:

$$\phi(\mathbf{u}) = \frac{\sum_{i=1}^n \alpha_i^2 \mathbf{u}_i^T S \mathbf{u}_i + \beta_i^2 \mathbf{u}_i^T S \mathbf{u}_i}{\sum_{i=1}^n (\alpha_i^2 + \beta_i^2) \mathbf{u}_i^T \mathbf{u}_i} = \frac{\sum_{i=1}^n \lambda_i^S (\alpha_i^2 + \beta_i^2)}{\sum_{i=1}^n (\alpha_i^2 + \beta_i^2)},$$

mit anderen Worten

$$\lambda_{\min}^S \leq \phi(\mathbf{u}) \leq \lambda_{\max}^S,$$

womit (i) bewiesen ist.

(ii) kann wie folgt bewiesen werden:

$$\operatorname{Im}(\lambda_i) = \frac{i \, \overline{\mathbf{v}}_i^T T \mathbf{v}_i}{\overline{\mathbf{v}}_i^T \mathbf{v}_i},$$

$$\left| \frac{\overline{\mathbf{v}}^T T \mathbf{v}}{\mathbf{v}^T \mathbf{v}} \right| \leq \frac{\|\mathbf{v}^T\| \, \|T\| \, \|\mathbf{v}\|}{\|\mathbf{v}\|^2} = \|T\|,$$

$$\|T\|^2 = \rho(T^T T) = \rho(-T^2) = (\lambda_{\max}^T)^2.$$

Man bedenke hierbei, daß eine schiefsymmetrische Matrix nur rein imaginäre Eigenwerte besitzt und daß ihr Spektrum bezüglich der reellen Achse symmetrisch ist. □

Bemerkung

Satz A2.11 schließt die Eigenwerte in ein Rechteck ein. Zusammen mit Satz A2.8 wird damit ein Gebiet in der komplexen Ebene beschrieben, in dem die Eigenwerte liegen.

Literatur

bac	Bachman, G., L. Narici, *Functional Analysis*, Academic Press, 1966.
blum	Blum, E.K., *Numerical Analysis and Computation*, Addison-Wesley, 1972.
breb	Brebbia, C.A., J.J. Connor, *Fundamentals of finite element techniques for structural engineers*, Butterworths, 1973.
ciar	Ciarlet, P.G., *The finite element method for elliptic problems*, North Holland, 1985.
cour	Courant, R., D. Hilbert, *Methoden der mathematischen Physik*, Bd 1, Springer, Berlin, 1968.
don	Dongarra, J.J., I.S. Duff, D.C. Sorensen, H.A. van der Vorst, *Solving linear systems on vector and shared memory computers*, SIAM, 1991.
dun	Dunford, N., J.T. Schwarz, *Linear Operators, Part I*, Interscience Publishers, 1957.
fa&ma	Faber, V., T. Manteuffel, *Necessary and sufficient conditions for the existence of a conjugate gradient method*, SIAM J. Num. Anal., **21**, pp 352-362, 1984.
fle	Fletcher, R., *Factorizing symmetric indefinite matrices*, Lin. Alg. and its Appl., **14**, pp 257-272, 1976.
geor	George, A., J.W.H. Liu, *Computer solution of large sparse positive definite systems*, Prentice-Hall, 1981.
gol	Golub, G.H., C.F. Van Loan, *Matrix computations*, John Hopkins University Press, 1989.
hol	Holand, I., K. Bell (eds), *Finite element methods in stress analysis*, Tapir, 1969.
king	King, I.P., *An automatic reordering scheme for simultaneous equations derived from network systems*, Int. J. Num. Meth. Eng., **2**, pp 523-533, 1970.
lam	Lambert, J.D., *Computational methods in ordinary differential equations*, John Wiley, 1991.
leer	Van Leer, B., *Towards the ultimate conservative difference scheme IV. A new approach to numerical convection*, J. Comp. Phys. **23**, pp 276-299, 1977.
lip	Lipschutz, S., *Linear Algebra*, Schaum's outline series, 1974.
mase	Mase, G.E., *Continuum mechanics*, Schaum's outline series, 1970.

m&vv	Meijerink, J.A., H.A. van der Vorst, *An iterative solution method for linear equation systems of which the coefficient matrix is a symmetric M-matrix*, Math. Comp., **31**, pp 148-162, 1977.
mich	Michlin, S.G., *Variationsmethoden der mathematischen Physik*, Akademie-Verlag, 1962.
mitch	Mitchell, A.R., R.Wait, *The finite element method in partial differential equations*, John Wiley, 1978.
mitch2	Mitchell, A.R., D.F. Griffiths, *The finite difference method in partial differential equations*, John Wiley, 1980.
ort	Ortega, J.M., W.C. Reinboldt, *Iterative solution of non-linear equations in several variables*, Academic Press, 1970.
pa&sa	Paige, C.C., M.A. Saunders, *Solution of sparse indefinite systems of linear equations*, SIAM J. Num. Anal., **12**, pp 617-629, 1975.
pa&sa2	Paige, C.C., M.A. Saunders, *LSQR: an algorithm for sparse linear equations and sparse least square problems*, ACM Trans. Math. Softw., **8**, pp 43-71, 1982.
part	Parter, S.V., Stability, *convergence and pseudo-stability of finite difference equations for an overdetermined problem*, Numerische Mathematik, **4**, 1962.
pian	Pian, H.H., Pin Tong, *Basis for finite element methods for solid continua*, Int. J. Num. Meth. Eng., **1**, pp 3-28, 1969.
richtm	Richtmyer, R.D., K.W. Morton, *Difference methods for initial value problems*, Interscience, 1967.
sa&sc	Saad, Y., M.H. Schultz, *GMRES: a generalized minimal residual algorithm for non-symmetric linear systems*, SIAM J. Sci. Stat. Comp., **7**, pp 856-869, 1986.
schwarz	Schwarz, H.R., *Numerische Mathematik*, Teubner, 1993.
s&vv	Van der Sluis, A., H.A. van der Vorst, *The rate of convergence of conjugate gradients*, Num. Math., **48**, pp 543-560, 1986.
sob	Sobolev, S.L., *Some applications of functional analysis in mathematical physics*, Am Math Soc, 1991.
son	Sonneveld, P., *CGS, a fast Lanczos-type solver for non-symmetric linear systems*, SIAM J. Sci. Stat. Comp., **10**, pp 36-52, 1989.
spieg	Spiegel, M.R., *Vector Analysis*, McGraw-Hill, 1974.
strang	Strang, G., G.J. Fix, *An analysis of the finite element method*, Prentice-Hall, 1973.
tim	Timoshenko, S., J.N. Goodier, *Theory of elasticity*, McGraw-Hill, 1970.
trev	Trèves, F., *Basic linear partial differential equations*, Academic Press, 1975.
vv	Van der Vorst, H.A., *Iterative solution methods for certain sparse linear systems with a non-symmetric matrix arising from PDE-problems*, J.

Comp. Phys., **44**, pp 1-19, 1981.

vv2 Van der Vorst, H.A., *Bi-CGStab: a fast and smoothly converging variant of Bi-CG for the solution of non-symmetric linear systems*, SIAM J. Sci. Stat. Comp., **13**, pp 631-644, 1992.

vv&dek Van der Vorst, H.A., K. Dekker, *Conjugate gradient type methods and preconditioning*, J. Comp. Appl. Math., **24**, pp 73-87, 1988.

wilk Wilkinson, J.H., *The Algebraic Eigenvalue Problem*, Clarendon Press, 1965.

yos Yosida, K., *Functional Analysis*, Springer, 1971.

zien Zienkewicz, O.C., *The finite element method in engineering science*, McGraw-Hill, 1971.

Stichwortverzeichnis

A-konjugiert 220
A-orthogonal 220
Abbruchkriterium 209, 221
absolut stabil 263
absolute Stabilität 252
absoluter Fehlers 23
abstraktes Minimierungsproblem 139
ADI-Methode 271
Advektion 246
Amplifikation 284
analytische Stabilität 252
Anfangsbedingungen 241
Anfangswertproblems 241
Aufwärtsdifferenzen 33
Ausstromrand 297
autonom 243, 291

Banach-Raum 134
Bandbreite 202
Bandmethoden 202
Bandstruktur 80, 202
Basis 137
Basisfunktionen 72
Basispunkte 76
beschränkter Streifen 144
Bestimmtheitsgebiet 289, 293
Bi-CGSTAB-Algorithmus 226
BiCG-Methode 226
biegende Stäbe 103
Biegesteifheit 28
biharmonische Gleichung 8, 47, 51, 102
bilineare Basisfunktionen 105
bilineares viereckiges Element 105
blocktridiagonal, 212
boundary fitted coordinates 44
Box-Schema 303

Cauchy-Folge 134
CFL-Bedingung 297
CFL-Kriterium 288
CG 218
CG-Algorithmus 219

CGS-Methode 226
Charakteristiken 292
charakteristische Beziehung 292
charakteristische Gleichung 292
charakteristische Methode 294
Courantzahl 300
Crank-Nicolson-Methode 263

Darstellungssatz von Rieß 141
Deltafunktionen 99
diagonal-blocktridiagonal 212
diagonal-blocktridiagonale Struktur 212
Differentialoperator 66
Differenzenmolekül 41
Differenzenverfahren 19
Diffusion 249
Diffusionsgleichung 249
Dirichlet-Problem 6
Dispersion 280, 284, 297
Dissipation 284, 297
dissipativ 299
Distributionstheorie 143
Dreieck mit krumme Rand 108
Dreieckskoordinaten 90

Eigenamplitude 280
Eigenfrequenz 280
Eigenschwingung 280
Eigenvektor 306
Eigenwert 306
Eigenwerte der Steifigkeitsmatrix 127
Eindeutigkeit 13
Einflußgebiet 289, 293
Einstromrand 297
elastische Membran 13
Elemente 76
Elementenmatrizen 80, 81
Elementensteifigkeitsmatrix 81
Elementsvektoren 80, 81
elliptischen Gleichungen 17
Energieerhaltungssatz 277
Energienorm 111, 114, 140

316 Numerik partieller Differentialgleichungen für Ingenieure

Erhaltungsform 245, 303
Erhaltungsgesetz 46
erste dividierte Differenz 21
Euler 262, 264
Euler-Gleichungen 247
Euler-Lagrange-Gleichungen 61
Existenz 13

Fehlerabschätzung 100, 111, 158
Fehlergleichung 264
FEM-Pakete 82, 83
finite Volumenmethode 46
finite-Elemente-Methode 76
flache Platte 97
flache Welle 297
Flußvektor 46, 245, 291
Fortpflanzungsgeschwindigkeit 244
Fréchet-Ableitung 233
Fréchet-differenzierbar 233

Galerkin-Methode 161, 168
Gauß-Formeln. 84
Gauß-Integration 126
Gauß-Regel 189, 194
Gauß-Seidel 206
Gaußscher Divergenzsatz 305
gemischte Methode 173, 174
Gerschgorin 265, 309
Gesetz von D'Arcy 52
Gesetz von Hooke 9
Gitterverteilung 36
Gleichgewichtslösung 249
globalen Fehler 22, 269
GMRES-Methode, 227
Gradientenmethoden 206, 217
Green 305
Grenzschicht 35
große Matrix 81

heißen uniform 155
Heun 262
Hilbert-Matrix 75
Hilbert-Raum 135
homogene aufgezwungene
    Randbedingungen 86
homogene natürliche Randbedingungen 86
hyperbolisch 291
hyperbolische Gleichungen 17, 244

inhomogene aufgezwungene
    Randbedingungen 86

inhomogene natürliche Randbedingungen
    87
inkompressibel 246
inneres Produkt 134
Integrale im Sinn von Lebesgue 135
Integrationsgewichte 189
Integrationspunkte 126
Interpolationsfehler 114
Interpolationspolynom 76
isoparametrischen Transformation 104
Iterationsprozeß 207
iterative Methoden 206
Jacobi-Matrix 232
Jacobische Determinante 45

Knotenpunkte 76
Koerzivität 182
Kollokationsmethode 168
kompatibel 99
Kompatibilitätsbedingung 6, 99
Konditionszahl 23, 127
konform 99
konforme Elemente 152
konservative Schemata 49
konservative Form 46
Konsistenz 40
Konsistenz der Diskretisierung 260
Kontrollvolumina 48
Konvektion 246
Konvektions-Diffusionsgleichung 11, 31, 47
Konvergenz 41
Konvergenz der Gauß-Seidel-Methode 209
Konvergenzverhalten 221
Koordinatentransformation 38, 44
koordinatenunabhängige Gleichungs-
    formulierungen 44
korrekt gestellte Probleme 13
Kreissymmetrie 96
kreissymmetrischen Randbedingungen 96
krumme Ränder 123
Krylow-Raum 218
kurvenlineare Elemente 76
kurze Rekursion 225, 226

Lagrange-Polynome 78
lange Rekursionen 225, 227
Laplace-Gleichung 5, 46
Laplace-Operator 6
Lax-Milgram-Satz 183
Lax-Schema 301
Lax-Wendroff-Schema 302

Lemma von Du Bois-Reymond 61, 62
Lemma von Poincaré 88
lineare Mannigfaltigkeit 137
lineare Basisfunktion 90
Linienelemente 93
Linienmethode 252
LOD-Methode 271, 275
lokalen Konvergenz 237
lokale Verfahrensfehlers 21, 41, 268
Lokations- oder Inzidenzmatrix 127
Lösungsklasse 161
LSQR-Methode 226
lumpen 263
lumping 172, 258

Massenmatrix 171, 253
maximale Winkelbedingung 118
mehrdimensionale Minimierungsprobleme 63
Mehrfachheiten 189
Mehrstellenverfahren 36
Methode der gewogenen Residuen 167
Methode der konjugierten Gradienten 218
Methode von Newton 229
metrischer Tensor 45
minimale Winkelbedingung 117
Minimalfolge 136
Minimierungsprobleme 59

natürliche Randbedingungen 51, 61, 67, 70
Neumann-Problem 6
neutral stabil 278
neutrale Linie 28
Newton-Côtes-Formeln 84, 126
nichtkonforme Elemente 176
Normalgleichungen 225

Oberflächenkoordinaten 90
Ordnungsreduktion 161
Ostrowski 236

parabolischen Gleichungen 17
Patchtest 178
Patchtest von Irons 100
Phasenfehler 284
Phasenverschiebung 280
Phasenverschiebung pro Schritt 284
Platten-Gleichung 47
Poincaré-Ungleichung 150
Poisson-Gleichung 5, 89
Positivität 182

Prinzip von d'Alembert 157
Problem der minimalen Oberfläche 66
Profil 204
Profilmethode 204

quadratische Basisfunktionen 108
quadratische Element 94
quasilineare parabolische Gleichung 242

Rayleigh-Quotient 152, 307
Rechengebiet 38, 123
relativer Fehler 23
Relaxationsprozesse 212
Residuum 218
Ritzsche Methode 72
Robbins-Problem 6
Robustheit 221
rückwärtsgenommene Differenz 33
Runge-Kutta 262

Satz von Gerschgorin 127
Schätzung in der Energienorm 117
schiefsymmetrisch 306
schwach besetzt 80, 87
schwache Formulierung 162
Schwerpunkt 49
Schwerpunktskoordinaten 90
separabel 137
Simplizes 104
Sobolew-Raum 143, 146, 147
SOR 206
SOR-Newton 230
span 218
Spannungstensor 47
spektrale Konditionszahl 222
Spektralradius 208
Stabilität 264
Stabilitätsanalyse 267
staggered grid 56
Standarddreieck 108
Standardelement 104
stark elliptisch 67
Steifigkeitsmatrix 81, 253
Strahlungsbedingung 243
Stützpunktgewichten 189
sukzessiver Überrelaxation 212
superlineares Konvergenzverhalten 222
SYMMLQ-Methode 225

Taylor-Formel 20
Tensoranalysis 45

Testfunktion 144, 162
Testraum 144
total differenzierbar 233
totale Dispersion 285
totaler Fluß 49
totale Dissipation 285
Träger 129
Transportgleichung 12, 241, 245, 291
Trick von Nitsche 158

Überrelaxation 212
unkomprimierbar 47
Unterrelaxation 212
unvollständige Choleski-
  Vorkonditionierung 224
upwind differencing 299
upwind-Schema erster Ordnung 300

Variationen 162
Variationsformulierung 157
Variationsrechnung 60
verallgemeinerte k-te Ableitung 145
verallgemeinerte Lösung 70
verallgemeinerten Ableitung 144
verallgemeinerter Iterationsprozeß 207
verallgemeinerten Lösung 141

Verformungsenergie 245
Verschiebungs-Deformations-Beziehungen 9
verschobenes Gitter 56
Verstärkungsfaktor 264
Verstärkungsmatrix 264
virtuelle Deformationen 170
virtuelle Verschiebungen 170
vollständig 134
von Neumann 267
vorkonditionierte CG-Methode 223
Vorkonditionierungsmatrix 223

Wärmeleitungsgleichung 11, 249
Wärmeleitungskoeffizient 243
Wellengleichung 12, 277
wiederstartende GMRES-Methode 228

zeitabhängig 5
zeitabhängige Probleme 241
zeitunabhängig 5
Zwangsrandbedingung 67, 70
zweite dividierte Differenz 21
zweiter Differentialquotient 21
zyklischer Nachfolger 117

If you have any concerns about our products,
you can contact us on
ProductSafety@springernature.com

In case Publisher is established outside the EU,
the EU authorized representative is:
**Springer Nature Customer Service Center GmbH
Europaplatz 3, 69115 Heidelberg, Germany**

Printed by Libri Plureos GmbH
in Hamburg, Germany